研削加工学

東北大学名誉教授

庄司 克雄 著

養賢堂

はじめに

　研削加工は，いろいろな点で切削加工と研磨加工の中間的な位置づけにある．しかしそれでいて，最近特に研削加工に対する期待が大きいのは，両翼にある二つの加工が共有し得ない優れた特質を備えているためであろう．そして何よりも，研削加工は他の二つの加工に比べて，加工変数が多い．これは，取りも直さずこの加工が未完成であるということを示しており，技術的にはノウハウに属するものが多く，発展の可能性をより多く秘めているということでもある．これが，この加工への期待度を高めているともいえるのではないだろうか．

　一方，これは，熱力学とか流体力学のような体系化された学問と違い，系統立った記述が難しいということでもある．したがって，とかく教科書に類するものは，単なる事項の羅列や紹介になりがちである．これは，これから研削加工を学ぼうとする学生や技術者にとって，最初から興味をそがれる要因となるであろう．

　そこで本書は，できるだけ研削現象をモデル化することによって，体系的に理解し得るような記述を心掛けた．また著者は，これまでの研究の過程で，著者なりに研削加工の本質に迫ろうと努力してきた．一つの結論を得るにしても，いろいろな方面から検証し，できるだけ客観的に現象を見つめるよう心掛けてきたつもりである．本書でも，そのような観点から，SEM（走査型電子顕微鏡）の写真を用いて砥石表面を立体視する手法を取り入れ，できるだけ読者と情報を共有するようにした．立体写真は，対になる2枚の写真の間に厚手の白紙を立てて左右の目でそれぞれの写真を見つめることにより，誰でも簡単に立体視できる．おっくうがらずに，ぜひ試みていただきたい．

　数学や物理学を例に挙げるまでもなく，「学問」は，読者がそれを理解する能力さえあれば，文字によって，その内容を100％読者に伝えることができる．しかし「技術」の場合は，文字によって，100％伝えることは不可能である．著者は，それが「技術」の本質であると，考えている．つまり，文字によって伝えられるのは，「技術」の方向性だけであって，「技術」の本質ではない．文字や言葉では伝えられない「技術」の本質は，それぞれが体得しなければならないものであり，これがいわゆるノウハウである．たとえば，一つの言語を考えてみよう．文法は，その言語の構成を体系的，論理的にまとめたもので，その言語を新たに学び，理解するためにはなくてはならないものである．しかし，巧みな語学力を身につけるには実地の訓練が不可欠であり，文法だけではどうにもならない．上の例で言えば，文法は「学問」すなわち「工学」であり，語学力は「技術」である．

　われわれ研究者は，文字や言葉では伝えられない「技術」の本質を，「技能」として，より低く位置づけてきた嫌いがある．それが生産技術者に伝染し，生産技術者が「技術」の本質を見失いノウハウの蓄積を軽視したことが，わが国における生産の空洞化の一因となったのではないだろうか．このような考えから，本書の書名は，あえて「研削技術」でなく「研削加工学」にさせて頂いた．著者のわがままを快く受け容れて下さった養賢堂に心からお礼を申し上げたい．

　本書は，大学院程度の学生や研削加工に関する知識をさらに深めようとする技術者，研究者の教科書を念頭に置いている．したがって，基本的に，広く受け容れられていると思われる内容を主にしている．しかし著者のこれまでの経験を踏まえ，著者のやや独断的な考えであ

ってもぜひ後生に伝えておきたいと思われる部分は，欄外の脚注や文字フォントを変えて記述した．大学院程度の学生の教科書としては，やや高度の内容に属するものもこれに含まれる．

　本書を著すに当たり，永年にわたり著者の研究をいろいろな面から支え，支援して下さった工作機械メーカ，砥石メーカを初め，多くの産業界の方々，そして何よりも著者の研究室の諸君に心から感謝の意を表したい．また本書の図表の作成は，当時，東北大学の助手であった郭隠彪博士（現・中国 廈門大学 教授），李周相博士（現・韓国 南部大学校 助教授）が担当して下さった．また編集については，養賢堂の方々に一方ならずお世話になった．心からお礼申し上げたい．

平成16年1月　　　　　　　　　　　　　　　　　　　　　　　　　　　仙台にて
　　　　　　　　　　　　　　　　　　　　　　　　　　　　　　　　　庄司克雄

SEM（走査型電子顕微鏡）の立体写真について

　本書内のSEM（走査型電子顕微鏡）の立体写真は，対になる2枚の写真の間に高さ25～30 cmの両面白色の厚紙を立て，左右の目でそれぞれの写真を見つめることにより，立体視できる．なお特別の器具（「立体写真」について各種のホームページがありますので，参照して下さい）を使用すれば，さらに容易に立体視できる．

目　次

第1章　研削加工の概要

1.1　研削加工の定義と位置づけ……………………………………………………………1
1.2　研削加工の特徴…………………………………………………………………………2
　1.2.1　切削加工と比較した研削加工の特質…………………………………………2
　1.2.2　工具軌跡の転写性と加工精度…………………………………………………4
　1.2.3　研削加工の超高速化と超精密化………………………………………………6
1.3　研削作業の分類…………………………………………………………………………7
　1.3.1　平面研削…………………………………………………………………………7
　1.3.2　円筒外面研削……………………………………………………………………9
　1.3.3　円筒内面研削……………………………………………………………………10
　1.3.4　研削切断…………………………………………………………………………10

第2章　研削砥石

2.1　研削砥石の3要素と5因子……………………………………………………………14
2.2　砥　粒…………………………………………………………………………………15
　2.2.1　砥粒の種類………………………………………………………………………15
　2.2.2　粒　度……………………………………………………………………………19
　2.2.3　かさ比重…………………………………………………………………………20
　2.2.4　硬　度……………………………………………………………………………21
　2.2.5　靱　性……………………………………………………………………………22
　2.2.6　破砕性……………………………………………………………………………25
2.3　結合剤の種類と結合度…………………………………………………………………25
　2.3.1　結合剤の種類と砥石の一般的特性……………………………………………25
　2.3.2　結合剤の種類……………………………………………………………………27
　2.3.3　結合度と結合度試験法…………………………………………………………30
2.4　組　織…………………………………………………………………………………35
　2.4.1　組織と組織番号…………………………………………………………………35
　2.4.2　組織の測定法……………………………………………………………………36
　2.4.3　砥石の組成図……………………………………………………………………37
2.5　砥石の回転破壊強さ…………………………………………………………………40
　2.5.1　応力分布…………………………………………………………………………40
　2.5.2　遠心破壊強さ……………………………………………………………………42

第3章　研削仕上げ面粗さ

3.1　研削仕上げ面粗さ創成の理論…………………………………………………………46
　3.1.1　佐藤の理論………………………………………………………………………46
　3.1.2　小野の理論………………………………………………………………………47
　3.1.3　織岡の理論………………………………………………………………………50
　3.1.4　庄司らの理論……………………………………………………………………54
3.2　粗さの理論式における諸問題…………………………………………………………61

3.2.1 微小切込みにおける研削仕上げ面粗さ……………………………………61
3.2.2 クロス送り研削における仕上げ面粗さ……………………………………63
3.2.3 スパークアウト研削における仕上げ面粗さ………………………………65
3.2.4 砥粒切れ刃先端角の分布の影響……………………………………………68
3.2.5 極限粗さ………………………………………………………………………70

第4章 研削機構

4.1 砥粒切込み深さと砥粒切削長さ……………………………………………………72
 4.1.1 フライスモデル………………………………………………………………72
 4.1.2 目こぼれ，目つぶれと研削条件……………………………………………73
 4.1.3 クロス送り研削とアンギュラ研削…………………………………………74
 4.1.4 正面研削………………………………………………………………………77
 4.1.5 相当研削厚さ…………………………………………………………………78
4.2 三次元砥石モデルに基づいた理論式………………………………………………79
 4.2.1 有効切れ刃……………………………………………………………………79
 4.2.2 砥粒切込み深さ………………………………………………………………81
 4.2.3 砥粒切削長さ…………………………………………………………………84

第5章 研削抵抗

5.1 研削抵抗の理論式……………………………………………………………………87
 5.1.1 研削抵抗の2分力……………………………………………………………87
 5.1.2 C_p 値………………………………………………………………………88
 5.1.3 2分力比と研削性能…………………………………………………………89
 5.1.4 研削切断における研削抵抗…………………………………………………91
5.2 比研削抵抗の寸法効果………………………………………………………………93
5.3 研削抵抗の測定………………………………………………………………………96
 5.3.1 砥石軸モータの正味消費動力………………………………………………96
 5.3.2 弾性リング式動力計…………………………………………………………96
 5.3.3 圧電型動力計…………………………………………………………………98

第6章 砥石のドレッシングとツルーイング

6.1 ドレッシングとツルーイングの意味……………………………………………101
6.2 通常砥石のドレッシング…………………………………………………………101
 6.2.1 ドレッサとドレッシング法………………………………………………101
 6.2.2 砥粒の被ドレス性…………………………………………………………104
 6.2.3 WA砥石の被ドレス性と結合度との関係…………………………………106
 6.2.4 ドレッシングによって形成されたWA砥粒切れ刃のフラクトグラフィ……108
6.3 超砥粒砥石のツルーイングとドレッシング……………………………………109
 6.3.1 超砥粒砥石のツルーイングとドレッシングの基本的な考え方………109
 6.3.2 ロータリドレッサによるツルーイング…………………………………110
 6.3.3 カップツルア………………………………………………………………114
 6.3.4 特殊ツルーイング法………………………………………………………125

第7章　砥石の摩耗と自生作用

- 7.1 砥石の摩耗と寿命 ··128
  - 7.1.1 砥石摩耗の3態 ···128
  - 7.1.2 研削比 ···129
  - 7.1.3 軟鋼研削におけるCBN砥石の異常摩耗 ····················130
- 7.2 砥粒切れ刃の自生作用 ··131
  - 7.2.1 単粒研削試験 ···131
  - 7.2.2 砥粒切れ刃の破砕抵抗 ··133
  - 7.2.3 超砥粒砥石における自生作用 ·································135
- 7.3 レジンボンドダイヤモンド砥石における砥粒の埋没現象 ··········137
- 7.4 骨材砥粒の摩耗 ··138

第8章　新しい研削技術

- 8.1 クリープフィード研削 ···141
  - 8.1.1 クリープフィード研削 ··141
  - 8.1.2 クリープフィード研削の研削機構 ·································141
  - 8.1.3 クリープフィード研削における注意点 ····························142
- 8.2 超高速研削 ···144
  - 8.2.1 超高速化への夢 ··144
  - 8.2.2 超高速研削の幕開け ··145
  - 8.2.3 超高速研削盤の開発 ··146
  - 8.2.4 超高速化による Cp 値への影響 ································147
  - 8.2.5 超高速化による砥石摩耗への影響 ····························150
  - 8.2.6 軟鋼研削における異常摩耗への影響 ························151
- 8.3 超精密鏡面研削 ··152
  - 8.3.1 超精密鏡面研削 ··152
  - 8.3.2 レジンボンドごく微粒ダイヤモンド砥石による超精密鏡面研削 ·······153
  - 8.3.3 砥粒の埋没現象に対する対策 ··································154
  - 8.3.4 ごく微粒砥石による超精密鏡面研削 ··························158
  - 8.3.5 ごく微粒砥石における砥石半径切込み量の考え方 ········159
  - 8.3.6 超精密鏡面研削における注意点 ·······························160
- 8.4 非球面研削 ···162
  - 8.4.1 非球面レンズの重要性 ··162
  - 8.4.2 従来の非球面研削法 ··162
  - 8.4.3 パラレル研削法 ··163
  - 8.4.4 パラレル研削による非球面ガラスレンズの加工例 ············166
  - 8.4.5 マイクロ非球面金型のパラレル研削 ·····························166
  - 8.4.6 自由曲面のパラレル研削 ··167
- 8.5 平面ホーニング ··169
  - 8.5.1 平面ホーニング ··169
  - 8.5.2 平面ホーニングの加工例 ··170

第1章　研削加工の概要

1.1　研削加工の定義と位置づけ

研削加工は**砥粒**（abrasive grain）を用いる加工（砥粒加工）法の一種である．図1.1に示すように，**砥粒加工**（abrasive machining）は**ラッピング**（lapping）や**ポリッシング**（polishing）のように砥粒を遊離状態で用いるものと，砥石や**研磨布紙**（coated abrasive）のように固定状態で用いるものに大別することができる．砥粒を固定状態で用いる加工（固定砥粒法と呼ぶ）には，砥石を用いる加工，研磨布紙を用いる加工，ダイヤモンドビーズや固定砥粒ワイヤソーを用いる加工などがある．さらに砥石を用いる加工には，高速で回転する砥石車を使って加工するもの，棒（スティック）状の砥石を用いる**超仕上**（super finishing）や**ホーニング**（honing），家庭で行われるように砥石を手研ぎで使用するものがある．超仕上やホーニングは，砥石と工作物間に往復運動と回転運動を組み合わせて与える加工法で，加工条痕が交差するのが特徴である．耐摩耗性の高い加工面が得られるため，玉軸受のレース面やエンジンのシリンダ内面など過酷な摩擦にさらされる面の加工に適用されることが多い．しかし，砥石車を使用する加工法に比べて砥石と工作物間の相対速度が小さいため，加工能率は低い．研磨布紙を用いる加工の中で，**研削ベルト**（abrasive belt）を用いて行う研削加工を**ベルト研削**（belt grinding）という．図1.2にベルト研削の要領を示す．ベルト研削は，安全性が高く広幅のプランジ研削（1.3.2参照）が可能で，加工能率も高い．

固定砥粒を工具として用いる加工を総称して研削加工と呼ぶこともある．しかし，本書では高速で回転する砥石車を使って加工するもの，すなわち狭義の研削加工に限ることにする．

研削加工（grinding）は，高速で回転する**砥石車**（grinding wheel，しかし一般に混乱のない限り「砥石」あるいは「研削砥石」と呼ばれる）を使って，これを構成する微小な切れ刃（砥粒切れ刃）により，**工作物**（work *or* workpiece）をわずかずつ削り取って行く加工法である．研削加工は，その点で**切削加工**（cutting）の一種であるとして扱われることもある．しかし切

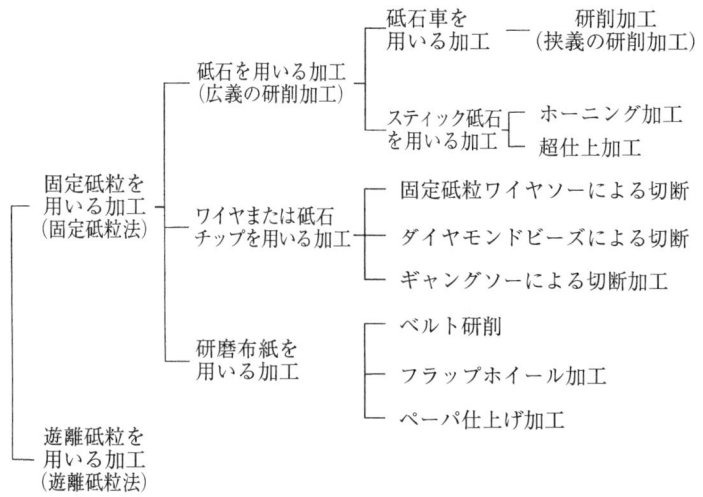

図1.1　砥粒加工の分類

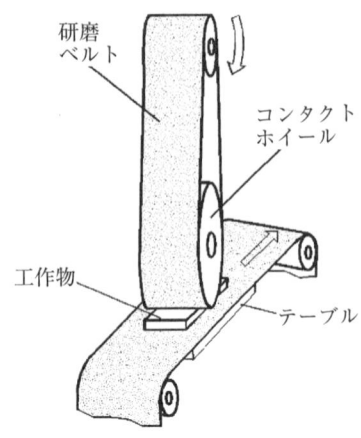

図 1.2 ベルト研削

り屑が極めて微小であるために，感覚的に，砥石の作用は「削り」ではなく「磨き」であると受け取られ，本来「研削」と呼ぶべき加工法について，いまなお一部では「研磨」という語が慣用されている．図1.3は，CBN砥石（BN170D100V5）で高速度鋼（SKH57）を研削したときに，砥粒切れ刃に付着した切り屑の電子顕微鏡（SEM）写真である．バイトによる切削時に生じる流れ型切り屑と同様のリボン状の切り屑が認められる[注1]．このように，研削は磨きではなく，極めて高硬度の微小な切れ刃による切削の集積であるため，「研削」という語が使用されている．

研削加工は，古くから精密加工として位置づけられてきた．したがって，鋳造などの一次製品を切削加工で粗加工したのち，研削加工で仕上げるという工程がしばしば採られる．また，研削加工は高硬度材の加工が容易であるから，鋼材などでは切削で粗加工をしたのち焼入れ処理を行い，研削加工で目的の寸法や粗さに仕上げるという方法が採られることが多い．

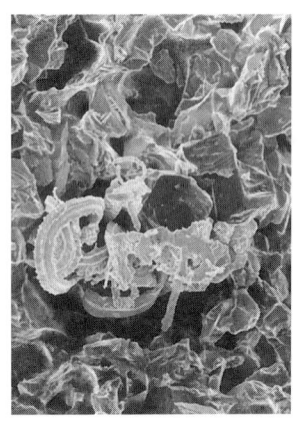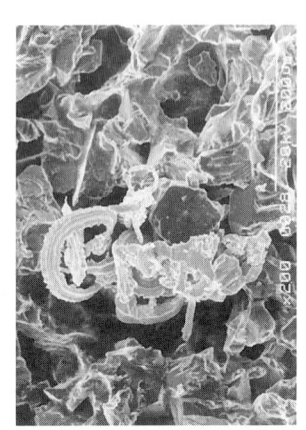

図 1.3 SKH57を研削した切り屑の顕微鏡立体写真[注2]

一方，後述（1.2.2項参照）するように，研削加工は形状加工精度が高いという特徴がある．そこでガラスなどの硬脆（こうぜい）材料などでは，ダイヤモンド砥石による研削加工で形状を確保したのち，ポリッシングなどの研磨加工により鏡面に仕上げるということがしばしば行われる．

1.2 研削加工の特徴

1.2.1 切削加工と比較した研削加工の特質

前節で述べたように研削加工は，基本的にはバイトやフライス削りなどと同じ切削加工であるが，通常の切削加工と比べて次のような特徴を持っている．

（1）切れ刃は，極めて硬い鉱物質の砥粒である．

切削では，原則として削られるもの（工作物）よりも削るもの（切削工具）の方が高硬度でなければならない．砥石の切れ刃〔以下，**砥粒切れ刃**（grain cutting edge *or* abrasive cutting）と

[注1] 図4.10（4.2節）にも同様の切り屑のSEM写真を示したので参照されたい．
[注2] **立体写真の見方**　一対の立体写真（ステレオペア）の中間に，B5判程度の大きさの両面白色の厚紙を縦に立てて，左の写真を左目，右の写真を右目で見る．目の焦点を遠方に置くような気持ちで見ると良い．左右の明るさを同じにし，同一点の左右の高さが同じになるように，水平位置で写真をわずかに回転調整すると立体視しやすい．それでも立体視できない場合は，左右の目を，交互に開閉してみよう．慣れれば，厚紙がなくても，立体視が可能である．

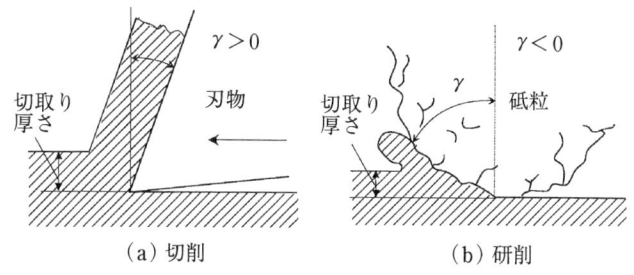

図1.4 切削と研削の工具すくい角の比較

呼ぶ〕は，鉱物質で極めて高硬度である．最近ではダイヤモンド砥粒やCBN砥粒（これらを**超砥粒**と呼ぶ）も広く使用されるようになり，通常の切削工具では加工できない高硬度の工具鋼やガラス，石材，半導体，セラミックスなどの加工も可能になった．

(2) 砥粒切れ刃の**すくい角**（rake angle）は負である．

通常の切削では，切れ刃のすくい角 γ は図1.4(a)のように正であるが，砥粒切れ刃は鉱物の破砕面によって形成されるため負になる〔図1.4(b)参照〕．そのため研削では，通常は切削が不可能であるシリコンやセラミックスなどの硬脆材料でも，金属と同じように延性モードで切削することができる[1)～3),注3)]．

(3) 砥石は，極めて微小で多数の切れ刃からなる多刃工具である．

切り屑サイズが極めて小さく，切取り厚さ〔図1.4(a)参照〕は通常研削で $1\mu m$ から $10\mu m$，精密研削ではそれ以下になる．したがって，切削加工に比べて加工精度や仕上げ面が優れている．

(4) 切削速度が非常に大きい．

通常の研削では砥石周速は1 800 m/min（30 m/s）で，バイトなどによる切削加工の約5～10倍である[注4)]．最近ではこの約10倍，すなわち150～300 m/sの砥石周速で研削する**超高速研削**（ultrahigh speed grinding）の実験も行われている．したがって，研削ではゴムのような弾性の大きい材料の加工も可能である．またこれは，1個1個の切り屑は微小であっても，全体の加工能率が大きい理由でもある．

(5) 切れ刃に自己再生作用がある．

砥粒は高硬度であるが，同時に破砕性に富む．したがって，先端が摩滅して砥粒切れ刃に過大な力が作用すると，先端が破砕して鋭利になり，切れ味が再生される．これを砥粒切れ刃の**自己再生作用**〔または，**自生作用**，**自己発刃作用**（self-dressing or self-sharpening）〕と呼

注3) 著者らは，切れ刃稜の丸みが極めて小さな単結晶ダイヤモンドバイトを用いてすくい角を -30 ～ $-60°$ にして切削すると，単結晶シリコンのように脆くて，通常は切削できないものでも，延性モードで，すなわち流れ型の切り屑を出して，鏡面加工が可能であることを示した．切削では，工具刃先と被削材表面に挟まれた領域で被削材にせん断変形が起きることによって流れ型切り屑が形成される．しかし硬脆材料では，せん断強さよりも引張り強さの方が小さいのでせん断変形する以前に引張り破壊が起こり，流れ型切り屑は形成されない．ところが，工具すくい角を負にすると，工具すくい面による圧縮力により静水圧成分が大きくなり，刃先近傍では引張り応力成分が小さくなるため，切取り厚さを非常に小さくすればせん断変形が起き流れ型切り屑が形成されると考えられる[3)]．

注4) 一部の円筒研削盤では，砥石周速を45 m/sに設定しているものもあるが，ほとんどの研削盤では砥石周速は1 800 m/min（30 m/s）である．これに合わせて砥石の回転数が決められているので，その研削盤に指定された直径以外の砥石を使用することは非常に危険であるから，絶対にあってはならない．

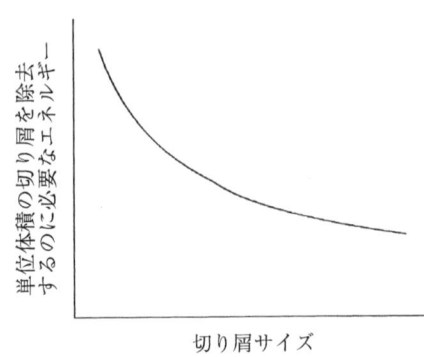

図1.5 単位体積を除去するのに要すると切り屑サイズ

んでいる．砥粒切れ刃の自己再生作用を有効に利用することによって，**砥石寿命**（wheel life）を改善することができる．

(6) 砥石の成形〔**形直し**（truing）〕や**目立て**〔**目直し**（dressing）〕が容易である．

たとえば，フライスでは取付けによる偏心誤差があってもこれを機上で再研削して修正することはできない．しかし，砥石では砥粒自体は高硬度であっても破砕性が高く，またこれを固定している結合剤も破砕性の高い材料や軟質金属あるいは樹脂であるため，機上で比較的容易に成形したり，摩滅鈍化した切れ刃の再生が可能である[注5]．

(7) 断続切削であるが，フライス加工と異なり抵抗の変動が極めて小さい．

個々の砥粒切れ刃に着目すれば，切削はフライス加工と同じように砥石が1回転するごとに1回断続的に切削が行われる．これは切れ刃の摩滅摩耗という点から考えれば，非常に有利である．しかし，フライス加工と異なり任意の瞬間，同時に切削している切れ刃の数が非常に多いので，断続切削でありながら加工抵抗（研削の場合は，研削抵抗，あるいは研削力）の変動が非常に小さく，**旋削**（turning）のような連続切削と全く変わらない．これは，高精度の加工を行う上で非常に重要である．

(8) 研削点の温度が高い．

切削においては，単位体積の切り屑を除去するに要するエネルギーは，図1.5に示すように切り屑のサイズが小さいほど大きくなるという性質がある．したがって，微小な切り屑を高速で切削する研削加工においては避けることのできない宿命的な現象である．これは，研削焼けや研削割れなど仕上げ面を劣化させる原因になるので，水溶性研削液を多量に使って冷却する必要がある．

1.2.2 工具軌跡の転写性と加工精度

機械加工は，基本的には工作物への工具軌跡の転写であり，加工精度は母性原理に支配される．しかし，実際の加工では，その転写性は微妙に異なる．すなわち，工具・工作物間距離と加工速度の関係を考えたとき，図1.6に示すように，その関係は加工法によって異なるであろう．ここで加工速度とは，単位時間，単位加工面積当たりの加工量である．

図で**A**は，工具・工作物間距離の増加に伴って加工速度が急速に減少する加工法で，工具軌跡の転写精度が高い．たとえば切削で，バイトを工作物から遠避けるように移動させた場合，工具自体の弾性変形や工具，工作物支持系の弾性変形の回復に伴って加工速度は急速に減少するで

[注5] ダイヤモンドバイトは極めて高硬度の切削工具であるが，窒化けい素や炭化けい素のような高硬度のセラミックスの切削に使用されることはない．これは，切削工具の場合には，切れ刃が摩耗したときの再生や成形が容易でなく，コストが非常に高いためである．その点，研削砥石は，砥粒切れ刃自体の硬度は非常に高硬度であるが，破砕性を持っているため，成形や目立てが容易である．またダイヤモンド砥石は，砥粒自体の破砕性は低いが，後述するように砥粒（ダイヤモンド）を銅合金などのような比較的硬度の低い金属や樹脂，またはガラスのような破砕性の高い材料（これを結合剤という）で結合したものなので，砥粒と結合剤の結合を破壊することによって砥石の成形が可能である．

あろう．このように，切削や研削では工具工作物間の距離の変動に対して，加工速度が敏感に反応する．

これに対して，Cは工具・工作物間距離の変化に対して加工速度が鈍感な加工法で，工具軌跡の転写精度は低い．たとえば放電加工や電解加工では，工具電極と工作物間の距離が変化しても加工速度は緩やかにしか変化しない．したがって，工具の形状や運動軌跡は正確には転写されにくいであろう．砥粒加工で

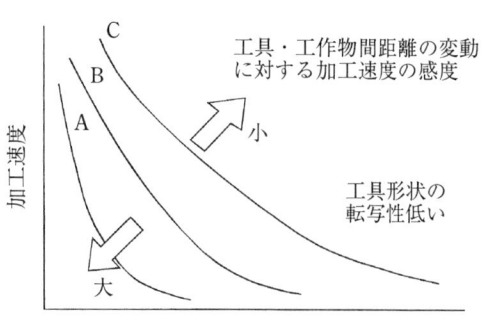

図1.6 工具運動軌跡の転写性

はポリッシング加工などがこれに属する．形状精度の高い加工を達成しようとする場合には，基本的に工具軌跡の転写精度が高い加工法を選ぶべきであり，転写精度の高い加工法ほど，高精度の工作機械が不可欠となる[4]．その代表は**ダイヤモンド切削**（diamond lathing）であろう．

工具軌跡の転写精度は，工具の実効剛性と考えることもできる．砥粒加工の場合には，これは砥粒の支持剛性にまでミクロ化して考えなければならない．いま，砥粒の支持剛性 k_a, k_b（ただし $k_a > k_b$）が異なる二つの加工を考える．加工時に砥粒に作用する背分力が σ_1 から σ_2 に変化したときの砥粒先端の変位差を $\Delta\varepsilon$ とすれば，それぞれの変位差 $\Delta\varepsilon_a$, $\Delta\varepsilon_b$ は図1.7に示すようになる．すなわち，支持剛性 k が大きい加工法では，k に反比例して $\Delta\varepsilon$ が小さくなる．これは，硬さの異なる複合材料を加工したときの加

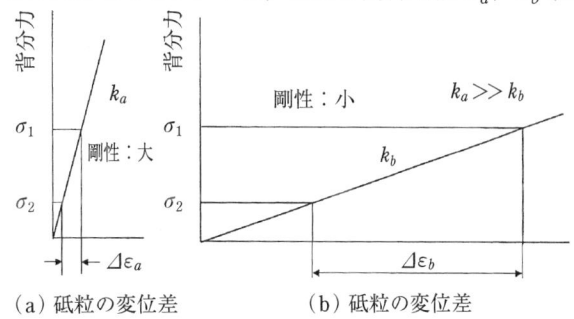

図1.7 砥粒の支持剛性と変位

工段差に相当する．したがって，複合材の加工で加工段差（リセッション）が問題になる場合には，砥粒の支持剛性の大きい加工法を選択すべきである．

一方，仕上げ面粗さの観点からすれば，砥粒の支持剛性の効果はまったく逆になる．図1.8に示すように，砥粒切れ刃の**研削剛性**[注6]（grinding stiffness）を k_c とすれば，砥粒に作用する**背分力**（thrust force）σ と**切込み量**（depth of cut）δ との間には，

$$\sigma = k_c \delta \qquad (1.1)$$

の関係が成り立つ．いま，簡単のために砥粒の支持系の動剛性をばね定数 k_d の線形ばね系と仮定し，中立点の深さを δ_0 とすれば，

$$\sigma = k_d(\delta_0 - \delta) \qquad (1.2)$$

である．したがって，式(1.1)と式(1.2)を等置して σ を

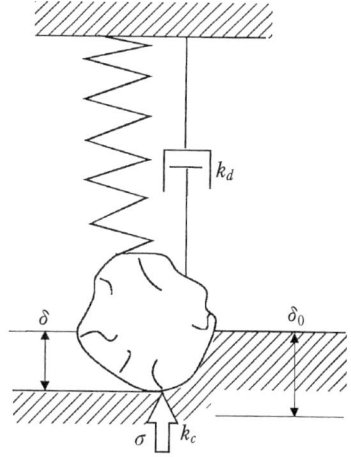

図1.8 工具支持系の動剛性 k_d と研削剛性 k_c

[注6] 砥石半径切込み量に対する研削抵抗の法線分力の変化率をいう．剛性と同じ次元のため，そのように呼ばれる．一般には非線形と考えられているが，ここでは簡単のため両者の関係を線形としている．

消去すれば,

$$\delta = \left(\frac{k_d}{k_c+k_d}\right)\delta_0 \tag{1.3}$$

が得られる.極めて単純に,砥粒による研削痕の深さ δ に仕上げ面粗さが比例すると考えれば,式 (1.3) は研削剛性 k_c が大きく,支持系の動剛性 k_d が小さいほど粗さが小さくなることを示している[5].これは,砥石やポリッシャの表面に突出した砥粒が存在して,仕上げ面にスクラッチを発生させるような場合を想定すれば理解できる.すなわち,これは砥粒がシャープなエッジを持たず,その支持剛性が小さいほどスクラッチの発生が小さいことを示している.

このように,工具軌跡の転写に基づく加工では,形状精度と仕上げ面粗さは互いに相反する要求である.しかし近年,たとえば非球面加工のように相反するこれらの要求を同時に充たさなければならない加工が多くなっている.この場合,工具および工具の支持剛性を極端に高くして形状精度を追求しようとすると,要求される仕上げ面粗さを確保するためにはナノメータオーダまで振動を排除した加工機械が要求されることになる.しかし,幸いなことに要求される形状精度は仕上げ面粗さに比べて1桁低いのが通例である.したがって,工具支持剛性をやや抑えて,仕上げ面粗さの確保に振り向けることができる.その場合,砥石は結合剤の材質や気孔率を変えることによって,工具剛性を自由に制御することが可能である.これは,今後需要が増えるであろう超精密加工を達成する上で,切削加工やポリッシング加工に比べて研削加工の有利な点である.

1.2.3 研削加工の超高速化と超精密化

研削加工は,いろいろな意味で切削加工と研磨加工の中間に位置づけられることが多い.加工の手順としても,まず切削で粗加工をして,研削で中仕上げ,研磨で鏡面を得るという場合が多い.これは加工能率では切削加工が最も優れ,鏡面化技術としては研磨加工が最も優れているためである.しかし,別な見方をすれば,研削加工は高硬度の被削材を加工できないという切削加工の欠点と,加工能率が低い,形状加工精度が低い[注7]という研磨加工の欠点をいずれにも偏らない中間的な立場で補っている.したがって,研削加工の加工能率を切削に対抗し得る領域にまで改善し,研磨加工に匹敵し得る鏡面化技術が開発されれば,加工の高効率化が実現されるだけでなく,従来では達し得なかった加工も可能になろう.

それを実現したのが超高速研削と超精密研削であり,それを可能にしたのは超砥粒の普及である.すなわち,研削加工では砥石周速に比例して研削能率を向上させることが可能であるが,超砥粒の出現によって回転強度の極めて高い砥石が可能になり,周速 200 m/s 以上での超高速研削加工が実現した.一方,砥粒切れ刃のサイズを極限まで小さくできればそれに伴って切り屑サイズは小さくなるから鏡面加工が可能である.砥粒の更新が常に可能である研磨加工ではこれが可能であるが,砥石では切れ刃がすぐに摩耗し,研削不能になるため,実現が困難であった[注8].しかし,ダイヤモンド砥粒の出現によって,粒度 #1500 以上の微粒の砥石が可能になり,従来の研磨加工に匹敵する鏡面研削が可能になった.研削加工は,研

[注7] ただし,平面と球面の加工に関しては例外である.
[注8] 超仕上では,砥石周速ないしは砥石と工作物の相対速度を極端に小さくすることと砥粒切れ刃の作用する研削力の方向を刻々変えることによって,砥粒切れ刃の摩耗の低減と自生作用の促進を図り,鏡面化を実現している.

削盤，砥石の製作技術と研削技術のさらなる改善によって，両翼にその適用範囲をさらに拡げていくであろう．

1.3 研削作業の分類

研削作業は，高速回転する砥石に工作物を押しつけるだけで加工が可能であるため，非常に多くの形態の作業が行われている．そのうち最も基本的なものは，その工作部分の形状から，平面研削，円筒外面研削，円筒内面研削，研削切断の四つに大別できる．

1.3.1 平面研削 (surface grinding)

図1.9は，平面研削の基本的な方式を図解したものである．**工作機械**（machine tool）の基本原理は，**工具**（tool）と工作物に相対運動を与えることによって，目的の形状を創成することである．その運動は，**主運動**（primary motion），**送り運動**（feed motion），**切込み運動**（infeed motion）に分けられる．主運動は加工のための最も主要な運動で，加工に要する動力の大部分が主運動に消費される．研削の場合，主運動は砥石の回転運動で，回転軸を**主軸**（main spindle）という．これに対し，送り運動は工具に工作物を送り込んで加工を継続させ，期待される形状の加工面を創成するための運動である．切込み運動は切込みを与える運動である．図1.9には，それぞれをP，F，I，の記号で示した．

平面研削には，砥石の外周を用いる**円周研削**（peripheral grinding）〔図1.9の(a), (b)〕と正面（側面）を用いる**正面研削**（face grinding）〔図1.9の(c)～(f)〕がある．円周研削には一般に**平型砥石**（straight wheel）が，また正面研削には**椀型砥石**〔**カップ砥石**（cup wheel）〕や**皿型砥石**（dish wheel），**リング型砥石**（cylinder wheel）あるいは**セグメント砥石**（segmental wheel）などが使用される．図1.10は砥石の標準形状を示す．

図1.11は，最も一般的な平面研削作業〔図1.9(a)と同じ〕で，砥石軸（主軸）が水平の場合である．工作物は**テーブル**（work table）上に固定され，送り運動としてテーブルに往復運動が与えられる．図のように，**テーブル送り**〔**縦送り**[注9]（table feed *or* traverse）〕の向きが研削点において周速ベクトルと逆になる場

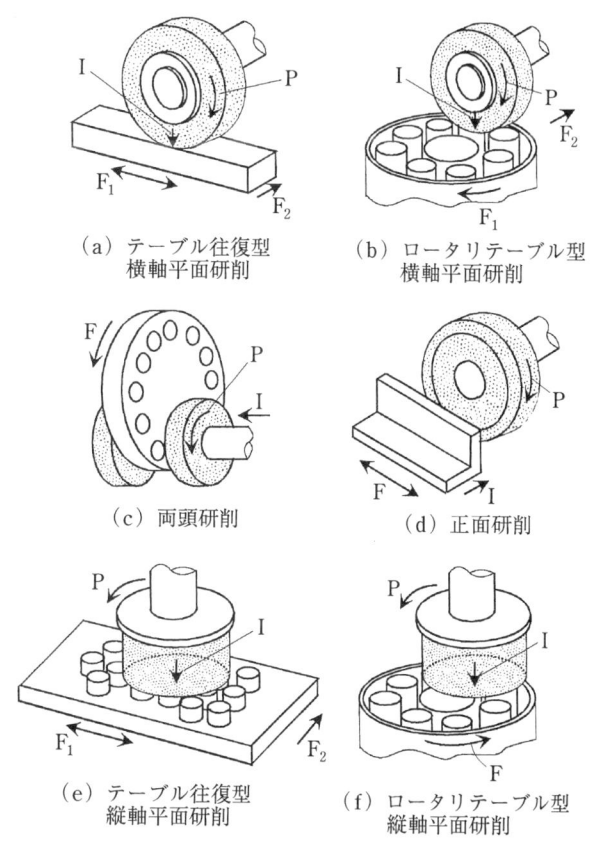

(a) テーブル往復型
横軸平面研削

(b) ロータリテーブル型
横軸平面研削

(c) 両頭研削

(d) 正面研削

(e) テーブル往復型
縦軸平面研削

(f) ロータリテーブル型
縦軸平面研削

図1.9 平面研削の種類

[注9] 作業者にとっては"横方向の送り"であるが，cross feed の"横"（本来は"横切る"または"交差する"の意味）に対して，"縦"と名づけられたものと思われる．

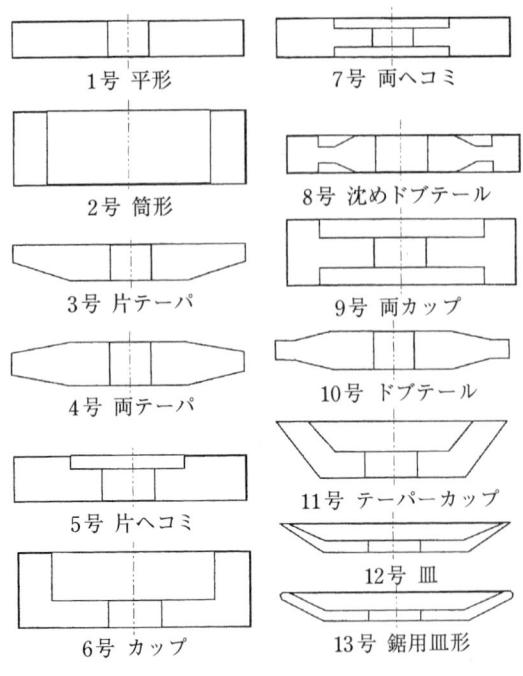

図1.10 砥石の標準形状

1号 平形
2号 筒形
3号 片テーパ
4号 両テーパ
5号 片ヘコミ
6号 カップ
7号 両ヘコミ
8号 沈めドブテール
9号 両カップ
10号 ドブテール
11号 テーパーカップ
12号 皿
13号 鋸用皿形

合を**上向き研削**（up-cut grinding），一致する場合を**下向き研削**（down-cut grinding）と呼ぶ．フライス削りと異なり，平面研削の場合はどちらも行われる．**砥石半径切込み量**（砥石切込み量 wheel depth of cut, infeed *or* down feed）は，仕上げ面に垂直な送り運動によって与えられる．また，工作物の研削幅が砥石幅よりも大きい場合には，工作物にもう一つの送り運動（図1.11のF_2）を与えなければ全面を研削することができない．このような砥石軸方向のテーブル送りを**横送り〔クロス送り，クロスフィード**（cross feed）〕といい，一般に間欠送りで与えられる．溝を研削する場合のように，横送りを与えないで研削する方法を**プランジ研削**（plunge grinding）という．

一方，平面研削作業を**研削盤**（grinder, grinding machine）の砥石軸（主軸）の形式から，**横軸平面研削**（horizontal surface grinding）と**縦軸平面研削**（vertical surface grinding）に大別することもできる．前述した図1.9(a)は横軸平面研削の代表的な例であり，図1.9(e)は縦軸平面研削の代表的な例である．それぞれに使用される研削盤を図1.12に示す．縦軸平面研削の場合には，砥石軸をテーブル面に対して完全に垂直にして使用することはむしろ希で，工作物の進み方向に逆らうようにわずかに傾けて〔**チルト**

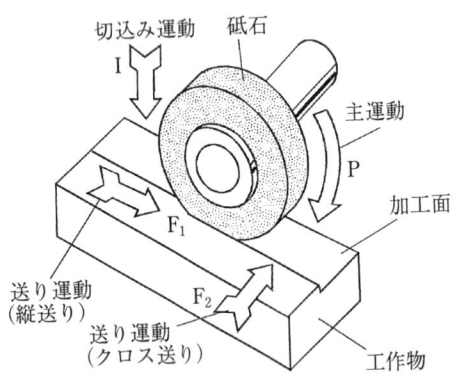

図1.11 横軸平面研削

切込み運動 I
砥石
主運動 P
加工面
送り運動（縦送り） F_1
送り運動（クロス送り） F_2
工作物

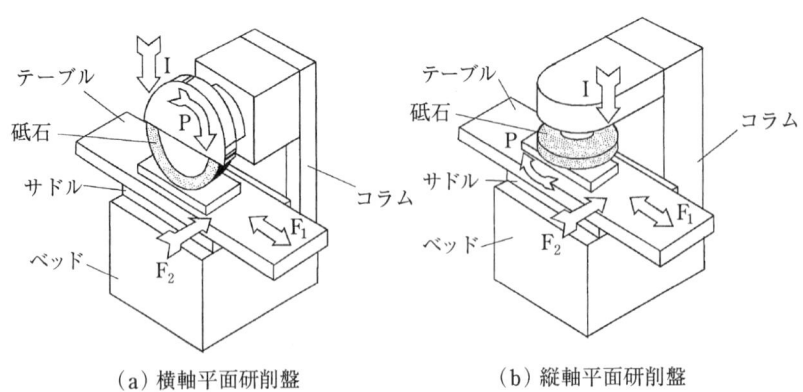

(a) 横軸平面研削盤　　(b) 縦軸平面研削盤

図1.12 代表的な平面研削の型式

(tilt)を与えるという〕使用することが多い．ごく一般的にいえば，前者は精密研削に適し，後者は生産型である．

さらに，テーブルの運動形態から往復型と回転型（ロータリ型）に分けることもできる．図1.9 (a), (d), (e) は往復型であり，図1.9 (b), (c), (f) は回転型である．なお，図1.9 (c) の研削方式を特に両頭研削と呼ぶ．

1.3.2 円筒外面研削（external grinding）

円筒外面研削は，大きく，いわゆる**円筒研削**（cylindrical grinding）と**心無し研削〔センタレス研削**（centerless grinding）〕に分けられる．図1.13は円筒研削の二つの基本方式を示すもので，図(a)は工作物に回転と軸方向の送り〔**縦送り**（traverse feed）〕の両方を与える**トラバース研削**（traverse grinding），図(b)は工作物に回転と切込み方向の送りだけを与える方式で，**プランジ研削**（plunge grinding）と呼ばれている．プランジ研削では，図のようにあらかじめ砥石の外周面を所定の輪郭に成形しておき，これを工作物に転写することができる．このような研削を特に**総形研削**（form grinding）と呼んでいる．図1.14は，円筒研削盤の例である．

図1.15に示すように，心無し研削はチャックやセンタを使わずに砥石と**調整車**（regulating wheel），**支持刃**〔ブレード（work support blade）〕の3者で工作物を支えながら研削する方式である．図は，送り運動が工作物の回転運動だけの場合でインフィード研削と呼ばれるが，工作物にはさらに軸方向の送り運動 F_2 が与えられることもある．これをスルーフィード研削という．心無し研削はチャック部を必要としないので，ピンなどのようなものでも1工程で研削することができる．また，工作物の支持剛性が高く，小径で長軸の円筒面の研削や高能率研削が可能である．したがって，円筒研削に比べて多量生産型といえる．なお，円筒研削の

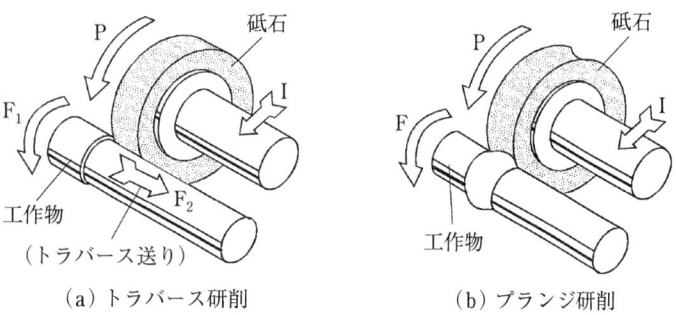

(a) トラバース研削 　　　(b) プランジ研削

図1.13　円筒研削の代表的な方式

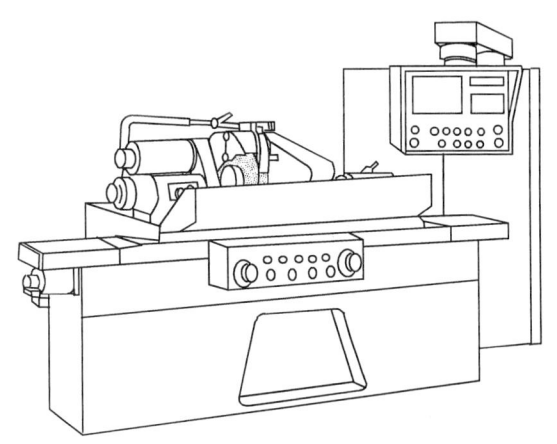

図1.14　円筒研削盤〔豊田工機（株）製CNC超精密研削盤 GXN25〕

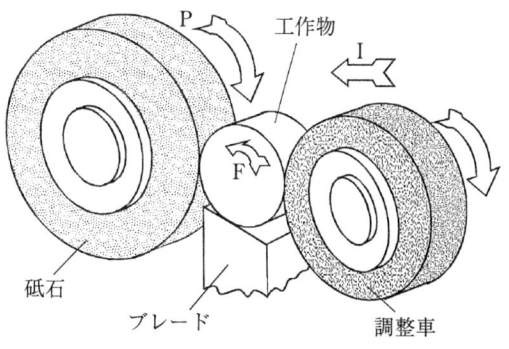

図1.15　センタレス研削

場合は上向き研削であるが，心無し研削では通常下向き研削が行われる．図1.16はセンタレス研削盤の例である．

1.3.3 円筒内面研削（internal grinding）

外面研削の場合と同様，工作物駆動機構によってチャック方式と心無し方式に分けられる．チャック方式〔図1.17参照〕では，工作物と砥石の両方を回転させる方式〔図(a)〕と工作物を固定し砥石に通常の回転と遊星運動とを与える遊星運動（プラネタリ）方式〔図(b)〕がある．**治具研削**（jig grinding）は，遊星運動方式の代表的な例である．また心無し方式〔図1.18参照〕では，ロール支持方式〔図(a)〕とシュー支持方式〔図(b)〕がある．玉軸受の内外輪の研削は，心無し研削方式で行われることが多い．

1.3.4 研削切断（cut-off grinding）

非常に薄い砥石〔**ブレード**（blade）〕を使って工作物を切断する加工法で，図1.19にその基本的な加工方式を示す．図(a)

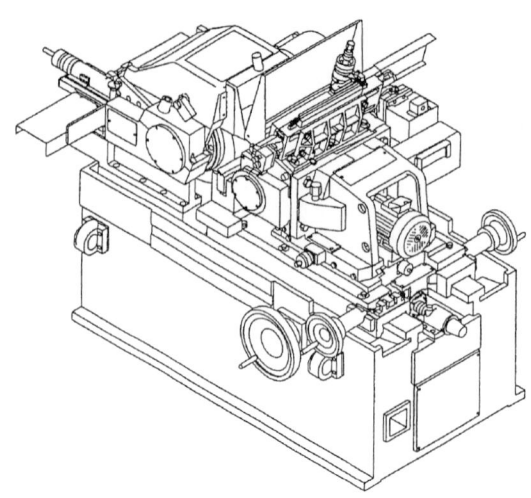

図1.16 センタレス研削盤〔ミクロン精密(株)製 MD600Ⅲ〕

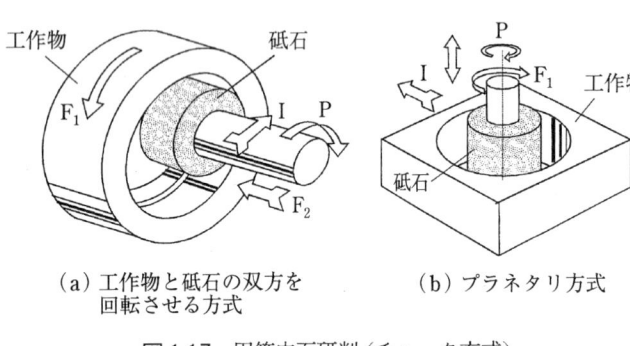

(a) 工作物と砥石の双方を回転させる方式　　(b) プラネタリ方式

図1.17 円筒内面研削（チャック方式）

は，ブレードをアームの回転中心の周りに上下動させて切断する方式で，アングルカッタがその代表的な例である．図(b)は，パイプのような丸物の切断法で心無し方式による切断である．特に，鋼管や鋳鉄管の切断はこの方法によることが多い．図(c)は，大きな切込みを与えて工作物を低速で送り，1パスで切断する，いわゆる**クリープフィード**（creep-feed）方式で，石材やセラミックスなどの研削切断ではこの方式が最も広く用いられている．磁気ヘッ

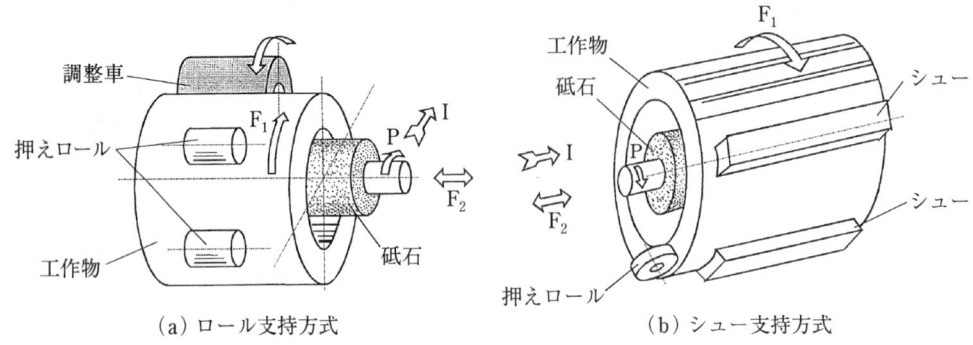

(a) ロール支持方式　　(b) シュー支持方式

図1.18 心無し内面研削

1.3 研削作業の分類

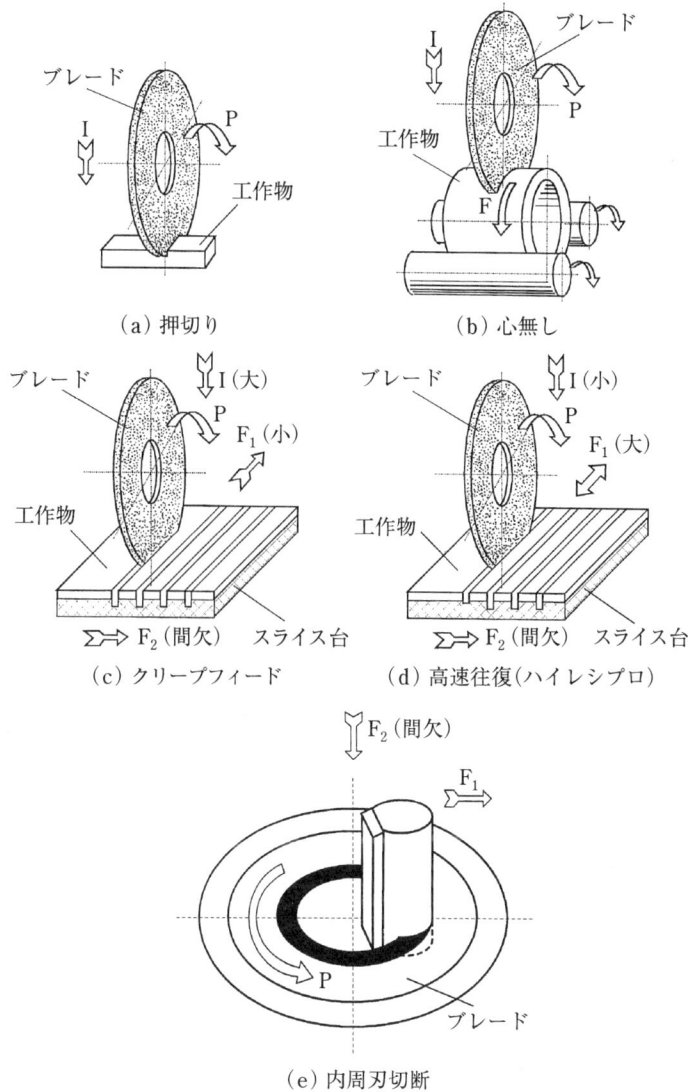

(a) 押切り
(b) 心無し
(c) クリープフィード
(d) 高速往復(ハイレシプロ)
(e) 内周刃切断

図1.19 各種の研削切断法

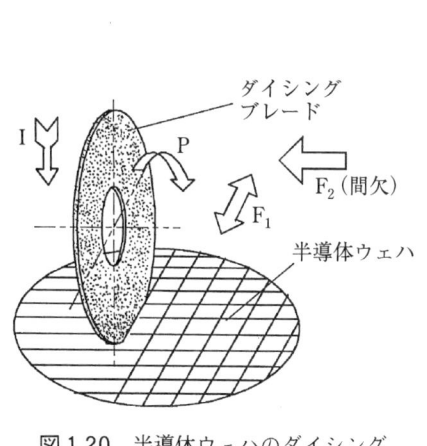

図1.20 半導体ウェハのダイシング

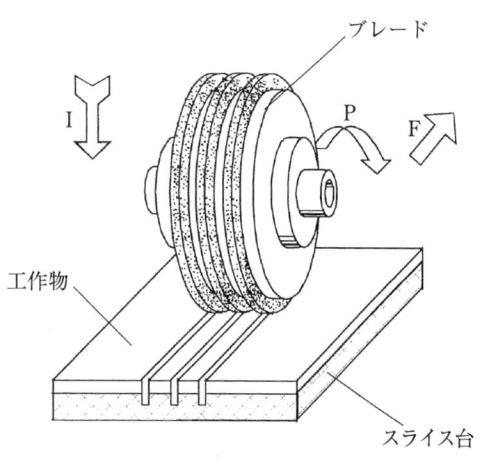

図1.21 マルチカット

ド材の**スライシング**（slicing）で重要な役割を果たし，その加工技術も長足の進歩を遂げた．ブレードの厚さは，図1.20のような半導体ウェハの**ダイシング**（dicing）用の15μm程度から，石材切断用の10 mm以上まである．また，この方式では複数のブレードを同軸に組み上げて1度に多数の切断を行う**マルチカット**（multi-cut）も行われる（図1.21参照）．

これに対して，図1.19の(d)は切込みをわずかずつ与えてブレードまたは工作物に高速の往復運動を与えて切断する方式である[注10]．無振動反転装置を備えた高速送りのできるテーブルが作られるようになり，可能になった．

図1.22は高速反転テーブル機構の例で，工作物を含めたテーブルの質量と同量のカウンタバランスをテーブルと反対向きに往復させ，反転時の振動発生を低減させる工夫がなされている．この研削切断方式は，ブレードのたわみが問題になるような難削材や切断厚さの大きい材料の切断法として注目されている．

また，図1.19の(e)はドーナツ型の内周部に刃を持つ，いわゆる**内周刃ブレード**[注11]〔IDブレード（inner diamond blade）〕による切断を示す．図1.23は，この研削に使用される内周刃スライサである．ステンレス製の非常に薄いブレードの外周にテンション（張力）

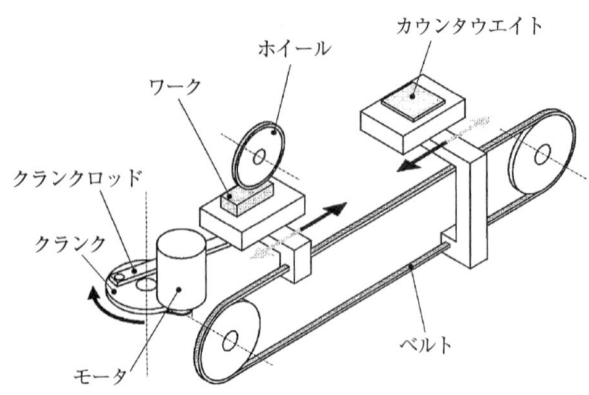

図1.22 高速反転テーブル機構〔(株)ナガセインテグレックス製 SHS-80〕

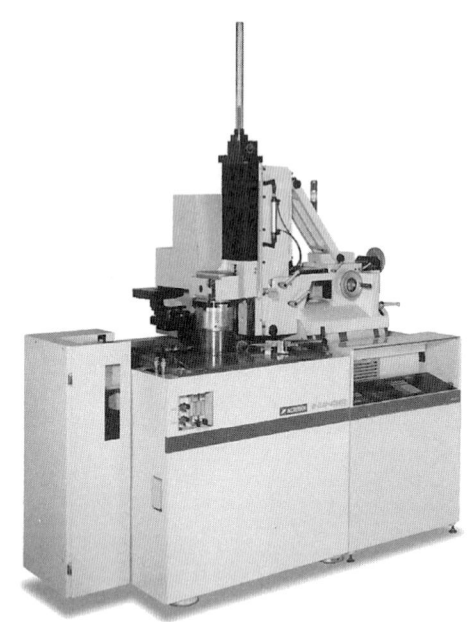

図1.23 内周刃スライサ〔(株)東京精密製ウェハスライサ S-LM-400E〕

注10) ハイレシプロ研削またはスピードストローク研削と呼ばれる．

注11) これに対して，図1.19 (a)～(d)のブレードは外周刃ブレードとも呼ばれる．内周刃ブレードでは，電着によって砥粒が固定される．

注12) 半導体ウェハのスライシングのように工作物を回転しない場合には，ブレードの半径は内半径に工作物の直径を加えたものよりも大きくなければならない．しかも，内周刃部の周速は工作物の口径にかかわらず一定であるから，工作物の口径が大きくなるとブレードの外周速度が非常に高速になる．そのため，ブレードホルダの遠心力による変形や破壊が設計上問題になる．シリコンウェハの口径は，ますます大きくなる傾向にあり，内周刃による切断では8 inウェハが限界ともいわれている．8 in以上のものはワイヤソーで切断されるようになってきた．

注13) この場合，砥粒切込み深さは小さいがブレードと工作物間の接触長さが非常に大きくなるので，砥粒切れ刃は摩滅しやすい．したがって，難削材の切断には向かない．内周刃切断は，外周刃切断に比べ切断厚さに対する切断ロス〔カーフロス（kerf loss）〕の比が非常に小さいのが最大の長所である．したがって本方式の適用は，単結晶シリコンインゴットの切断のように切断厚さ（シリコンインゴットの場合はインゴット直径）が極めて大きく，しかも材料が高価であるために切断ロスをできるだけ小さくする必要があり，さらに研削しやすい材料であるという場合に限られよう．

をかけ，張り上げて使用するので，図 1.19 の (c) や (d) のような外周刃切断に比べてブレードのたわみに対する剛性が非常に大きい．したがって，0.2 mm 以下の厚さのブレードで 100〜150 mm の大口径のシリコンインゴットを切断することも可能である．

一方，外周刃のようにマルチカットは，不可能である．したがって，内周刃切断は半導体ウェハなどのように高価でしかも大口径の材料[注12]や高精度を要する切断に用いられる．半導体ウェハ（単結晶シリコン）の切断の場合は工作物を回転させない[注13]が，石英のマスク基板の切断などでは工作物に回転が与えられるのが普通である．

問題 1.1　図 1.5 に示したような，切り屑除去エネルギーのいわゆる**寸法効果**（size effect）はなぜ起きるのか，考えよ．

問題 1.2　フライス加工では，通常，アップカットで行われるが，通常の研削ではほとんどアップカットとダウンカットの区別なく行われる．しかし，円筒研削はアップカット研削に限られ（図 1.13 参照），センタレス研削はダウンカットに限られるのはなぜか．

問題 1.3　センタレス研削で工作物を支持するブレードの面が水平ではなく，調整車側に傾斜しているのはなぜか．

問題 1.4　超仕上とホーニング加工について，調べよ．超仕上では微粒の一般砥石も使用されるが，研削ではほとんど使用されないのはなぜか．

問題 1.5　現在，6 in 以下のシリコンインゴットは，ほとんど内周刃で切断（スライス）されているが，インゴットが大口径化に伴っていろいろな問題が指摘されている．内周刃切断におけるそのような問題について考えよ．

問題 1.6　内周刃スライシングがシリコンインゴットのような高価で比較的研削しやすい材料にしか用いられないのはなぜか．

参考文献

1) 閻紀旺, 庄司克雄, 鈴木浩文, 厨川常元：精密工学会誌, **64**, 9 (1998) 1345.
2) 閻紀旺, 庄司克雄, 厨川常元：精密工学会誌, **65**, 7 (1999) 1008.
3) 閻紀旺, 庄司克雄, 厨川常元：精密工学会誌, **66**, 7 (1999) 2000.
4) 庄司克雄：機械と工具, **36**, 6 (1992) 73.
5) 庄司克雄：機械と工具, **38**, 8 (1994) 18.

第2章 研削砥石

2.1 研削砥石の3要素と5因子

　研削砥石は，硬い鉱物質の**砥粒**を**結合剤**（bond material）で接着した回転工具である．砥石は，大きく，通常砥石と超砥粒砥石に分けられる．**通常砥石**〔あるいは**一般砥石**（conventional wheel）〕は，砥粒に通常砥粒（2.2節参照）を用いた砥石であり，**超砥粒砥石**（super abrasive wheel）は，砥粒にダイヤモンドなどの超砥粒（2.2節参照）を用いた砥石である[注1]．図2.1(a)は通常砥石，図(b)は超砥粒砥石の例である．通常砥石では，外周から内部まで砥粒を含んだ砥石で構成されているが，超砥粒砥石の場合は，通常，写真のようにコアの部分は金属で，わずか数mmの外周部分だけが砥石になっている．これは，超砥粒が非常に高価であることと，耐摩耗性が非常に高いため大きな砥粒層を必要としないことによる．なお，特に超

(a) 通常砥石

(b) 超砥粒砥石

図2.1　研削砥石

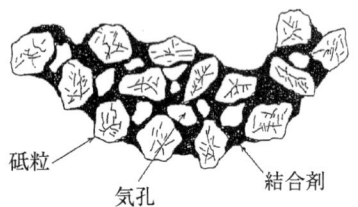

図2.2　最も一般的な砥石の構造

砥粒砥石では，砥石を**ホイール**（wheel）と呼んで，区別することもある[注2]．

　図2.2は，最も一般的な砥石の構造を図解したものである．このように，一般の砥石は砥粒，結合剤，**気孔**（pore）[注3]から構成されている．これを**砥石の3要素**という．これに対して，後述するオキシクロライドボンドの砥石，あるいはメタルボンド，レジンボンド

[注1] ビトリファイドボンドの超砥粒砥石では，充填材として通常砥粒を添加することもある．たとえば，ダイヤモンド砥石ではGC砥粒を，またCBN砥石ではWA砥粒を添加する．特にこの場合，充填材を骨材とも呼ぶ．

[注2] JIS B 4131ではホイールと呼ぶよう規定しているが，他の術語，たとえば砥石軸，砥石半径切込み量，砥石周速などと混乱するので，本書では原則として，全て砥石と呼ぶことにする．

[注3] 気孔には，連続したもの（オープンポーラス）と，独立したものがある．有気孔型の通常砥石およびビトリファイドボンドの超砥粒砥石のほとんどは前者に属し，いずれも吸水性がある．後者には，中空の気孔材を添加したものと，水に溶解する粒子を添加しておきツルーイングなどで表面に露出したものが研削液で解けて気孔を形成するものがある．

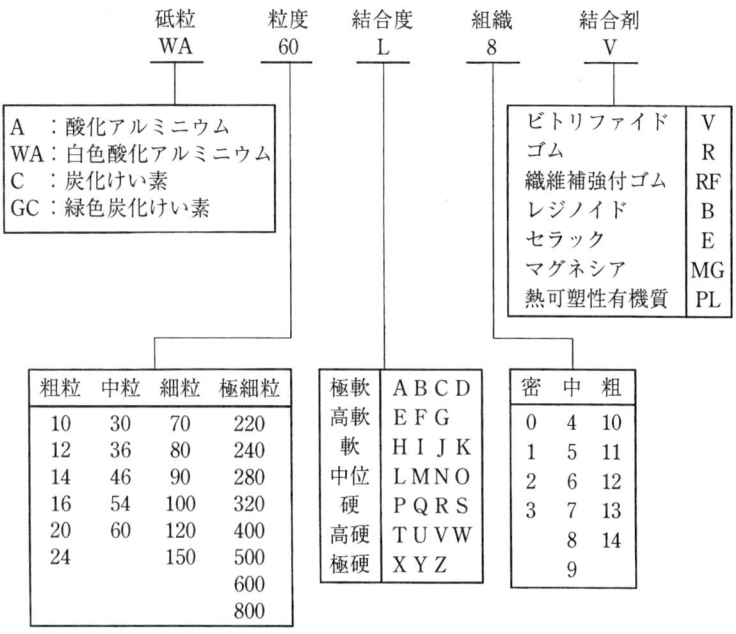

図 2.3 砥石の表示法

の超砥粒砥石では，気孔を持たない砥石も作られている[注4]．

砥石の性能は，**砥粒の種類**，**粒度**，**結合度**，**結合剤の種類**，**組織**の五つの因子で決まる．これを**砥石の5因子**という．JIS[1]では，砥石の仕様をこの5因子に基づいて表示するよう規定している[注5]．その表示法を図2.3に示す．

2.2 砥　　粒

2.2.1 砥粒の種類

現在，研削砥石に使用されている主要な砥粒は，酸化アルミニウム（アルミナ）系，炭化けい素系，酸化ジルコニウム（ジルコニア）系，ダイヤモンド，立方晶窒化けい素（CBN）に大別される．このうち，前3者を通常砥粒と呼ぶのに対し，後の二つは高硬度，高靱性で耐摩耗性が高く砥粒として極めて優れた性質を持っているため，これらを特に**超砥粒**（super abrasive）と呼んでいる．

(1) 酸化アルミニウム（aluminum oxide）

アルミナ系（A系）砥粒とも呼ばれ，ボーキサイトから製造される**A砥粒**（regular alumina grain）[記号：A]とバイヤー法で製造されたより純度の高いアルミナ（Al_2O_3）を原料とする**WA砥粒**（white alumina grain）[記号：WA]などからなる．

A砥粒は，主成分の Al_2O_3 に TiO_2，Fe_2O_3，SiO_2 などの不純物を含有し，一般に黒褐色

[注4] このうち，レジンボンド砥石では有気孔のものもある．特に，レジンボンドの通常砥石（2.3節参照）はほとんど有気孔で，無気孔（マトリックスタイプとも呼ばれる）のものはほとんどがダイヤモンドないしCBN砥石（2.2節参照）である．しかし，ダイヤモンド砥石でも鏡面研削用砥石などでは有気孔のものも使われている．また，特殊な例として無気孔のビトリファイドボンド砥石も多結晶ダイヤモンドバイトの研削などに用いられている．

[注5] 超砥粒砥石で，組織を集中度で表示することになっている（JIS B 4131）．ただし，結合度については規定していないので，各社それぞれの基準で決めている．

のものが多い．WA 砥粒に比べて靱性が高く，鋼類の研削に広く用いられ，特にアルミナの溶湯をインゴットに鋳込む際，冷却速度を高くして結晶を微細化したものは**多結晶砥粒**（poly-crystalline grain）または**微結晶砥粒**（micro-crystalline grain）と呼ばれ，靱性が大きいため重研削用砥粒として使用される．

WA 砥粒は，A 砥粒に比べやや硬度が高く，破砕性に富み，焼入鋼や特殊鋼など高硬度の鋼類の研削に用いられる．

砥粒は，通常，インゴットを粉砕して製造されるが，単結晶粒として成長させた**コランダム**（corundum）結晶の粒界に水溶性硫化物を形成させ，これを加水分解によって解砕し整粒した砥粒もある．これを**単結晶砥粒**（mono-crystal grain）という．JIS [注6]では，これを HA 砥粒と呼んでいる．HA 砥粒の原料は，WA 砥粒とほぼ同じであるが，機械的粉砕工程を経ていないので，WA 砥粒よりも破砕しにくく靱性が高い．したがって，焼入鋼や特殊鋼の研削で，特に砥石の摩耗が問題になるような場合に用いられる．

アルミナに**酸化クロム**（**クロミヤ**：Cr_2O_3）または酸化クロムと**酸化チタン**（titanium oxide）を置換固溶させたものを**クロム変成アルミナ砥粒**（chrome-modified alumina grain）または**ローズ色砥粒**という．Cr_2O_3 の量が少ないと淡紅色を呈し，Cr_2O_3 の量が多く（通常3％）なると深紅色になる．Cr_2O_3 の含有量が高すぎると破砕性が高くなりすぎ，研削能力が低下する．現在は 0.07～0.08％のものが多く，**PA 砥粒**とも呼ばれ，工具鋼や金型研削用の砥石に使用される．ピンク色をしており，破砕性が高いので，特に研削液を使用しない乾式研削に好んで用いられる．

図 2.4 は，アルミナとジルコニア（ZrO_2）の 2 成分平衡状態図[3]で，42％のところに共晶点を持つ．したがって，ジルコニアを 0～40％にすれば，初晶の α-Al_2O_3 を軟らかい共晶組織が覆う構造を持った非常に強靱な砥粒が得られる．このような砥粒は**アルミナ-ジルコニア砥粒**（**AZ 砥粒**）と呼ばれ，重研削用砥石に用いられる．

ボーキサイトの微粉（5 μm 以下）を粒状あるいは柱状に焼結成形して作った砥粒を**焼結アルミナ砥粒**（sintered alumina grain）という．溶融アルミナ砥粒よりも硬度は低いが，極めて強靱で，ステンレス鋼などの重研削用に用いられる．

これに製法がやや類似したもので，**セラミックスアルミナ砥粒**[注7]と呼ばれる新しい砥粒が開発された．これは，微粉（0.2 μm 程度）のベーマイト〔アルミナ水和物：AlO(OH)〕をゾル（sol）状態にした後，核形成物（Fe_2O_3 または Al_2O_3）などを混ぜ，さらにゼリー状媒体を添加して水分を蒸発させゲル（gel）状にして圧延や押し出しな

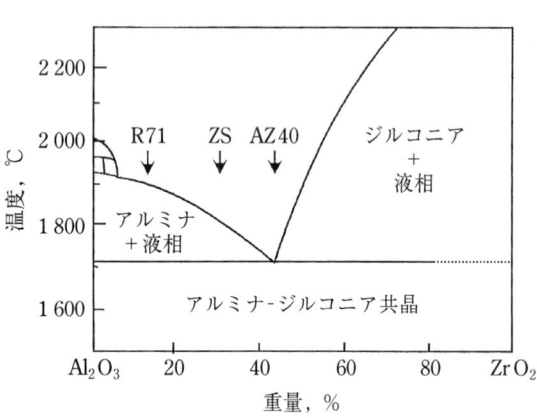

図 2.4　アルミナとジルコニア（ZrO_2）の 2 成分平衡状態図

[注6] JIS R 6111-2001 人造研削材
[注7] **セラッミクス砥粒**とも呼ばれ，名称は必ずしも一般化されていない．ノートン社の SG 砥粒，TG 砥粒，米国 3M 社のキュービトロン，（株）ノリタケカンパニーの CX 砥粒などが，これに属する．

どにより固化する．これを乾燥後，粉砕し，焼結する[4]．この砥粒は，WAよりも高硬度で靭性はHA砥粒よりも高い[5]．後述するようにWA砥粒では非常に平滑部が形成されるが(6.2.4項)，セラミックスアルミナ砥粒では，結晶粒が非常に小さいので粒界から破砕が起きるため，このような平滑部が形成されない．しかも，砥粒の大きな破砕や脱落が起こりにくいので，長時間研削しても仕上げ面粗さの劣化が少なく，ドレス間寿命が長くとれるという結果も報告されている[6]．このようなことから，最近，WAとCBN砥粒の中間的な位置づけの砥粒として，特に高能率，重研削分野で注目されている．

(2) 炭化けい素 (silicon carbide)

一般にSiC系（C系）砥粒と呼ばれ，炭化けい素(SiC)の純度が高い**緑色炭化けい素砥粒**〔**GC砥粒** (green silicon carbide grain)〕[記号：GC]と不純物の多い**黒色炭化けい素砥粒**〔**C砥粒** (black silicon carbide grain)〕[記号：C]に分けられる．SiC系砥粒は，アルミナ系砥粒に比べて硬度が高く，破砕性に富む．また，熱的にも安定である．したがって，熱伝導率の低い工作物や硬度が高く，脆性の大きな材料，たとえばガラスや石材などの研削に適している．鋳鉄の研削にも使用される．しかし，最近ではダイヤモンド砥石が比較的容易に使用されるようになり，使用量は減少している．

(3) 酸化ジルコニウム (zirconium oxide) [記号：Z]

ジルコニア(ZrO_2)を主成分とし(80〜85%)，SiO_2，TiO_2を固溶した砥粒で，**Z砥粒**と呼ばれる．硬度は低いが靭性に富み，オーステナイト系ステンレス鋼の重研削に好結果が得られる．

(4) その他の通常砥粒

そのほか，ガラスの仕上げ研削に**酸化セリウム**〔SeO_2 (cerium oxide or ceria)〕や**酸化けい素**〔SiO_2 (silicon oxide)〕が用いられる．また**炭化ほう素**〔B_4C (boron carbide)〕はSiCより硬度が高いため超音波砥粒加工に用いられるが，脆性が大きく研削にはほとんど用いられない．

(5) ダイヤモンド (diamond) [記号：D[注8]]

1955年にGE社が**人造ダイヤモンド** (synthetic diamond) の開発に成功し[7]，現在では砥石に使用されるもののほとんどが人造ダイヤモンドである．

ダイヤモンド砥粒は，高硬度で靭性に富み，熱伝導率が高いなど砥粒として優れた条件を備えているため，超硬合金，半導体材料，ガラス，セラミックス，石材など，高硬度で脆性の高い材料（一般に硬脆材料と総称される）の研削に広く用いられている．しかし，ダイヤモンドは空気中で約800℃以上になると表面が酸化し[8]，1350℃になると黒鉛化が始まる[9]．特に鉄が触媒になると，この反応が促進されるといわれている[10),11)]．そのため，鋼類，特に低炭素鋼の研削には使用されない[注9]．また，ダイヤモンド砥石を使用する場合には，研削温度が高くならないよう水溶性の研削液を使用し十分に冷却をする必要がある．

使用目的によって，ブロッキーで靭性の高いものから異形状のものまで，いろいろな形状の砥粒が開発されている．異形状のものには，破砕性を高くするのと表面積を増やして結合剤との

[注8] 合成（人造）ダイヤモンドをSD，金属被覆の合成ダイヤモンドをSDCと区別することもある．

[注9] これは原則であって，#3000程度の粒径の小さな鏡面研削用砥石では，鋼の研削であってもCBNよりもむしろダイヤモンド砥石の方が優れているという実験結果も得られている[2]．

表2.1 各種材料の熱伝導率

材料	熱伝導率, W/(cm·℃)		熱膨張係数, $\times 10^{-6}$/℃	比抵抗, $\Omega \cdot$cm
	単結晶	多結晶		
ダイヤモンド	20		2.3	10^{16}
CBN		6.0	3.7	$> 10^{11}$
SiC	4.9			0.13
SiC + BeO		2.7	3.7	10^{13}
BeO		2.4	8.0	10^{14}
AlN	2.0	2.0	4.0	10^{12}
Ag		4.3	19.1	1.6×10^{-6}
Au		3.2	14.1	2.3×10^{-6}
Cu		4.0	17.0	1.7×10^{-6}
Mo		1.4	5.0	5.7×10^{-6}

結合力を向上させる効果がある．異形状のものを作るには，結晶の成長速度を速くしてモザイク構造にする方法，結晶内の溶媒金属を化学的に除去することにより表面に凹凸を作る方法，無電解めっきにより金属（NiまたはCu）を被覆する方法などがある．メタルボンド砥石用には，ブロッキーなものが使用され，レジノイドボンド砥石には異形状のもの，ビトリファイドボンド砥石にはその中間的なものが用いられる．

また，ダイヤモンドは炭素原子が共有結合したものであるから，他の物質に見られない熱的な特徴を持っている．熱伝導率が極めて高いというのもその一つである（**表2.1**参照）．熱伝導率が高いということは，砥粒研削点に発生した熱を工作物側に流入させず放熱させることができるので，砥粒としては非常に重要な性質である．

(6) 立方晶窒化ほう素（cubic boron nitride）［記号：BN］

CBN[注10]と略称されるが，通称の**ボラゾン**（borazon）はGE社の商品名である．

CBN砥粒は，ダイヤモンド砥粒と共に超砥粒と呼ばれ，ダイヤモンド砥粒が使用できない鋼類や，高バナジウム鋼やステンレス鋼など通常砥粒では研削できない難削材の研削に威力を発揮している．しかし，最近では耐摩耗性に優れている点がかわれ，通常の焼入鋼にも広く使われるようになった[注11]．その理由として，通常砥石に比べてドレッシング間寿命が非常に長いため，加工時間の短縮や研削加工の自動化が可能なこと，ドレッシング，ツルーイング技術など使用技術が向上し使いやすくなったこと，CBN砥石の製造技術の向上や需要の増加により価格が安くなったことなどが挙げられる．

硬度，熱伝導率は共にダイヤモンドに次いで高いが，熱に対して安定で鉄に対しても不活性であるというダイヤモンドの欠点を補う特性を持っている．天然には存在しない物質で，したがって，全て人造である．1957年，GE社のWentofが六方晶窒化ほう素をLi，Mgの存在下でダイヤモンドとほぼ同じ高圧，高温下に保つ方法で合成に成功した[12]．CBNの場合にも，ブロッキーで靭性の高いものと破砕性を与えたものとが開発されている．また，レジノイドボンド砥石に金属を被覆した砥粒が用いられるが，CBNではTiも被覆金属として使用されている．

[注10] BNを化学記号のように解釈し，cBNと記すこともある．
[注11] ただし，軟鋼など低炭素鋼の生材の研削には使用されない．

2.2.2 粒度（grain size *or* grit size）

砥粒の粒子の大きさを粒度といい，粒度を表す数字を**粒度番号**（grit number）と呼ぶ．粒度番号はふるいのメッシュ番号を基準にしている．ふるいのメッシュ番号は1 in間におけるワイヤの数を表しており，メッシュ番号が大きいほどふるい目の開きは小さくなる．

JIS[13)]では，粒度の試験法として，粗粒（#8～#220）についてはふるい分け法，微粒（#240～#3000）については拡大写真法を規定している．ふるい分け法では，連続する5個の標準ふるいを使用し（たとえば，#60の砥粒ではメッシュ番号#46，#54，#60，#70，#80のふるい），各段

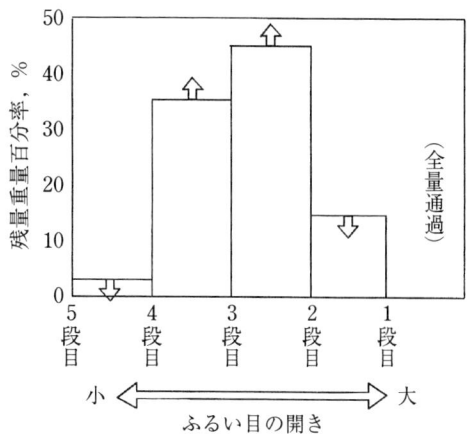

図2.5 砥粒のふるい分け法

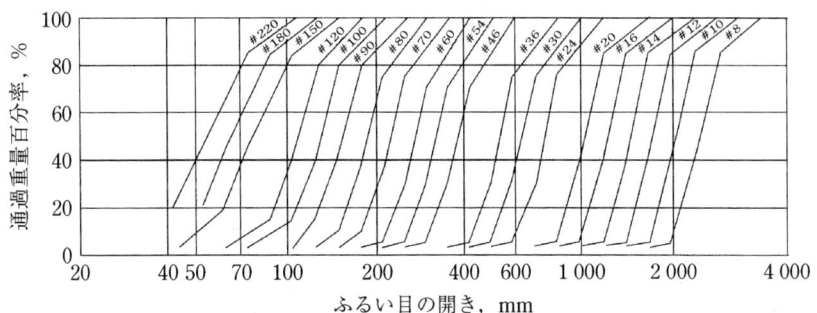

図2.6 粗粒の粒径分布

表2.2 微粒の平均粒径

粒度	最大の粒子の平均径	最大の粒子から30番目の粒子の平均径	平均径の平均
#240	171 以下	120 以下	87.5～73.5
#280	147 以下	101 以下	73.5～62
#320	126 以下	85 以下	62～52.5
#360	108 以下	71 以下	52.5～44
#400	92 以下	60 以下	44～37
#500	80 以下	52 以下	37～31
#600	70 以下	45 以下	31～26
#700	61 以下	39 以下	26～22
#800	53 以下	34 以下	22～18
#1000	44 以下	29 以下	18～14.5
#1200	37 以下	24 以下	14.5～11.5
#1500	31 以下	20 以下	11.5～8.9
#2000	26 以下	17 以下	8.9～7.1
#2500	22 以下	14 以下	7.1～5.9
#3000	19 以下	12 以下	5.9～4.7

JIS R 6001

のふるいにおける残留重量百分率を規定することによって粒径のばらつきを制限している．図2.5 はその方法を図解したもので，下向きの矢印は残留重量百分率がそれ以下，上向きの矢印はそれ以上であることを示している．したがって，図では1段目の標準ふるいを100％通過し，2段目の標準ふるいに留まる量は15％以下，5段目の標準ふるいに留まる量は3％以下であることを意味している．このとき砥粒の粒度は3段目のふるいのメッシュ番号で表す．図2.6 は，JISにおける粗粒の粒径分布を示す．

粒度番号 M の砥粒の平均粒径 d_g は，近似的に，そのふるいの目の開き M^{-1}[in] の約60％になる．すなわち，

$$d_g = 0.6 M^{-1}[\text{in}] = 15.2 M^{-1}[\text{mm}] \tag{2.1}$$

と考えてよい．

拡大写真法では，顕微鏡によって砥粒の最大径（長径）とそれに直交する径（短径）を求め，両者の和を2で割って平均径とする．表2.2 に，微粉の粒度番号と平均径との関係を示す．

2.2.3 かさ比重 [注12] (bulk density *or* bulk specific gravity)

砥粒の形状は，切削性能や破砕強さ，あるいは砥石製造時の結合剤の配合割合などに影響を及ぼす重要なファクタである．砥粒の形状は，工業的には，かさ比重を基準にして表される．かさ比重は，一定の容器に砥粒を静かに充填したとき，砥粒の全重量をその容積で割ったものである．球形に近く，エッジの少ない砥粒ほど稠密性が高いので，かさ比重は大きくなる．砥粒の強靱性が要求される重研削用砥石では，かさ比重の大きい砥粒が，また，適度の破砕性が要求される精密研削用砥石には，やや低めのかさ比重を持った砥粒が適している．また研磨布紙では鋭いエッジを持ったピラミッド型の砥粒が用いられるが，このような砥粒はかさ比重が小さい．

かさ比重は，図2.7 に示す装置を使って測定される[14]．測定は極めて簡単で，試料を漏斗（ろうと）から静かに落下させ，下のシリンダで受ける．充填された試料の重量（g）をシリンダの容積（mm³）で割ったものが「かさ比重」である．

ただし，種類の異なる砥粒間ではかさ比重の比較は意味がないので，かさ比重を真比重で割って百分率化した「充填率」が用いられる．表2.3 は各種の砥粒について，

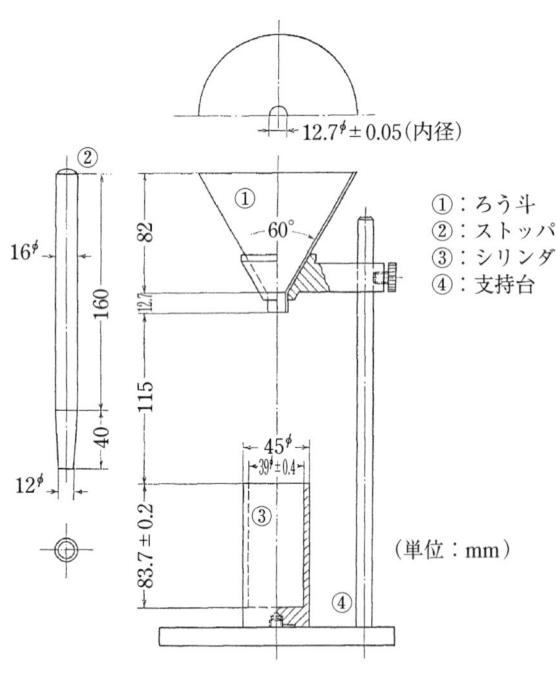

図2.7 かさ比重測定装置

[注12] 最新の JIS（R 6111-2002, R 6130）では，「かさ密度」の用語が使われているが，ここでは旧 JIS（R 6126-1970）の「かさ比重」を使う．

表2.3 各種砥粒の真比重,かさ比重と長短径比(#60)

砥石	化学成分,%					真比重	かさ比重	充填率	長短径比	備考
	Al_2O_3	SiO_2	Fe_2O_3	TiO_2	その他					
A-40	96.5	0.5	0.1	2.3	—	3.987	1.81	45.4	1.68	レギュラー
A-47	96.5	0.5	0.1	2.3	—	3.987	1.70	42.6	1.76	セミフライアブル
WA	99.6	0.01	0.03	Trace	Cr_2O_3	3.987	1.74	43.7	1.62	
PW	99.3	0.07	0.04	0.3	0.08	3.992	1.77	44.3	1.63	クロム変性
	SiC	C								
C	98.7	0.2				3.211	1.50	46.7	1.60	
C-25	98.7	0.2				3.213	1.32	42.9	1.75	研磨布紙用
GC	99.5	0.2				3.217	1.46	45.4	1.54	

長短径比測定のサンプル数 300〜400 個

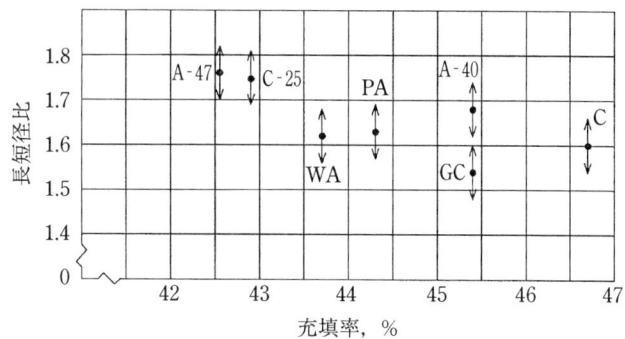

図 2.8 各種砥粒の充填率と長短径比との関係

真比重,かさ比重,長短径比を測定し,比較したものである[15]. この結果をもとに,充填率と長短径比との関係を求めると図 2.8 のようになる. 長短径比の測定値のばらつきが大きいために明確ではないが,一般に充填率が大きいほど長短径比は小さくなる傾向を持つ. A-47 と C-25 は,それぞれ A-40, C とほぼ同じ化学組成を持つが,精製工程でシャープなエッジを与えたものである. 上述の傾向は,このような同一成分の砥粒間で比較すればさらに明確である.

2.2.4 硬度(hardness)

砥粒の硬度測定には**ヌープ硬度**(Knoop hardness)が用いられるが,硬度が高く,しかも脆性材料であるため,誤差が生じやすい. 表 2.4[16],表 2.5[17] は,それぞれ異なる研究者の結果である. これからもわかるように,測定者によって多少異なった値が報告されている. 通常砥粒では, A 系砥粒

表 2.4 各種砥粒のヌープ硬度

砥粒	ヌープ硬度
酸化アルミニウム	
3 % Cr_2O_3	2 258
白色	2 122
単結晶	2 276
レギュラー	2 046
微結晶	1 951
10 % ZrO_2	1 965
40 % ZrO_2	1 462
焼結	1 372
炭化けい素	
緑色	2 837
黒色	2 679
炭化ほう素	2 800
CBN	4 700
ダイヤモンド	7 000

表 2.5 各種砥粒のヌープ硬度

砥粒	ヌープ硬度
Quartz	820
ガーネット	1 360
レギュラー A	2 050
Al_2O_3 + 1 % Cr_2O_3	2 150
Al_2O_3 + 3 % Cr_2O_3	1 950
炭化けい素	2 480
炭化ほう素	2 760
ダイヤモンド	8 000

に比べてC系砥粒の方が硬度が高い.

2.2.5 靭性（toughness）

砥粒の靭性は砥粒の破砕し難さを表し，ツルーイングやドレッシングによる砥粒切れ刃のシャープさや砥石の自己再生作用（自生作用）に直接関連する重要な性質である．全く反対の意味で**破砕性**（friability）という語が用いられることも多い．

砥粒の靭性もしくは破砕性をより的確に，しかも定量的に評価しようといくつかの試みが行われている．ここでは，そのいくつかを紹介する[18]．

(1) 靭性値（ボールミル法）

JIS[19]では，ボールミル試験に基づく評価を定めている．この方法は，原試料をボールミルに入れて粉砕し，これを5段組の標準ふるいでふるい分けする．そして，その3段目のふるい上の残留量の全回収量に占める割合を百分率で表し，これを靭性値と定義している．表2.6は，各種砥粒の靭性値の測定結果例である[19]．

(2) 破砕性指数〔FI値（Friability Index）〕

米国ASAの標準ボールミル試験に基づく評価で，JISの靭性値と逆の特性である．すなわち，#12のふるいを通過し#14のふるい上に残る100gの砥粒についてボールミル試験を行い，回収された砕製物のうち#16のふるいを通過するものの重量百分率として定義される．図2.9は，各種砥粒のFI値をヌープ硬度と対比させてプロットしたものである[20]．

表2.6　各種砥粒の靭性値（ボールミル試験）

粒度(#) 種類	16	36	60	100	150	220
C	19.6	27.2	55.2	76.3	83.9	81.4
GC	27.0	25.6	54.6	80.4	86.9	78.6
A	57.5	32.2	49.2	68.2	84.0	70.1
WA	30.0	29.1	50.2	66.1	73.3	70.4
AE	43.4	26.4	39.7	66.4	75.7	70.6

標準試料#16による装置の調節で，#16と#36を試験し，標準試料#60による装置の調節で，#16〜#220を試験した．

(3) γ値

単一物体を粉砕したときの粒度分布の理論式（Gaudin-Meloyの式[21]）の指数γをもとにした評価である．長さl_0の線分をγ個の全くランダムな位置で破断したとする．破断長さがl以上である確率$R(l)$は，l_0上に任意に取った長さlの線分上に破断点が全く存在しない確率に等しいから，

$$R(l) = \left(1 - \frac{l}{l_0}\right)^\gamma \tag{2.2}$$

である．これは，l_0を原料の大きさと考えれば，大きさl以上の砕製物の割合（重量比）を表している．

J. M. Karpinskiらは，衝撃破砕装置で粉砕した砥粒の粒度分布が式(2.2)とよく一致することを利用し，そのべき指数γで砥粒の破砕性を表した[22]．図2.10，は各種粒度のC砥粒について測定した衝撃エネルギーとγ値との関係

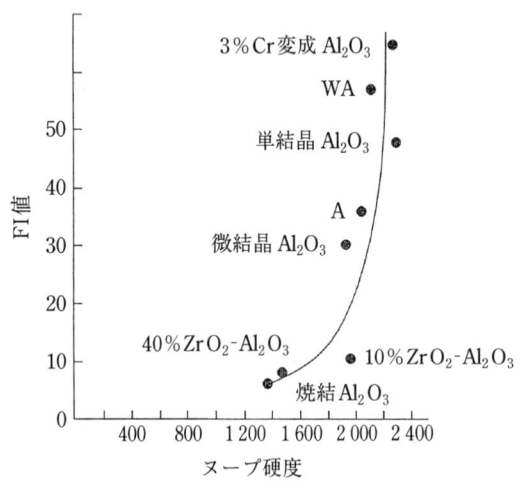

図2.9　各種砥粒のヌープ硬度とFI値との関係

である．γ 値は衝撃エネルギーと共に大きくなるが，その傾向は，粒径が大きくなるほど顕著である．これは，γ 値が砥粒内の欠陥数を表すと考えれば理解できる．γ 値については，J. N. Brecker ら[23]もノートン社における測定値として表2.7の結果を報告している．

以上は，一定の仕事量で破砕した砕製物の粒度分布を基準にして靱性もしくは破砕性を評価する方法である．これに対して，次に紹介する(4)項，(5)項は，破砕率，すなわち破砕の度合を一定にして消費されたエネルギーを基準にして評価する方法である．

(4) K_{50} 値

V. H. Abrecht ら[24]の提案である．回転するゴム製パドル(櫂状のプロペラ)で一定量の砥粒を1個1個衝撃板に打ち当てて破砕させる工程を1サイクルとして，規定の粒度以上の砕製物の量が50％以下に減少するまで循環(サイクル)を繰返し，そのサイクル数を K_{50} 値とする．これによって砥粒の破砕抵抗，すなわち靱性を評価しようとするものである．図2.11は，その結果の一例である．この結果によれば，A系砥粒とC系砥粒の K_{50} 値が #20 ～ #40 を境に逆転している．

(5) 破砕エネルギー

著者らは，靱性とは破砕に要するエネルギーであるとの観点から，圧電動力計上で砥粒を1個1個ハンマで圧壊し，破砕エネルギーを測定した[25]．そのとき，破砕エネルギーは原砥粒がどの程度の大きさに粉砕されたかによっても変わる．砥粒の先端から粒径の約1/3のところにストッパを設けてハンマを制止すると，砥粒を単一衝撃で破砕することができ，砕製物の粒度分布も砥粒の種類に無関係にほぼ等し

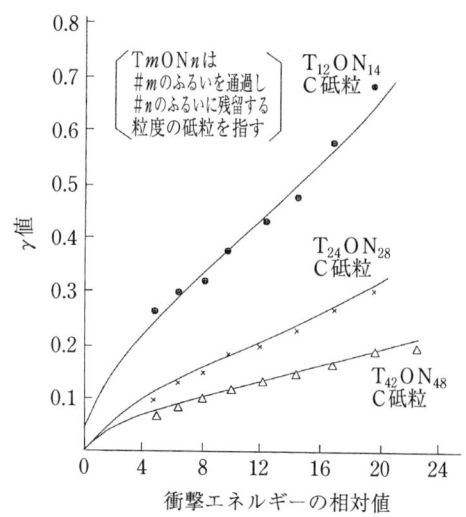

図2.10　各種粒度の砥粒について測定した γ 値

表2.7　各種砥粒(#12)の γ 値

砥粒の種類	γ 値	砥粒の種類	γ 値
変性(3% Cr) Al_2O_3	1.6	10% ジルコニア Al_2O_3	0.08
白色 Al_2O_3	0.50	40% ジルコニア Al_2O_3	0.11
単結晶 Al_2O_3	0.28	焼結 Al_2O_3	0.05
レギュラー Al_2O_3	0.27	緑色 SiC	1.1
微結晶 Al_2O_3	0.26	黒色 SiC	0.81

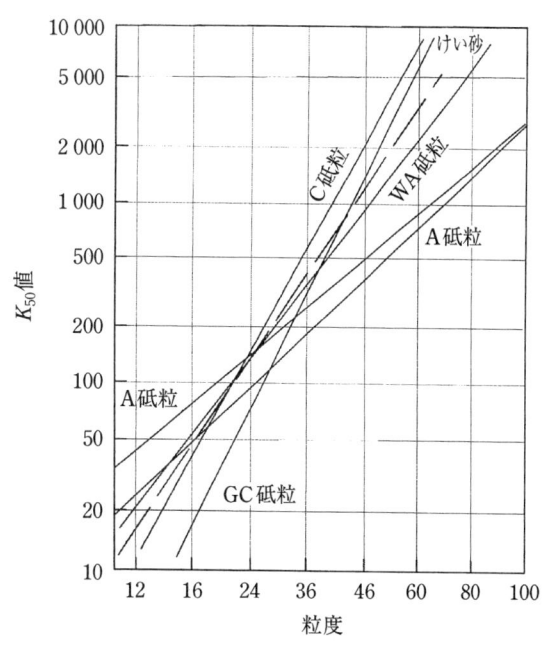

図2.11　K_{50} 値と粒度との関係

くなる．図2.12は，このようにして求めた各種砥粒(#16)の破砕エネルギーである[注13]．

これに対して破砕に要した仕事量と砕製物の粒度分布の双方を測定して評価する方法も提案

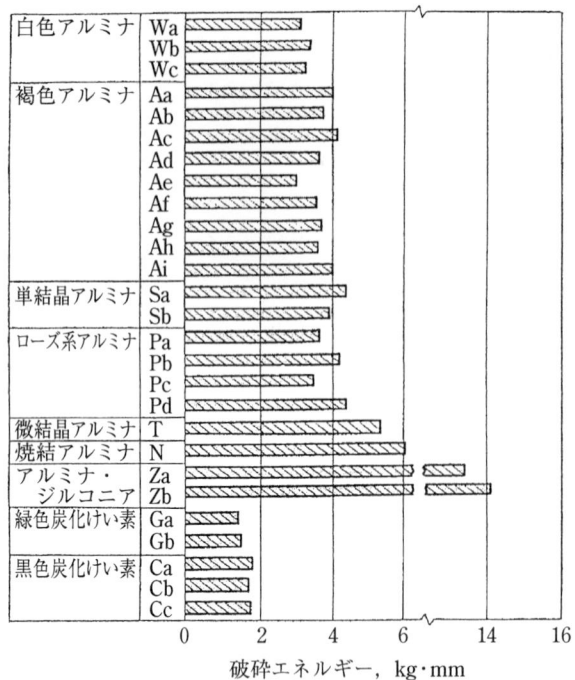

図2.12 各種砥粒（#16）の破砕エネルギー

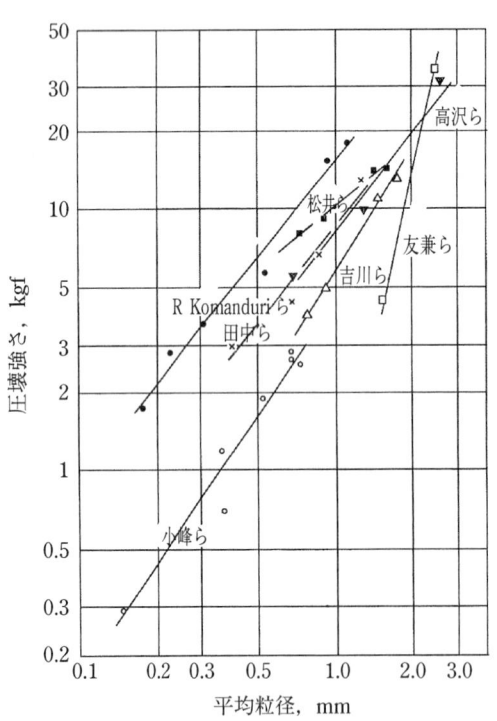

図2.13 各種研究者らによって報告されたA砥粒の圧壊強さの測定値

されている．Rittinger数[26]やBondの粉砕仕事指数[27]がこれに相当する[注14]．これらは，石炭や各種鉱石など原料の粉砕性の評価に古くから使用されてきたが，砥粒の靭性や破砕性の評価にはあまり用いられていない．

(6) 圧壊強さ

砥粒の靭性を破砕強さと考えて，2個の圧板やローラに挟んで圧壊する試験が多数行われている．図2.13は，いろいろな研究者らによって報告されたA砥粒の圧壊強さの測定値をグラフにプロットしたものである[28]．さらに，圧壊試験をもとに材料の引張強さを求める研究も行われている[7),29),30]．

(1)項〜(5)項までの方法が，原料としての砥粒の靭性または破砕性を求めようとしたのに対し，この方法は研削作用と結び付けて破砕抵抗を求めたものである．しかし，図2.13から明らかなように，研究者によって圧壊強さの測定値にはかなりの差がある．これは，研究者によって圧壊率（すなわち，圧壊前と圧壊後の粒径比）が異なるためではないかと考えられる．

(7) 砥粒エッジの破砕強さ

高沢は，研削に直接関与するのは砥粒先端のごく微小な部分であるとの考えから，加重をわずかずつ連続的に増やしていく圧壊試験を行い，特に初期の微小破砕のパターンに注目した[31]．図2.14は，その代表的な記録例である．高沢は，そのパターンを次の三つに大別した．I型は，微小破砕がほとんどないもので，微結晶砥粒や焼結砥粒など重研削砥粒である．II型は，I型よりも破砕が多いものでA砥粒やC砥粒である．III型は，周期

[注13] 添え字 a, b, …, で示されている各砥粒の化学組成，用途，メーカーの相異などについては，文献25)を参照されたい．

[注14] これらについては，文献18)に解説がある．

的に微小破砕が生じるもので WA 砥粒や GC 砥粒がこの破砕パターンになった．これは砥粒エッジの破砕強さというよりは，むしろ砥粒の破砕特性を表していると考えるべきであり，研削における経験的な知識とよく一致している．

砥粒切れ刃の自己再生作用と関連づけて破砕強さを議論しようとするとするならば，砥石上に形成された砥粒切れ刃を対象にした方がより実際的である．著者らは，ダイヤモンドチゼルに 3～20

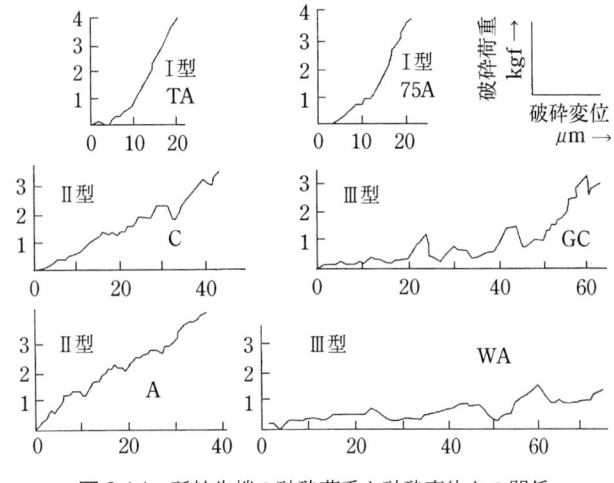

図 2.14 砥粒先端の破砕荷重と破砕変位との関係

μm の微小な切込みを与えて砥石表面を引っかき，個々の砥粒切れ刃の破砕抵抗を測定することを提案した[32]．その場合，砥粒切れ刃の先端が sharp であるか dull であるかも重要なファクタになる．これは，砥粒だけの性質だけでなく，後述する砥石の結合度やドレッシング条件に左右される問題である．したがって，これについては第 7 章 7.2.2 項で述べることにする．

2.2.6 破砕性

破砕性は，鉱業界でいう粉砕能あるいは粉砕性と同意語である．材料学でいう靭性は，単位面積を持つ材料が破断するまでに要するエネルギーで，応力-ひずみ線図の下側の面積に相当する．しかし，砥粒の場合には単純引張試験や切欠き衝撃試験のような単純な試験は不可能であるから，以上のような単粒子の圧壊試験か粒子群の粉砕試験が行われる．その場合，当然ながら，破砕の程度（粉砕比）を考慮しなければならない．たとえば，試験前の粒子を 1/2 の大きさに破砕（粉砕）したのと 1/10 の大きさに破砕したのでは，それに消費されるエネルギーは異なるからである．破砕性あるいは粉砕能について従来試みられた試験方法を大別すると，次の三つに大別される．

(a) 与える仕事量を一定にして，砕製物の粒度分布の相対的な差を規準にして評価する方法
(b) 砕製物の粒度分布を一定に抑えて，消費された仕事量の相対的な差を規準にして評価する方法
(c) 破砕に要した仕事量と砕製物の粒度分布の双方を測定して評価する方法

上述の例では，JIS の靭性値，破砕性指数 (FI 値)，Gaudin-Meloy の式に基づく γ 値は，(a) に，K_{50} 値，著者らの破砕エネルギーは (b) に相当する．さらに，(c) に相当するものとして，Rittinger 数，Bond の仕事指数などがある．

これに対して，前項 (6) の圧壊強さは砥粒が脆性破壊するときの引張強さの評価であり，(1)～(5) とは異質のものである．

2.3 結合剤の種類と結合度

2.3.1 結合剤の種類と砥石の一般的特性

個々の砥粒を結合して，砥石の形を作るのが**結合剤** (bond material) の主目的であるが，そ

れ以上に，砥石の切れ味や**研削比**（grinding ratio）[注15] など研削性能を決める重要な働きをしている．通常砥石では，**ビトリファイドボンドとレジン**（あるいは**レジノイド**）**ボンド**が最も多く，砥石の大部分を占める．レジノイドボンド砥石は，一般に**スナッグ研削**（snagging）などの**重研削**（heavy grinding）や**研削切断**（cut-off grinding）用として使用される場合が多い．ビトリファイドボンド砥石に比べて砥粒保持力が劣るため，切れ刃が摩滅（目つぶれ）して寿命に到る以前に砥粒が脱落する．したがって，重研削ではほとんどドレッシング無しで使用される．これに対して，ビトリファイドボンド砥石は，ボンドがセラミックスの一種であり，破砕性が高く精密研削用に多く用いられる．なお，ビトリファイドボンドおよびレジノイドボンドの通常砥石は，有気孔でいわゆる砥石の3要素を備えている．

　超砥粒砥石では，**メタルボンド**，ビトリファイドボンド，レジノイドボンドが使用される[注16]．このうちビトリファイドボンドは有気孔である．レジノイドボンド砥石は，鏡面研削用としてごく一部で有気孔のものも使用されているが，ほとんどは**無気孔型**（マトリックス型とも呼ばれる）である．メタルボンド砥石は，後述するように最も一般的な焼結タイプのものと電鋳（電気めっき）法によるもの，砥粒を金属の**台金**（コア）に1層だけ電気めっきで固定した電着砥石に分けられる[注17]．焼結タイプのものと電鋳法によるものは，無気孔である．有気孔の砥石では気孔がチップポケットの機能を果たすので，砥石の外形を修正〔**形直しまたはツルーイング**（truing）という〕しただけで切れ刃に切削能力が与えられるが，無気孔の砥石では形直しだけでは砥粒は結合剤中に埋没しているため，切れ刃は切削能力を持たない．そこで，砥粒の周りの結合剤を適当に除去して，砥粒切れ刃を表面から突き出させ，同時にチップポケット作る必要がある．これを**目立て**〔または**目直し**，**ドレッシング**（dressing）〕という．図2.15は，これら各種の超砥粒砥石を模式的に示したものである．

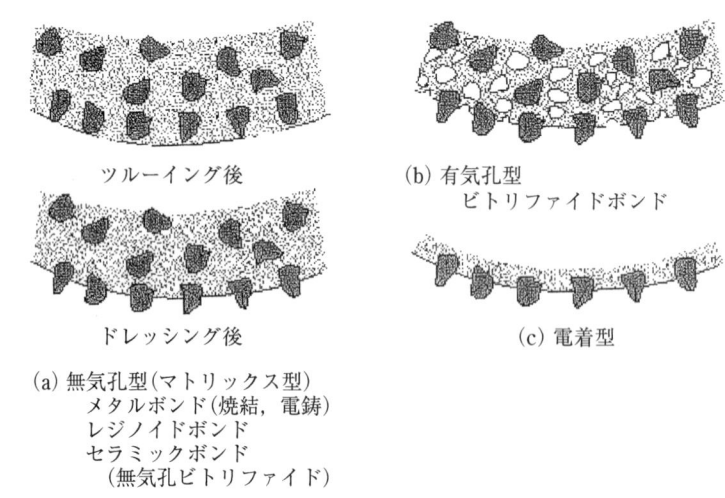

ツルーイング後

(b) 有気孔型
　　ビトリファイドボンド

ドレッシング後

(c) 電着型

(a) 無気孔型（マトリックス型）
　　メタルボンド（焼結，電鋳）
　　レジノイドボンド
　　セラミックボンド
　　（無気孔ビトリファイド）

図2.15　結合剤の種類によって分類した各種超砥粒砥石

[注15] 研削による工作物の除去体積を砥石の摩耗体積で除したもの（7.1.2項参照）．
[注16] ダイヤモンド砥石では，メタルボンド，レジノイドボンドが多く，ビトリファイドボンドは比較的新しいボンドである．CBN砥石ではほぼ3者が同率であるが，特に，わが国ではビトリファイドボンドの使用量が多い．これは，ツルーイングが比較的容易なため，従来の通常砥石と同じような感覚で使用できるためであろう．
[注17] 焼結タイプのものだけをメタルボンドといい，他をそれぞれ電鋳砥石，電着砥石と区別して分類する方法もある．

ダイヤモンド砥石を例に挙げれば，一般的にメタルボンド砥石は石材やガラス，半導体など比較的研削しやすい材料で，しかも，砥石の形くずれを嫌う研削に，またレジノイドボンド砥石は炭化けい素や窒化けい素セラミックスのような高硬度の難削材か，ガラスや低硬度のセラミックスであっても仕上げ面粗さや精度が要求される精密研削に使用される．ビトリファイドボンド砥石は，これらの中間的な性質を持つ．

通常砥粒では，ビトリファイドボンドでもレジノイドボンドでも，結合剤との**濡れ性**（あるいは接着性）が良いため，**結合剤率**（2.4節参照）を変えることによって，結合度，すなわち砥粒の保持力を広範囲に変えることができる．

これに対して，超砥粒は非常に耐摩耗性が高い上に，高価であるから，砥粒の脱落による砥石の消費を極力抑えなければならない．ところが，結合剤に対する濡れ性は通常砥粒よりもむしろ悪いので，気孔を無くして砥粒との接着面積を大きくし，砥粒の保持力を高くする必要がある．そのため，メタルボンドやレジノイドボンドでは，ほとんどの場合無気孔である．したがって，通常砥石のように結合剤率を変数にして砥石の結合度を変えることができない．そこで，メタルボンドやレジノイドボンドの超砥粒砥石では，合金元素や樹脂の種類を変えたり充填材を混入することによって，砥石の性能を変えている．

2.3.2 結合剤の種類

(1) ビトリファイドボンド (vitrified bond)[33] ［記号：V］

JISでは，Vという記号で表される．粘土，長石，けい石などを成分とし，約1 300℃の高温で長時間（約30時間）かけて焼成される．砥粒の保持力が強く，しかも破砕性に富むため，精密研削用砥石にはもっぱらこの結合剤が使用される．

実際の原料は，メーカーによって種々のものが用いられており，その配合割合によって砥石の機械的性質が異なるが，それらの関係についてはほとんど明らかにされていない．図2.16は，結合剤の組成と砥石の弾性係数との関係を実験的に調べた結果である[34]．この結果によれば，長石成分が多いほど結合剤と砥粒との接着性がよくなり，弾性係数が増加する．そして逆に陶石成分，粘土成分が多いほど弾性係数が小さくなることを示している．

ビトリファイドボンド砥石は有気孔であるため，ツルーイング（形直し）を行えば，同時にドレッシング（目立て）も行われる．特に通常砥石では，単石ダイヤモンドのドレッシング工具〔**ドレッサ**（dresser）〕を用いて容易に行うことができる．したがって，これをまとめてドレッシングと呼ぶことが多い．

超砥粒砥石では，磁気質材料もしくはフリットと呼ばれるほう素系ガラス，結晶ガラスが用いられる．CBN砥粒の場合，結合剤との間で構成元素であるほう素（B）を介した化学的な

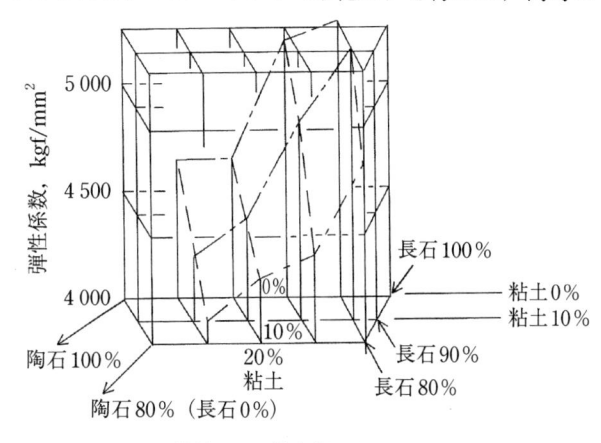

図2.16 結合剤の弾性係数

反応が起きるため，レジノイドボンドやメタルボンド比べ砥粒の把持力は強固である．したがって，比較的粒度の大きな砥石でも，ツルーイングやドレッシングにより砥粒先端に破砕を起こし微細な切れ刃を形成することが可能である．これに対して，ダイヤモンド砥粒は表面が化学的に安定でビトリファイドボンドであっても砥粒の把持力が小さいため，ツルーイングやドレッシングによるこのような切れ刃形成はほとんど期待できない．したがって，CBN砥粒に比べ粒度の小さいものが使用される．

また，ダイヤモンド砥粒は熱に弱いため，低融点のフリットを用いて不活性ガス雰囲気中で焼成される．焼成温度は 600～800 ℃ である．ビトリファイドボンドのダイヤモンド砥石は，
(a) 通常砥石のようにかく拌した原料を金型に充填し，室温で加圧成形したのち乾燥し，加熱焼成するもの
(b) 原料を焼成型に充填し，焼成炉で加圧しながら焼成する方法（ホットプレス法，ホットコイニング法）

に分けられる．さらに (b) では，砥粒，骨材，結合材の割合により，有気孔のものと無気孔のものに分けられる．(b) の方法で作られる有気孔型の砥石は，(a) のものに比べ，気孔のサイズが小さく，数が多いのが特徴である[35]．また (b) で作られる無気孔砥石には，MoS_2 などの固体潤滑剤をフィラーとして添加することもあり，さらに $CaCl_2$ などのように，焼成後，水溶液研削液によって溶出し気孔を形成する気孔形成剤を使用することもある．

(2) レジンボンド〔レジノイドボンド（resinoid bond）〕[36]〔記号：B〕

JIS では，B という記号で表される[注18]．フェノール樹脂，エポキシ樹脂，ポリウレタン樹脂，ポリイミド樹脂など熱硬化性の樹脂が用いられる．これらの中で，フェノール樹脂が最も一般的である．メラミン樹脂やポリエステル樹脂は，特に軽研削用に使用されることがある．エポキシ樹脂は，耐水性に優れているが，耐熱性が低いため一般化していない．ポリウレタン樹脂も耐熱性は低いが，強度の大きい砥石を製造することができる．ポリイミド樹脂は，耐熱性に優れているため重研削用や難削材用超砥粒砥石に使用される．

レジノイドボンド砥石は，通常砥粒ではほとんどの場合，有気孔型でフェノール樹脂（ベークライト）が用いられる．通常は，砥粒に液状フェノール樹脂を被覆したのち粉末フェノール樹脂を混合して室温で成形し（コールドプレス），180～185 ℃ で焼成する．焼成時間は通常数十時間であるが，大型，特に厚手のものでは 100 時間以上の場合もある．一方，超砥粒砥石の場合は，ほとんどが無気孔型である．この場合，焼成は熱間で加圧（ホットプレス）して行われる．液状樹脂を湿潤剤として使用する場合も，使用しない場合もある．焼成温度はコールドプレスの場合と同じである．なお，ポリイミド樹脂は 300～350 ℃ である．

粒度 1500 以下のダイヤモンド砥石では，同等の粒径の粉末樹脂が必要であるが，現在市販の粒径は数 μm～数十 μm である．砥石メーカはこれをさらに粉砕して使用する．なお，このような微粒の砥石では，粘度の低い液状樹脂を結合剤として使用することもある．

(3) オキシクロライドボンド（oxychloride bond）〔記号：Mg〕

酸化マグネシウムと塩化マグネシウムを複合し，一種のセメント状にしたもので，マグネシア

[注18] フェノール樹脂による成型品の商品名「ベークライト（bakelite）」の B をとったもので，resin（樹脂）の R ではない．ちなみに，R はラバーボンドを指す．

砥石[37]とも呼ばれる．結合剤の組成は，$m\mathrm{MgCl} \cdot n\mathrm{H_2O}$ で表される．研削焼けが起こりにくいとされ，刃物の刃付け研削に威力を発揮する．しかし一方で，耐水性が低いこと，成分中の塩素による研削盤の発錆作用が問題となり，応用範囲は限られる．

(4) ラバーボンド (rubber bond) [記号：R]

エボナイト構造の硬質ゴムで，弾性に富む．切断砥石や心無し研削の調整車などに用いられる．

(5) セラックボンド (shellac bond) [記号：E]

熱可塑性の天然樹脂で，弾性に富む．鏡面研削用の砥石として用いられたが，現在はレジノイドボンド砥石が使われることが多い．

(6) スポンジボンド (sponge bond) [記号：SP]

ビニロンまたは発泡ウレタンなどスポンジ状の結合剤である．スポンジ砥石は，弾性砥石で PVA 砥石はこの１種である．**PVA砥石**は，ポリビニール アルコール (polyvinyl alcohol) のアセタール化物を結合剤とする．弾性砥石は，結合剤の弾性効果により，砥粒切れ刃の切込みが均一化されるため，超仕上やロール研削などの鏡面研削に用いられる．通常は乾式か油性研削液による湿式で使用されるが，耐水性を持たせ水溶性研削液が使用できるものも開発されている．

(7) メタルボンド (metal bond)

JIS では，M の記号で表される．超砥粒専用の結合剤で，青銅（ブロンズ），コバルト，鋼，鋳鉄などの金属粉末を焼結したものと，台金（基材）上に砥粒を単層[注19]だけ電気めっきにより固定したもの（電着砥石），めっき鋳造法によって成形したもの（電鋳砥石）に分けられ，大部分は前２者が占める．

一般に，メタルボンド砥石といった場合には粉末冶金法による砥石［記号：M］を指すことが多い．フィラーとして固体潤滑剤などを添加することが多いが，無気孔（マトリックス型）である．したがって，ツルーイング後にドレッシング（目立て）を必要とする．メタルボンドの砥粒保持力は，結合剤の中で最も強いが，逆に切れ刃の自生作用は劣る．したがって，工作物の被研削性が比較的よく，砥石の摩耗や形くずれを嫌う加工に適している．

ブロンズ系が最も一般的で，次いでコバルト系，スチール系の順で，希に鋳鉄も使用される．ただし，それぞれ単味の場合は少なく，たとえばブロンズ系といっても鉄やコバルトが加えられることが多い．粉末焼結法には，レジノイドボンドと同様，コールドプレス法とホットプレス法がある．コールドプレス法は，砥粒と焼結金属粉を混合したものにステアリン酸などの成形剤を添加して室温で加圧成形し，焼結する方法である．ホットプレス法は，成形型を炉内において加圧焼結する方法である．成形型を炉から取り出して，炉外ですばやく加圧する場合もある．加熱温度は，いずれも焼結金属の融点よりもやや低い温度で，加熱時間はホットプレスの方が短く，したがって，ダイヤモンドの劣化が少ない．このほかに，W や WC のような高融点の金属粉とダイヤモンド砥粒の混合粉を鋳型に入れて 900 ℃ 程度で予備焼結したのち，低融点の金属をバインダとして浸透させ，マトリックス組織を作る方法もある．浸透法と呼ばれているが，現在は砥石にはほとんど用いられていない．

[注19] 最近では，砥粒を数層分めっきしたものも使われている．

電着砥石［記号：EP］は，他の結合剤の砥石に比べ切れ刃間隔が大きいので，砥石の切れ味はよいが，仕上げ面粗さは悪い．また，ツルーイングやドレッシングを行わずそのまま手軽に使用できるのが特長である[注20]．金属の台金さえ製作可能であれば，複雑な形状の砥石でも作ることができるので，歯車研削用，総型研削用などの異形砥石あるいは小径砥石などに広く用いられている．ただし，砥粒層が1層しかないので，砥粒切れ刃が摩滅したり脱落して寿命になれば，目立てをして再使用するというわけにはいかない．

電着砥石に類似したものに，ろう付け法がある．これは，ダイヤモンド砥粒を銀ろうなどのろう材を用いて固定するものであるが，研削熱によって脱粒するものがあり，現在，砥石にはほとんど用いられていない．

電鋳砥石は，分散めっき技術により台金や金型の中に砥粒層を1層ずつ成長させて作る．一般にNiめっきが用いられる．ほとんどがブレードで，特に薄い砥石の製造に適している．シリコンウェハの半導体チップの切り離しに使用されるダイシングソーはその代表で，厚さ15 μm からある．

電鋳ブレードは，レジンブレードや焼結タイプのメタルブレードに比べてヤング率が高く，高靱性である．上記のダイシングソー以外では，切れ曲がりを極端に嫌う精密切断に0.1〜0.5 mmの厚さの電鋳ブレードが使用される[注21]．しかし，レジンブレードに比べれば切れ味は悪いので，高硬度のセラミックスの切断用には向かない．

2.3.3 結合度と結合度試験法

結合度（wheel grade *or* grade）は，結合剤が砥粒を保持する力の大きさを表す指標で，砥石の耐摩耗性の評価基準である．JISでは，次に述べるように超硬合金製のビットを押し込み，その食込み深さの大小に合わせて結合度の低いものから段階的にA〜Zのアルファベットで区別する方法を採っている．そのため，結合度を**砥石硬さ**（wheel hardness）と呼ぶこともある．そして，砥石が目つぶれを起こしやすいような状態にあるときは「砥石が硬すぎる」，逆に目こぼれを起こしやすいような場合は「砥石が軟らかすぎる」というように表現する．なお，JISで規定しているのはビトリファイドボンドとレジンボンドの通常砥石についてだけで，その他の結合剤の通常砥石や超砥粒については，JISによる規定がないため，各メーカーそれぞれの基準で決めている．

結合度は，砥石の耐摩耗性だけでなく，研削性能（切れ味）や自生作用を左右する重要な性質である．しかし，結合度，すなわち結合剤による砥粒の保持力を，砥石の研削特性と関連づけて適格に測定することは非常に難しい．そのため，工業用，研究用としていろいろな試験法が提案されている．ここでは，その主なものを紹介する．

[注20] しかし，電着砥石は研削盤に装着後ツルーイングによる砥石の振れ取りを行わないため，研削精度が悪い．また，一般の精密研削用砥石に比べ砥石表面の砥粒密度が低く，砥粒切れ刃の高さのばらつきも大きいので，研削面の粗さも悪い．また，切れ刃が摩滅しても砥粒の脱落による切れ味の再生はほとんど期待できない．したがって，研削抵抗は研削初期には小さいが，研削時間の経過と共に単調に増加するので，その差が大きい．また，仕上げ面粗さをよくするために，トラバース型ロータリドレッサを用いて切込みをできるだけ小さくしてドレッシングする方法（タッチドレッシングとも呼ばれる）が行われることもある．

[注21] 磁気ヘッド用のフェライトやアルチックのスライシングは，その代表的な例である．

(1) 大越式結合度試験（ビット法）

JIS[38] により採用されている測定法である[39),40)]．図 2.17 に示すような超硬合金製のビットを砥石面に押し込み，静かに 120°回転させ，そのときの押込み深さを測定する．この食込み深さから，図 2.18，図 2.19 に示す線図を用いて結合度が決められる．なお，ビットは #16 ～ #100 の粒度については A ビットが，また #120 ～ #220 については B ビットが用いられる．また，押込み荷重はビトリファイドボンドについては 50 kgf，レジンボンドについては 80 kgf とする．

このように，JIS の砥石結合度試験は有気孔砥石における結合剤橋の強さの測定であり，結合剤による砥粒の保持力を直接測定したものではない．したがって，異種結合剤間での相関はなく，同じ結合剤であっても粒度が異なれば，厳密な意味での相関はないということに注意しなければならない．特に，超砥粒砥石では各種のフィラー（充填剤）が使用されており，結合度は単なる「目安」であると考えた方がよいであろう．

そこで以下に紹介するように，結合度をより統一的に定義しようとして種々の提案がなされている．しかし通常砥石に限れば，これらの評価と従来の結合度の間にはほぼ一義的な関係が存在することが明らかにされており，結合度は砥石の「ある目安」としての機能は十分果たしているであろう．問題は，砥石の被ドレス性[注22]や研削特性と結合度という「目安」の間にどのような関係があるかであり，その知識の積み重ねが生産技術者のノウハウであろう．

(2) 引っかき硬度

砥石の結合度は砥粒と砥粒を結び付けている**結合剤橋**（bond bridge）の強さであるという考えから，超硬合金製の

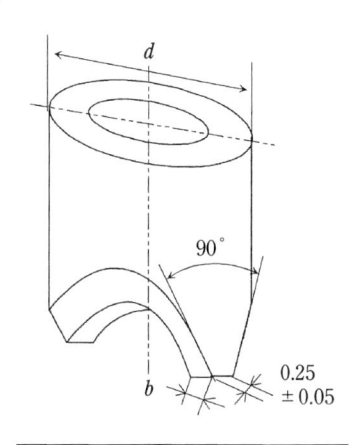

ビット	b	d
A	3 ± 0.1	$12 + 0.1$
B	$2 + 0.05$	8 ± 0.05

図 2.17　大越式結合度試験用ビット

図 2.18　ビトリファイド砥石のビット食込み深さ－結合度換算図

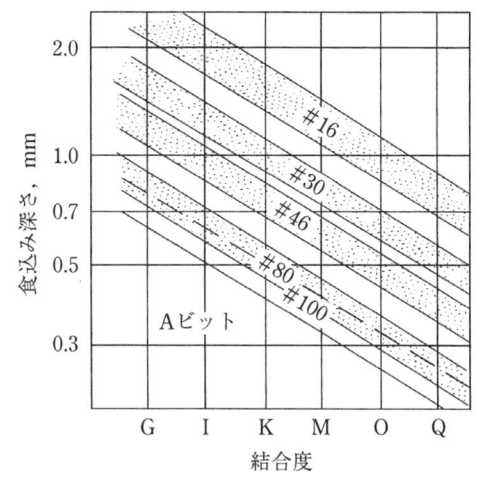

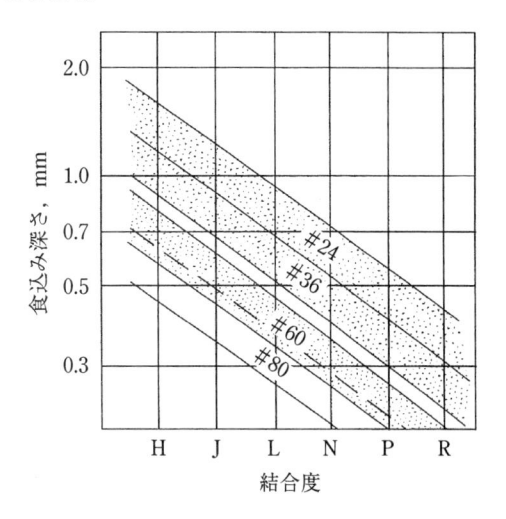

図 2.19　レジノイド砥石のビット食込み深さ－結合度換算図

[注22)] ドレッシングにおける砥粒切れ刃の形成特性を指す．

チゼルで砥石表面を引っかき，砥粒が脱落するときの力を測定したものである[41),42)]．図2.20に測定装置の原理を示した．チゼルに作用する力（引っかき力）を直角てこ②で垂直方向の変位に変換し，電気量に変えて記録した．引っかきの際には，チゼルの切込み量を砥粒の平均粒径と等しくし，できるだけ砥粒の脱落だけが起きるように配慮している．

（3）ソニック試験（sonic test）

J. Péters らは，物体の固有振動数がその物体の形状因子と縦弾性係数，密度，ポアッソン比などの物理的因子の関数として与えられることを応用し，砥石の固有振動数を測定することによって縦弾性係数（ヤング率）を求める方法を提案した[43)]．

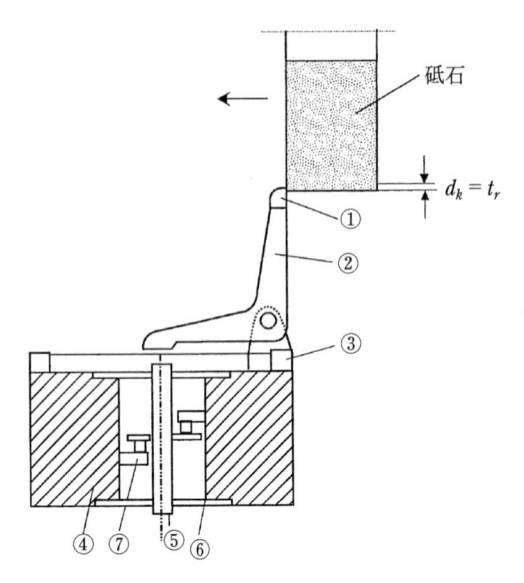

図2.20 引っかき硬度試験

直径 D，厚さ h の自由円板（支持点を持たない）の固有振動数は，次式で与えられる．

$$f = \frac{a_{ns} h}{\pi D^2} \sqrt{\frac{E}{3\rho(1-\nu^2)}} \tag{2.3}$$

ここで E は円板の縦弾性係数，ν はポアッソン比，ρ は密度である．また a_{ns} は振動様式によって決まる定数で，最低次の固有振動数を考える場合，5.25 としてよい．直径 d の軸穴のある円板の場合，固有振動数 f_1 はこれに補正係数をかけたものになり，

$$f_1 = f \left\{ 1 - \left(\frac{d}{D}\right)^2 \right\} \tag{2.4}$$

となる．円板の質量を m とすれば，密度 ρ は

$$\rho = \frac{4m}{\pi D^2 h (1 - d^2/D^2)} \tag{2.5}$$

で与えられる．したがって，式(2.3)，式(2.4)，式(2.5)から，

$$E = \left(\frac{c_1 \lambda D^2}{h^3}\right) m f_1^2 \tag{2.6}$$

が得られる．ここで

$$\lambda = \frac{1}{(1-d^2/D^2)^3}, \quad c_1 = \frac{12\pi(1-\nu^2)}{a_{ns}^2}$$

である．なお実験により，砥石のポアッソン比は $\nu = 0.039 \sim 0.053$ であった．

スポンジの上に置いた砥石をハンマで軽く叩いて励振し，その減衰振動をマイクロホンで検出して固有振動数を求め，式(2.6)を使って縦弾性係数 E を計算した．図2.21は，その結果を結合度についてプロットしたものである．図

図2.21 縦弾性係数 E と結合度の関係

に併記した引っかき硬度 H は，(2)で紹介した Peklenik の方法で求めた値を示している．

(4) 超音波パルス透過法

これは，物体中の超音波の伝播速度が縦弾性係数と密接な関係にあることを利用し，砥石の縦弾性係数（ヤング率）を求める方法である[44),45)]．

材料の縦弾性係数を E，密度を ρ，ポアッソン比を ν とするとき，その材料中の超音波の伝播速度 v_l は，

$$v_l = \sqrt{\frac{E}{\rho}\frac{1-\nu}{(1+\nu)(1-2\nu)}} \tag{2.7}$$

で与えられる．したがって縦弾性係数 E は，

$$E = \frac{(1+\nu)(1-2\nu)}{1-\nu}\rho v_l^2 \tag{2.8}$$

で求められる．なお，砥石を砥粒と結合剤の複合材と考えれば，砥石の密度 ρ_w は，砥粒の密度を ρ_g，結合剤の密度を ρ_b，砥粒率および結合剤率をそれぞれ V_g, V_b とするとき，

$$\rho_w = \rho_g V_g + \rho_b V_b \tag{2.9}$$

で与えられる．

図 2.22 は，砥石の縦弾性係数 E と粒度，砥粒率 V_g，結合剤率 V_b との関係を調べたものである．砥粒率を一定にしたとき，縦弾性係数と砥粒率との関係は近似的に傾きの等しい直線群で与えられる．図 2.23 は，ソニック法で求めた縦弾性係数と超音波パルス透過法で求めた縦弾性係数を比較した結果である．両者の間には比例関係が認められるが，超音波透過法による値の方がやや小さくなっている．これらの実験ではいずれもポアッソン比を 0.2 としている．先のソニック法による J. Péters らの実験では，ポアッソン比は 0.39～0.053 の間にあるとされている．また，田中ら[46)]によれば，ポアソン比の値は 0.141～0.31 の範囲でばらつく．正しい縦弾性係数を得るには，ポアッソン比をより正確に測定する必要があろう．

さらに，砥石の縦弾性係数と抗折力との関係は，砥石組成の影響を受けるが，その影響は極めて小さく，実質的には両者の間に一義的な関係が存在すると考えてよい[47)]．図 2.24 はその結果で，実線は砥粒率 V_g および結合剤率 V_b をそれぞれ $44\% \leq V_g \leq 52\%$, $8\% \leq V_b \leq 20\%$ として求めた理論値である．

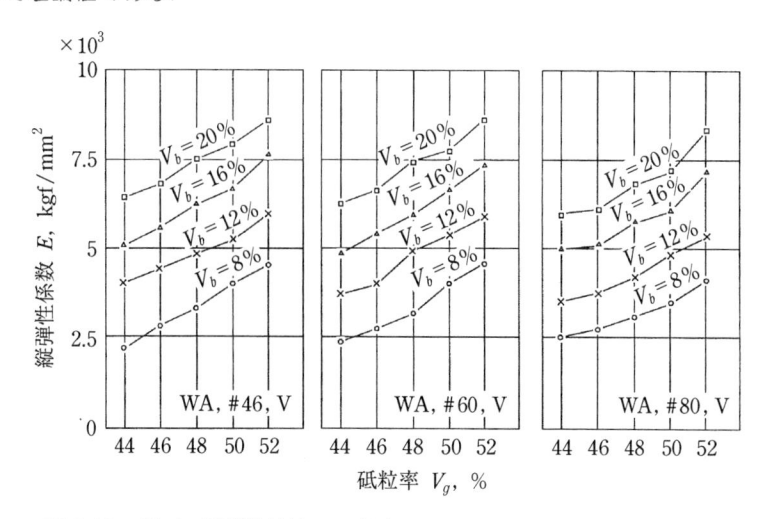

図 2.22 砥石の縦弾性係数 E と粒度，砥粒率 V_g，結合剤 V_b との関係

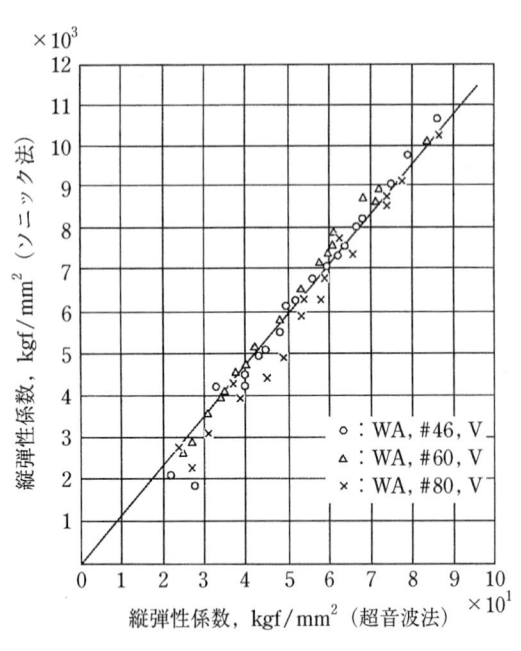

図2.23 縦弾性係数と抗折力の比較

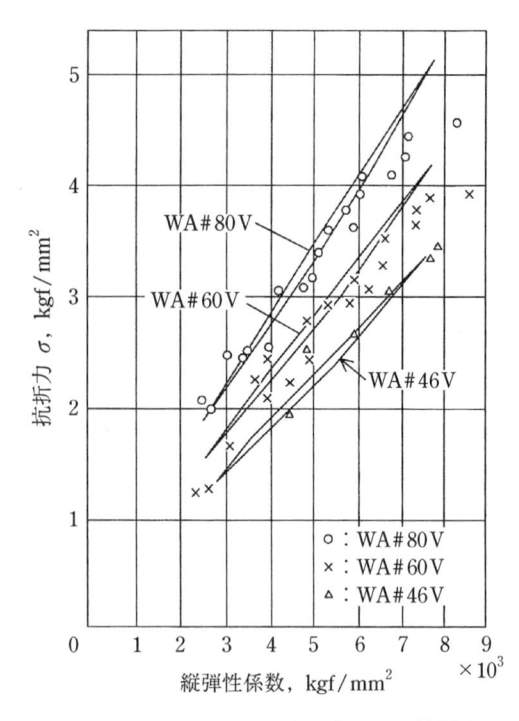

図2.24 超音波パルス透過法による結果とソニック法による結果の比較

(5) コニカルカッタ法

図2.25に示すように，回転中の砥石に硬鋼製のコニカルカッタを連れ回りさせながら押し付け，横送りを与えて砥石表面をわずかずつ削り取り，そのときのクラッシング力で結合度を表す方法である[48),49)]．クラッシング力のカッタ軸成分F_wは，送り速度が大きいときを除けば無視でき，垂直成分F_dだけを考えればよい．図2.26は，結合度の異なる3種の砥石について，切込み量，送り速度（砥石1回転当たりの送り）とクラッシング力F_dとの関係を調べた結果である．この方法は，クラッシングであるため，カッタ軸には，大きな抵抗が作用する．したがって，軸の剛性を大きくしないと弾性たわみによる切り残しが生じる．安定した測定結果を得るためには，クラッシングを数行程行って安定した後，測定しなければならない．

(6) バイブロテスタ法

これは，図2.27に示す試験機を用いて砥石表面を超硬合金製の圧子で振動打撃し，圧痕の深さから結合度を評価しようとする方法である[50)〜52)]．砥石表面に静かに当てた状態で，超硬合金製ビット（1×3 mm）には3 kgfの負荷が作用する．これを85 rpmの回転速度で回転しながら，100 Hzの振動数で一定時間打撃し，砥石表面に生じた圧痕深さを本体上部のダ

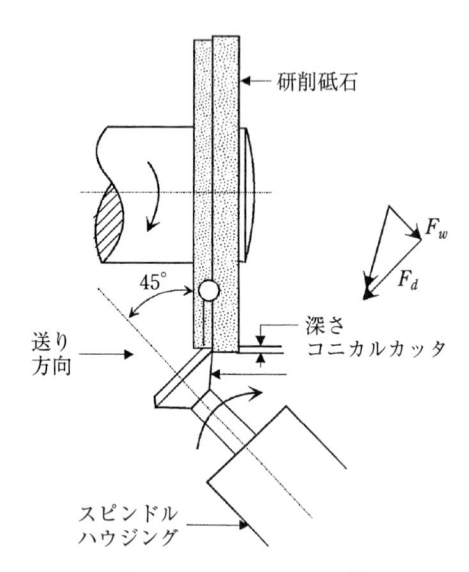

図2.25 コニカルカッタ法

図 2.26 クラッシング抵抗と結合度との関係

図 2.27 バイブロテスタ法

図 2.28 バイブロテスタの圧痕深さと結合度との関係

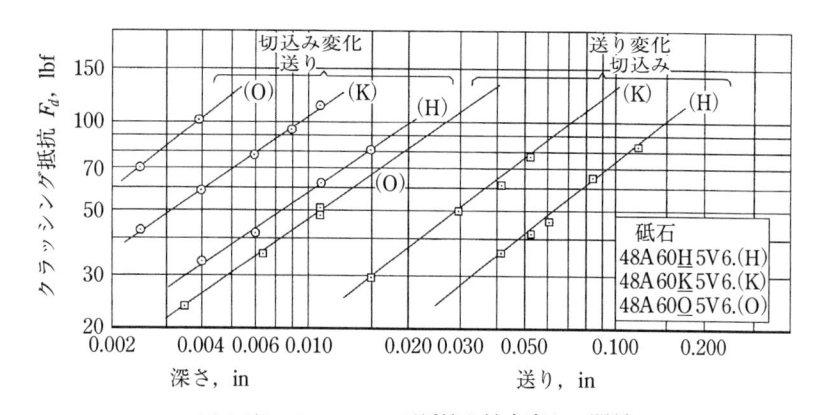

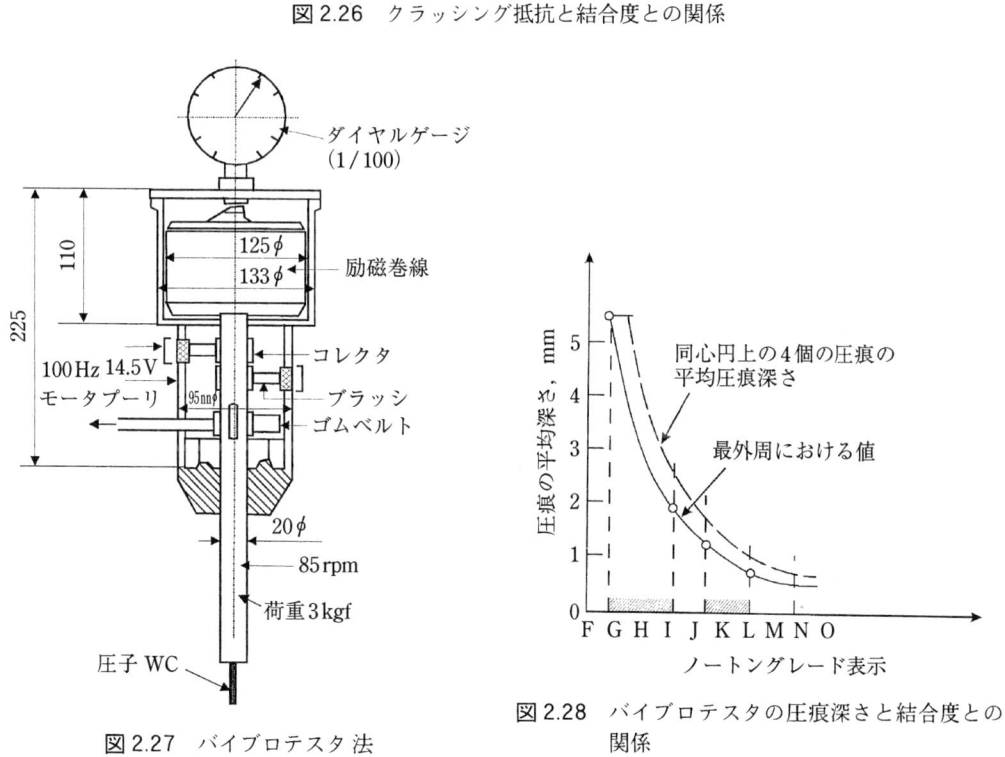

イヤルゲージで測定する．図 2.28 は測定結果の一例で，圧痕深さと結合度との関係を示したものである．

2.4 組　織

2.4.1 組織と組織番号

組織（structure）は，砥石内における砥粒の密度，すなわち体積砥粒率 V_g を表わす因子で，**組織番号**で示される[注23]．組織番号 S_w は，

$$S_w = 31 - \frac{V_g}{2} \tag{2.10}$$

[注23] 組織は，特にビトリファイドボンド砥石ではしばしば気孔率と混同されがちである．気孔率は，結合度，組織と密接に関係するが，砥石の5因子にはない．

で与えられ，数字が大きいほど組織は粗であり，番号が小さいほど密であるという．組織番号は，0から14までの数字である．

超砥粒砥石の場合は，**集中度**〔コンセントレーション（concentration）〕で表示される．集中度100は砥石1 mm³に4.4カラット（0.88 g）の超砥粒が含有されていることを意味している．これは**砥粒率**（grain volume percentage）$V_g \fallingdotseq 25\%$に相当する．

組織が粗であるほど，砥粒に作用する切削力は大きくなる（4.1.1項参照）．しかし，切り屑サイズが大きくなるので，研削熱の発生はむしろ少ない（1.2節参照）．したがって，研削熱による"そり"が問題になる薄板鋼鈑の研削では粗の砥石が適している．また，石材やアスファルトなどの切断でも，極めて低集中度のダイヤモンド砥石が使用される[注24]．このような研削作業は高切込み，低工作物送り条件で行われるため，砥粒切込み深さが小さくなり，大きな研削熱が発生しやすい．そこで砥粒密度の粗なブレードが用いられる．研削切断やクリープフィード研削のように，砥石・工作物間の接触長さが大きく，砥粒切込み深さが小さくなる研削条件の場合には，たとえ精密研削であっても，このようにやや粗の砥石（ブレード）の方が好結果が期待できる．

これに対して，超精密研削などに使用される粒度の小さなダイヤモンド砥石では，砥粒自体に大きな切削力が作用すると，砥粒の脱落や埋没（7.3節参照）の原因になる．そこで逆に高集中度の砥石がよい．

2.4.2 組織の測定法

砥粒率の測定には，水中法と溶解法がある．水中法は非破壊試験であるが，精度がよくない．JISでは，以前は水中法に因っていたが，現在は溶解法を採用している[53]．

（1）水中法

まず，次の方法により砥石の全体積u_wと砥粒および結合剤の体積の和u_{bg}を求める．すなわち，砥石の乾燥重量w_1を測り，次にこれを水中に浸し，十分に飽水させた後，水中での重量w_2と水中から取り出した砥石の飽水重量w_3を測る．このとき，u_wとu_{bg}は次式で与えられる．

$$u_w = \frac{w_3 - w_2}{\gamma_m} \tag{2.11}$$

$$u_{bg} = \frac{w_1 - w_2}{\gamma_m} \tag{2.12}$$

ここで，γ_mは水の比重である．

いま，砥粒の比重をγ_g，結合剤の比重γ_bをそれぞれの占める体積をu_g，u_bとすれば，

$$w_1 = \gamma_g u_g + \gamma_b u_b \tag{2.13}$$

である．さらに定義から

$$u_b + u_g = u_{bg} \tag{2.14}$$

である．式 (2.14) を式 (2.13) に代入してu_bを消去し，式を整理すれば，

[注24] 石材やコンクリートの研削切断では，砥石・工作物間距離が非常に大きくなる条件が多い．そこで，極めて低集中度の砥石を使用することによって砥石の形くずれを積極的に起こさせ，連続切れ刃間隔が大きくなるようにしている．この際，工作物と結合剤が接触しても，工作物に結合剤を削り取る作用（ドレス作用）があるので問題ない．しかし，鋼材（たとえばコンクリート中の鉄筋など）を切断しようとすると，鋼にはこのようなドレス作用がないので全く切れない．これは，ダイヤモンドと鉄の不適合問題とは別次元の問題である．

$$u_g = \frac{w_1 - \gamma_b u_{bg}}{\gamma_g - \gamma_b} \quad (2.15)$$

が得られる．

ところで砥粒率 V_g は，砥石の全体積に占める砥粒の体積百分率であるから，

$$V_g = \frac{u_g}{u_w} \times 100 = \frac{w_1 - \gamma_b u_{bg}}{(\gamma_g - \gamma_b) u_w} \times 100 \ [\%] \quad (2.16)$$

で与えられる．

図2.29 は，砥石を飽水させるときに沸騰脱泡処理（第1の方法）したものと，減圧脱泡処理したもの（第2の方法），減圧脱泡処理中に誤って空気中に一時砥石をさらしてしまったものの三つを比較した結果である[54]．操作方法が適切でないと，特に砥粒率の低いところで誤差が大きいことを示している．

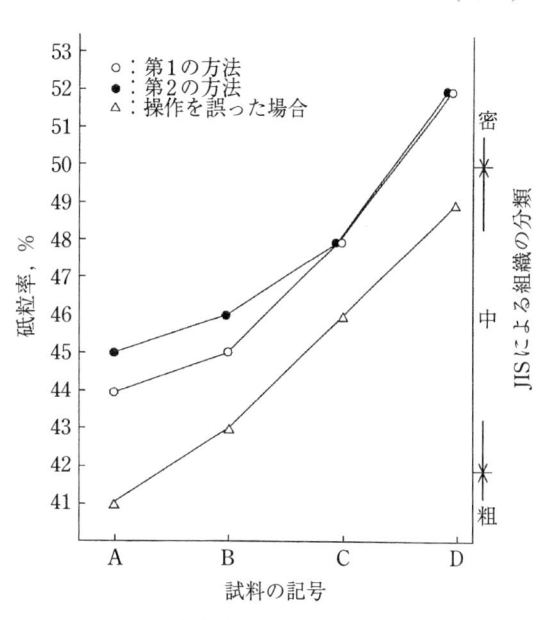

図2.29 水中法による砥粒率の測定結果

(2) 溶解法

砥石から切り出した試料（約 20 g のもの）の体積を u_w とする．これを，ビトリ-ファイドボンド砥石にあっては 46 % ふっ化水素酸で，レジノイドボンド砥石にあっては β-ナフトールで結合剤を完全に溶解した後，よく洗浄乾燥して重量を測定する．この重量を w_g とすれば，砥粒率 V_g は次式で求められる．

$$V_g = \frac{(1+k) w_g}{\gamma_g u_w} \times 100 \ [\%] \quad (2.17)$$

ここで k は砥粒中のふっ酸可溶成分率で，レジノイドボンド砥石では $k = 0$，ビトリファイドボンド砥石では **表2.8** に示す値を使用する．

表2.8 k の値

粒度 砥粒	8〜80	90〜220	240〜800	1 000〜3 000
A	0.02	0.03	0.04	0.05
WA	0.005	0.01	0.015	0.02
C	0.02	0.025	0.03	0.035
GC	0.005	0.01	0.015	0.02

2.4.3 砥石の組成図

有気孔型砥石の組成を表すには，**図2.30** に示すような**三元組成図**が使われる．図の正三角形の頂点 V_p, V_g, V_b は，それぞれ気孔率 V_p，砥粒率 V_g，結合剤率 V_b が 100 %（体積）の点を表す．いま図に示したように正三角形 $V_p V_g V_b$ 内に任意の1点 X を考え，X より三角形の各辺に垂線を立て，その足を X′, X″, X‴ とする．このとき線分 $\overline{XX'}$, $\overline{XX''}$, $\overline{XX'''}$ は，それぞれ点 X の気孔率 V_p，砥粒率 V_g，結合剤率 V_b を表し，

$$V_p + V_g + V_b = 100 \ [\%] \quad (2.18)$$

したがって，底辺 $\overline{V_g V_b}$ に平行な直線群 ① は等気孔率線を表し，また $\overline{V_p V_b}$ に平行な直線群 ② は等砥粒率線，さらに $\overline{V_p V_g}$ に平行な直線群 ③ は等結合剤率線を表す．等砥粒率線は等組織線とも呼ばれる．砥粒・結合剤比一定の線は頂点 V_p を通る直線群 ④ である．これはま

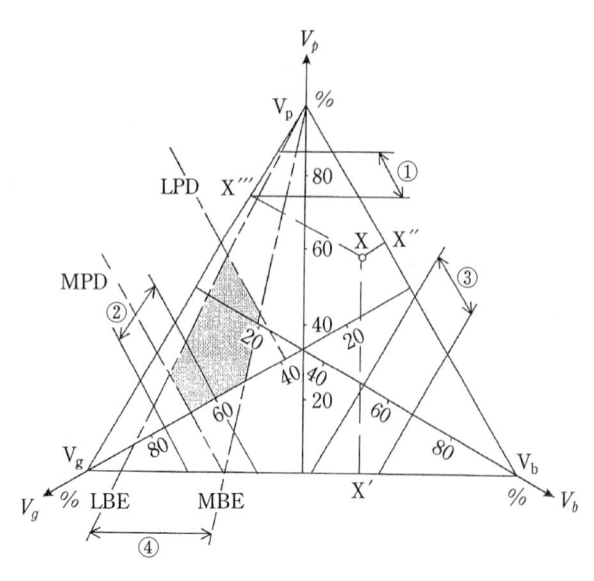

図 2.30 砥石組成を表す三元組成図

図 2.31 等砥石かさ比重線

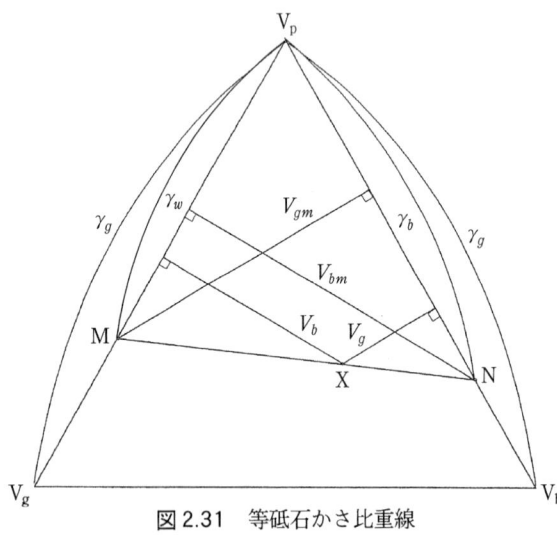

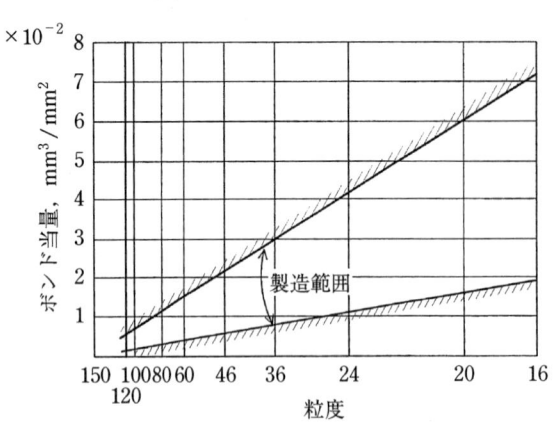

図 2.32 ボンド当量と粒度との関係

た,等ボンド当量線とも呼ばれる.

砥粒および結合剤の比重をそれぞれ γ_g, γ_b とし,砥石のかさ比重を γ_w とするとき,図 2.31 に示したように,$\overline{V_p V_g}$ 上に $\overline{V_p M}/\overline{V_p V_g} = \gamma_w/\gamma_g$ なる点 M を,また $\overline{V_p V_b}$ 上に $\overline{V_p N}/\overline{V_p V_b} = \gamma_b/\gamma_g$ なる点 N をとる.このとき線分 MN は,

$$\frac{V_g}{100}\gamma_g + \frac{V_b}{100}\gamma_b = \gamma_w \tag{2.19}$$

で表される.したがって,砥粒と結合剤の種類を一定とした場合,$\overline{MN}$ に平行な直線群は等砥石かさ比重線を表す[55].

・ボンド当量(bond equivalent)

砥粒の単位表面積当たりの結合剤の量をボンド当量と呼ぶ.いま,砥粒1個の平均体積を u_{gs},平均表面積を s_{gs},砥石体積 u_w 中に含まれる砥粒の数を n とすると,砥粒1個当たりの結合剤の体積は $u_w V_b/100n$ である.一方,$n = u_w V_g/100 u_{gs}$ であるから,砥粒1個当たりの結合剤の体積は,$u_{gs} V_b/V_g$ である.したがって,ボンド当量 q は,

$$q = \frac{u_{gs}}{s_{gs}}\frac{V_b}{V_g} \tag{2.20}$$

で与えられる.u_{gs}/s_{gs} は,砥粒の種類と粒度が決まれば一定である.したがって,砥石組成図で,等ボンド当量線は頂点 V_p を通る直線で与えられる.ビトリファイドボンド砥石では,ボンド当量が少なすぎても多すぎても砥石を形作ることができない.この量は,砥粒の種類や粒度によって異なり,各社は砥石製造上の経験に基づいてそれぞれの最低ボンド当量線(LBE)と最高ボンド当量線(MBE)を決めている.J. Peklenik

は，一例として最大ボンド当量および最低ボンド当量と粒度との関係を**図2.32**のように与えている．

・式(2.19)の証明

$\overline{MN}$ 上の任意の点 X の砥粒率，結合剤率をそれぞれ V_g，V_b とし，M 点の砥粒率を V_{gm}，N 点の結合剤率を V_{bn} とする．このとき，

$$\frac{V_g}{V_{gm}} = \frac{\overline{XN}}{\overline{MN}}, \quad \frac{V_b}{V_{bn}} = \frac{\overline{MX}}{\overline{MN}}$$

であるから，

$$\frac{V_g}{V_{gm}} + \frac{V_b}{V_{bn}} = 1 \tag{2.21}$$

である．ところで，

$$V_{gm} = 100\left(\frac{\gamma_w}{\gamma_g}\right), \quad V_{bn} = 100\left(\frac{\gamma_w}{\gamma_b}\right)$$

であるから，これらを式(2.21)に代入して，

$$\frac{V_g}{100}\gamma_g + \frac{V_b}{100}\gamma_b = \gamma_w \tag{2.19}$$

が得られる．

ところで，ビトリファイドボンド砥石の場合，砥石組成図の全ての点で砥石の製造が可能なわけではない．まず，組織による制約がある．組織は砥粒の充填密度を表すが，充填密度がある基準値以下になると，焼成中に形くずれが起きて成形不能となる．図2.30に最低充填密度（LPD）線と最大充填密度（MPD）線を示した．同様にボンド当量にも制約があり，最低，最高をそれぞれ LBE, MBE で示す．これらの直線と砥粒率軸に囲まれた領域が実際の砥石製造可能な範囲である．

実際のビトリファイドボンド砥石の三元組成図は，**図2.33**のようになる．図でⒶは通常砥石や 2.3.2(1)項で述べた(a)のビトリファイドボンド超砥粒砥石の組成域である．

加熱して溶解した磁気質の結合剤は，砥粒を濡らし，表面張力によって結合剤橋を形成する．結合剤の量が最低ボンド当量（LBE）以下であると十分な結合剤橋が形成されない．逆に最高ボンド当量（MBE）以上であると，溶融した結合剤が流出し，均一な気孔形成が妨げられる．またダイヤモンド砥粒は磁気質結合剤やフリットとの濡れ性が悪いため，濡れ性のよい通常砥粒を骨材として混合しないと成形できない．組成図における砥粒率は骨材を含めたも

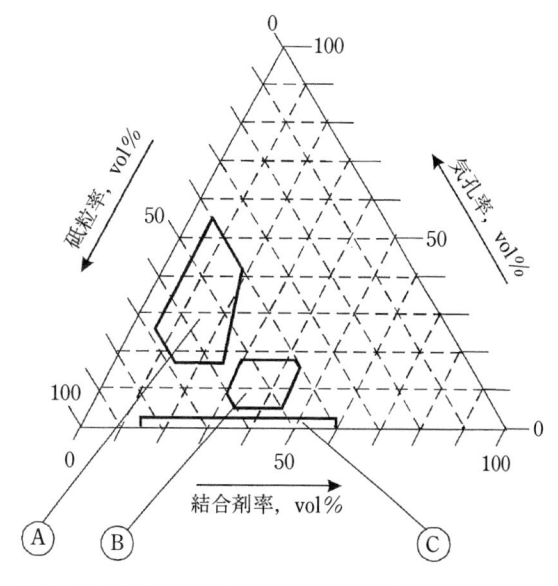

図2.33 ビトリファイドボンドの3要素間の基本的な構成

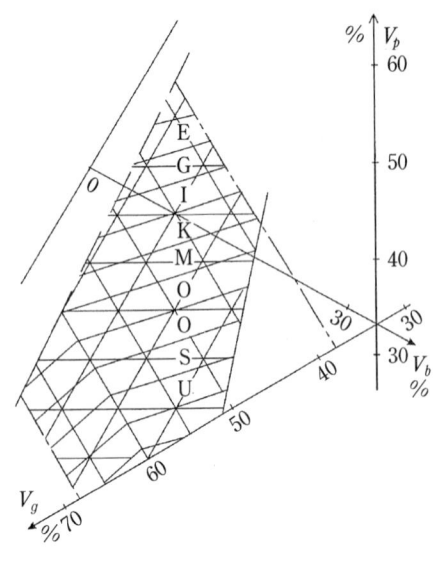

図2.34　等結合度線

のである.

図2.33の⑧は，2.3.2(1)項で述べた(b)の微小気孔型砥石の組成域を示す．この製法は，焼成炉中で加圧焼結するためMBEに制約されず，結合剤率を増やすことが出来る．加圧が連続か断続かによって，ホットプレス法かホットコイニング法かに分かれるが，いずれも(a)に比べ，焼結時間は1～4時間と短いので，ダイヤモンドの劣化が少ない.

さらに，図の⑥は無気孔型砥石の組成域を示す．この場合も，結合剤の流出を防ぐために，濡れ性のよい骨材の充填が必要である．結合剤の量が砥粒と骨材の60%を超えると成形が困難になる．そのため固体潤滑剤の添加が効果的であるが，固体潤滑剤の量が多すぎると，被ドレス性や研削性能は向上するが，砥石の強度が低下する[56].

また，等結合度線が組成図上でどのようになるかは，砥石製造上，非常に重要な問題である．一部には等結合度線は等気孔率線に一致するという考え方もあるが，多くの砥石メーカーは図2.34に示すような等結合度線を使用しているようである.

砥石組成と縦弾性係数Eの関係については，松野ら[57]が理論的な考察を行い，次の関係式を与えている.

$$E = \left\{ \frac{1}{E_g V_g^{0.3}} + \frac{3(1-V_g^{0.3})^2}{E_b V_b} \right\}^{-1} \tag{2.22}$$

ここでE_gは砥粒の縦弾性係数，E_bは結合剤の縦弾性係数である．この関係式は，後に海野ら[10]によって実験的に確かめられている.

2.5　砥石の回転破壊強さ

研削では，後述するように(8.2.4項)，砥石周速を上げればそれだけ研削能率が向上する．一方，通常の精密加工用砥石では，切れ刃の自己再生作用を高めるために，脆性の高い結合剤が使用される．したがって，指定された周速（通常は2 200 m/min）を超えて使用すると，遠心力により砥石が破壊する危険があるので注意しなければならない．しかし超砥粒では，耐摩耗性が非常に高いため金属コアの砥石が使用されるようになり，砥石周速を大幅に上げることが可能になった．その結果，砥石周速が100 m/sを超えるような超高速域で研削が行われるようになり，金属コアの回転破壊が新たに問題となっている.

2.5.1　応力分布

砥石を厚さが一様な回転円板と考え，遠心力に伴う弾性応力分布を求める[58]．いま，図2.35に示すように，回転する砥石内に中心角$\delta\theta$，半径方向長さδrの微小要素ABCDをとり，それに作用する力のつり合いを考える．砥石内の応力分布は回転軸（原点O）に関して対称であ

るから，せん断応力は消え，応力成分は半径 r だけの関数である．したがって，微小要素 ABCD には，半径方向の引張応力 σ_r, $\sigma_r+(\mathrm{d}\sigma_r/\mathrm{d}r)\delta r$ と接線方向の引張応力 σ_θ, および遠心力 R が作用していると仮定する．半径方向の力のつり合いから，

$$\left(\sigma_r+\frac{\mathrm{d}\sigma_r}{\mathrm{d}r}\delta r\right)(r+\delta r)\delta\theta-\sigma_r r\delta\theta$$
$$-\sigma_\theta\delta r\,\delta\theta+\frac{\gamma_w}{g}\omega^2 r^2\delta\theta\,\delta r=0$$

(2.23)

図 2.35 微小要素 ABCD に作用する力のつり合い

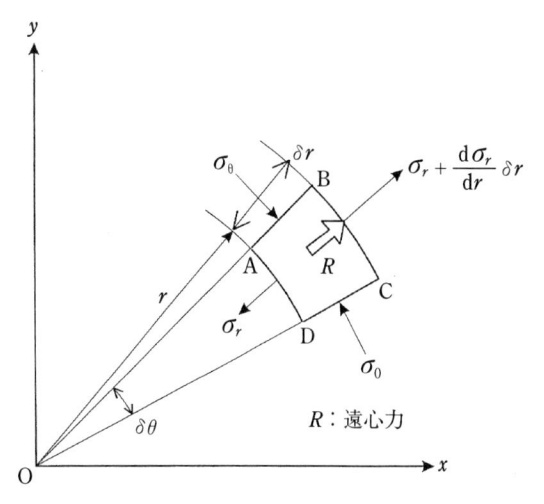

である．ここで，r は微小要素の回転半径，γ_w は砥石のかさ比重，ω は回転角速度，g は重力の加速度である．いま，式 (2.23) を高次の微小項を省略して整理すると，

$$\frac{\mathrm{d}(r\sigma_r)}{\mathrm{d}r}-\sigma_\theta+\frac{\gamma_w}{g}\omega^2 r^2=0 \tag{2.24}$$

になる．ここで，応力関数 F を

$$F=r\sigma_r \tag{2.25}$$

のように定義すれば，式 (2.25) は次のように書き換えられる．

$$\sigma_\theta=\frac{\mathrm{d}F}{\mathrm{d}r}+\frac{\gamma_w}{g}\omega^2 r^2 \tag{2.26}$$

一方，微小要素の一辺 AD の半径方向変位を η とすれば，BC の変位は $\eta+(\mathrm{d}\eta/\mathrm{d}r)\delta_r$ であるから，微小要素 ABCD の半径方向ひずみ ε_r は，

$$\varepsilon_r=\frac{\mathrm{d}\eta}{\mathrm{d}r} \tag{2.27}$$

である．接線方向ひずみ ε_θ は，一般には接線方向変位と半径方向変位 η の両者の影響を受けるが，いまの場合接線方向変位は存在しないから，変位 η に依存する項だけとなり，

$$\varepsilon_\theta=\frac{(r+\eta)\delta\theta-r\delta\theta}{r\delta\theta}=\frac{\eta}{r} \tag{2.28}$$

である．式 (2.28) を式 (2.27) に代入して η を消去すれば，

$$\varepsilon_\theta-\varepsilon_r+r\frac{\mathrm{d}\varepsilon_\theta}{\mathrm{d}r}=0 \tag{2.29}$$

が得られる．式 (2.29) に，Hooke の法則

$$\varepsilon_r=\frac{1}{E}(\sigma_r-\nu\sigma_\theta),\quad \varepsilon_\theta=\frac{1}{E}(\sigma_\theta-\nu\sigma_r)$$

と式 (2.25)，式 (2.26) を代入し，F について整理すれば，

$$r^2\frac{\mathrm{d}^2F}{\mathrm{d}r^2}+r\frac{\mathrm{d}F}{\mathrm{d}r}-F+(3+\nu)\frac{\gamma_w}{g}\omega^2 r^3=0 \tag{2.30}$$

が得られる．ここで ν は，砥石のポアッソン比である．

式 (2.30) の微分方程式の一般解は，

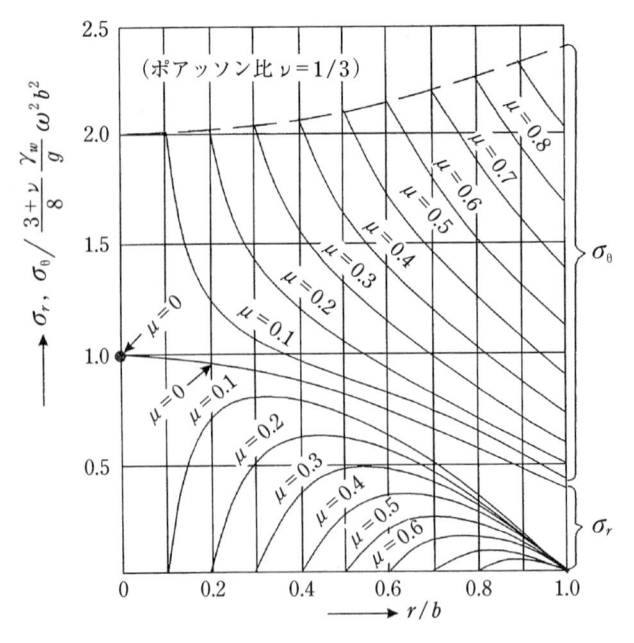

図 2.36 σ_r, σ_θ の計算結果

$$F = Cr + C_1 \frac{1}{r} - \frac{3+\nu}{8}\frac{\gamma_w}{g}\omega^2 r^3 \tag{2.31}$$

で与えられる．ここで，C，C_1 は境界条件によって決まる積分定数である．また，そのときの応力 σ_r，σ_θ は式 (2.25)，式 (2.26) に式 (2.31) を代入して求められる．

いま砥石の穴半径を a，半径を b として，$(\sigma_r)_{r=a} = 0$，$(\sigma_r)_{r=b} = 0$ なる境界条件を与えて積分定数を決定し σ_r，σ_θ を求めれば，次のようになる．

$$\sigma_r = \frac{3+\nu}{8}\frac{\gamma_w}{g}\omega^2\left(b^2 + a^2 - \frac{a^2 b^2}{r^2} - r^2\right) \tag{2.32}$$

$$\sigma_\theta = \frac{3+\nu}{8}\frac{\gamma_w}{g}\omega^2\left(b^2 + a^2 - \frac{a^2 b^2}{r^2} - \frac{1+3\nu}{3+\nu}r^2\right) \tag{2.33}$$

図 2.36 は，内外径比 $\mu = a/b$ をパラメータとし，r/b を変数にして式 (2.32)，式 (2.33) を計算した結果である．いずれの場合にも引張応力で，常に $\sigma_\theta \geq \sigma_r$ の関係にある．しかも，応力の最大値は，どの内外径比の場合でも $r = a$ における円周方向の引張応力で，

$$\sigma_{\theta\max} = \frac{3+\nu}{4}\frac{\gamma_w}{g}\omega^2 b^2\left(1 + \frac{1-\nu}{3+\nu}\mu^2\right) \tag{2.34}$$

となる．

また，中心に穴がある限り，たとえ穴径が小さくとも集中応力が発生する．したがって，超高速研削の場合のように砥石コアの破壊強さが問題になるような場合には，中心穴の無い砥石コアを使用しなければならない．

2.5.2 遠心破壊強さ

遠心力によって砥石穴の円周に生じる最大応力 $\sigma_{\theta\max}$ は，式 (2.33) から明らかなように，回転速度の 2 乗に比例して増大する．鵜戸口[59]は，石こう円板の回転破壊試験を行い，破壊時の最大引張応力 $\sigma_{\theta\max}$ を計算した．図 2.37 は，$\sigma_{\theta\max}$ と引張強さ（抗折力）σ_0 の比を内外径比に

ついてプロットしたものである．石こう円板の回転破壊が，最大応力が単純引張強さに達したとき破断するといういわゆる「最大応力説」に従うならば，$\sigma_{\theta\max}/\sigma_0$ は常に1になるはずである．しかし，実験結果によれば，両者の比は1よりも大きく，内外径比が小さいほどその傾向が顕著であった．

主応力 σ_θ の平均値 $\sigma_{\theta\,\mathrm{mean}}$ は，

$$\sigma_{\theta\,\mathrm{mean}} = \frac{1}{b-a}\int_a^b \sigma_\theta\,\mathrm{d}r$$

$$= \frac{\gamma_w}{3g}\omega^2 b^2(1+\mu+\mu^2) \tag{2.35}$$

となる．いま，主応力の平均値が材料の単純引張り強さに達したとき破断が起きると仮定して式(2.32)を σ_0 に等しいとおけば，式(2.34)から

$$\frac{\sigma_{\theta\max}}{\sigma_0} = \frac{3}{4}\frac{3+\nu+\mu^2(1-\nu)}{1+\mu+\mu^2} \tag{2.36}$$

が得られる．図2.37の曲線は，$\nu=1/7$ として式(2.35)を計算して図示したものであるが，実験結果の傾向とよく一致する．このことから，石こう円板の回転破壊は「平均応力説」に従うと結論した．

さて，砥石の回転破壊が「平均応力説」に従うと考え，式(2.33)あるいは式(2.34)をもとにして遠心破壊回転数を推定しようとした場合，砥石のかさ比重および単純引張強さの値が必要である．井上[60]は，砥石では通常の単純引張試

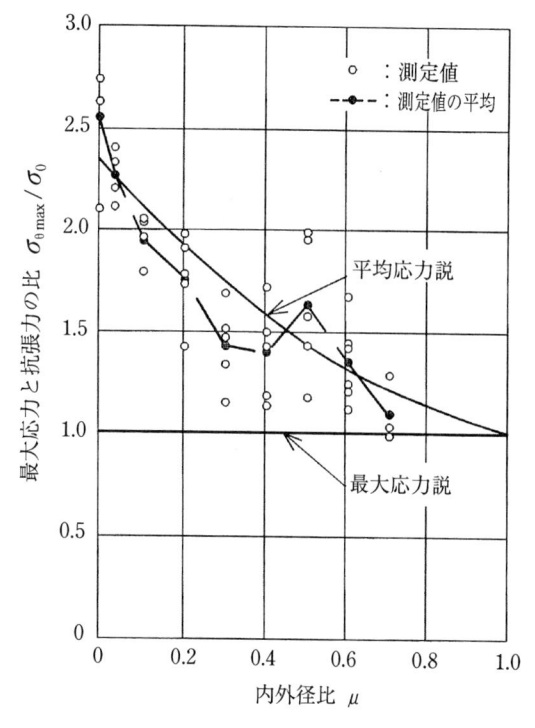

図2.37 平均応力説と最大応力説

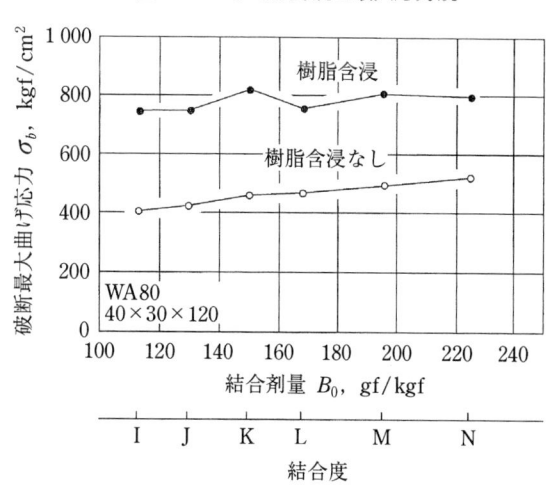

図2.38 破断最大曲げ応力と結合度との関係

注25) 幅 b，高さ h の矩形断面の梁の曲げ応力，断面二次モーメントをそれぞれ σ_x，I_z とすれば，

$$\sigma_x = \frac{My}{I_z}, \quad I_z = \frac{bh^3}{12} \tag{2.37}$$

である．したがって，最大応力 $\sigma_{x\max}$，平均応力 $\sigma_{x\,\mathrm{mean}}$ は，それぞれ

$$\sigma_{x\max} = \frac{Mh}{2I_z} = \sigma_b \tag{2.38}$$

$$\sigma_{x\,\mathrm{mean}} = \frac{1}{h/2}\int_0^{h/2}\sigma_x\,\mathrm{d}y = \frac{Mh}{4I_z} = \frac{1}{2}\sigma_{x\max} = \frac{\sigma_b}{2} \tag{2.39}$$

である．すなわち，曲げによる破壊にも平均応力説が成り立つと考えれば，

$$\frac{\sigma_b}{2} = \sigma_0 \tag{2.40}$$

である．

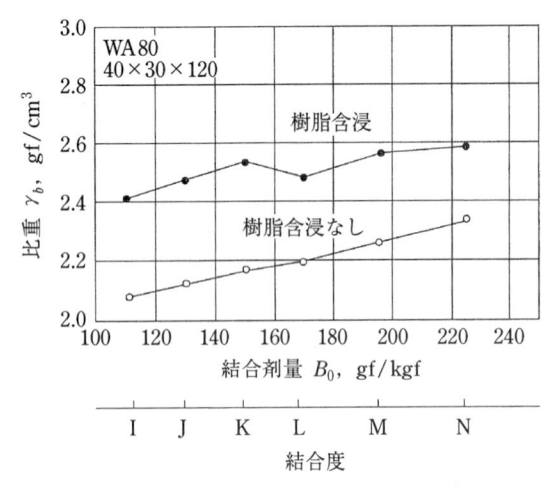

図2.39 砥石のかさ比重と結合度との関係

表2.9 破断最大曲げ応力 σ_b と最大応力説および平均応力説による砥石遠心破壊の推定精度

砥石粒度および結合度	最大応力説 $\sigma_{\theta\max}/\delta_b$	平均応力説 $\sigma_{\theta\mathrm{mean}}/(\delta_b/2)$
60 I	0.622	0.932
60 K	0.595	0.890
66 N	0.700	1.046
80 I	0.646	0.966
80 K	0.658	0.983
80 N	0.699	1.044
100 I	0.761	1.137
100 K	0.650	0.971
総平均値	0.666	0.996

WA砥石：355×32×127（樹脂含浸補強径230 mm）

験では形状効果が大きくて信頼し得る引張強さの値を求めることが困難であるとして，中央集中荷重方式の曲げ試験を行い，破断最大曲げ応力 σ_b を求めている．その結果と比重の測定結果をそれぞれ図2.38および図2.39に示す．さらに，平形砥石について遠心破壊試験を行い，最大応力説と平均応力説とによる遠心破壊強さの推定精度を比較している．すなわち遠心破壊試験で求めた破壊回転数から式(2.34)および式(2.35)によって $\sigma_{\theta\max}$，$\sigma_{\theta\mathrm{mean}}$ を計算し，先の結果の基づいてそれぞれと σ_b と $\sigma_b/2$ の比を求めた[注25]．表2.9はその結果で，平均応力説の方が推定精度が高いという結論を得ている．

問題2.1 砥粒の硬さの評価には，ビッカース硬度よりもヌープ硬度が使われることが多い．なぜか．
問題2.2 式(2.2)の意味を理解し，粉砕試験の粒度分布から γ 値を求める方法を説明せよ．
問題2.3 式(2.10)を用いて，砥粒率 V_g の上限値と下限値を求めよ．
問題2.4 ビトリファイドボンドCBN砥石で，集中度100であるとすると，砥粒率25％であるから，式(2.10)から $S_w = 18$ になる．これは組織番号の上限値を大きく超えている．その理由を述べよ．
問題2.5 超砥粒砥石では，集中度75～100の場合が多い．通常砥粒と同程度の砥粒率にできない理由を述べよ．
問題2.6 研削現象の議論の中で，砥粒あるいは結合剤橋の破砕性という場合，圧壊強さであったり，破砕エネルギーであったり，あるいは粉砕性（破砕する細かさの程度）であったりする．改めて「破砕性」が何を指すのか，例を挙げて考えよ．
問題2.7 CBN砥石が軟鋼の研削に使用されない理由を述べよ．

参考文献

1) JIS R 6242-2003 研削といし――一般, JIS R 6210-1999 ビトリファイド研削といし, JIS R 6212-1999 レジノイド研削といし.
2) 和島 直, 庄司克雄, 厨川常元, 森由喜男, 鈴木浩文：砥粒加工学会誌, **43**, 7 (1999) 39.
3) 橋本和彦：機械と工具, **16**, 11 (1971) 102.
4) 松尾哲夫：機械と工具, **43**, 4 (1999) 119.
5) 山内勝利：学位論文「SG砥石の研削機構とその応用に関する研究」(熊本大学) (2002), p. 13.
6) 北村福男, 五反田建二：精密工学会誌, **58**, 4 (1992) 583.
7) F. P. Bundy, H. T. Hall : Nature 176 (1955) 51.
8) 田中義信, 井川直哉, 田中武司：精密機械, **36**, 8 (1970) 60.

9) R. Berman : "Physical properties of diamond", Clarendon Press Oxford (1965).
10) 井川直哉, 田中武司：精密機械, **37**, 11 (1971) 56.
11) 田中武司, 井川直哉：精密機械, **39**, 6 (1973) 56.
12) R. H. Wentorf Jr. : J. Chem. Phys., **34**, 3 (1961) 809.
13) JIS R 6002-1998 研削砥石用研磨剤の粒度の試験方法.
14) JIS R 6130 人造研削材のかさ密度試験法.
15) 昭和電工から提供の資料による.
16) L. Coes : Abrasibes, Springer-Verlag, Wien New York (1971), p. 55.
17) J. N. Brecker, R. Komanduri and M. C. Shaw : Annals of the CIRP, **22**, 2 (1973) 219.
18) 松井正己, 庄司克雄：機械の研究, **33**, 10 (1981) 1161. および同, **33**, 11 (1981) 1274.
19) JIS R 6128 ボールミル試験法.
20) J. N. Brecker, R. Komanduri and M. C. Shaw : Annals of the CIRP, **22**, 2 (1973) 219.
21) A. M. Gaudin and T. P. Meloy : AIME, 223 (1962) 40.
22) J. M. Karpinski and R. O. Tervo : Trans AIME, 229 (1964) 126.
23) J. N. Brecker, R. Komanduri and M. C. Shaw : Annals of the CIRP, **22**, 2 (1973) 219.
24) V. H. Abrecht, J. Lukacs and E. Plötz : Ber. Deut. Keram. Ges., **37**, 8 (1960) 355.
25) 松井正己, 庄司克雄：精密機械, **46**, 11 (1980) 1416.
26) P. R. von Rittenger : Lehrbuch der Aufbereitungskunde, Berlin, (1867).
27) F. C. Bond : Trans. AIME, **193** (1952) 484.
28) 松井正己, 庄司克雄：機械の研究, **33**, 10 (1981) 1161.
29) 吉川弘之, 佐田登志夫：精密機械, **26**, 8 (1960) p. 476.
30) 平松良雄, 岡　行俊, 木山英郎：日本鉱業会誌, **81**, 932 (1965) 1024.
31) K. Takazawa : Proc. Int. Grinding Conf., Pittuburgh, (1972), p. 75.
32) 松井正己, 庄司克雄：精密機械, **43**, 2 (1977) 181.
33) JIS R 6210-1999 ビトリファイド研削といし.
34) 小川昌平, 岡本　隆：精密機械, **45**, 7 (1979) 826.
35) 河端則次, 余語隆夫 (分担)：ダイヤモンドツール, 日経技術図書 (1987), p. 455.
36) JIS R 6212-1999 レジノイド研削といし.
37) JIS R 6219-1999 マグネシア研削といし.
38) JIS R 6240-2001 研削といしの試験方法.
39) 大越　諄, 渡辺半十：精密機械, **18**, 6/7 (1952).
40) 大越　諄, 渡辺半十：精密機械, **18**, 9/12 (1952).
41) J. Peklenik : Industrie-Anzeiger, **82**, 28 (1960) 425.
42) J. Peklenik : Trans. ASME, B, **86**, 3 (1964) 294.
43) J. Peter, R. Snoeys and A. Decneut : Preprint of 9th Int. MTDR Conf. (1968).
44) 海野邦昭, 篠崎　襄：精密機械, **36**, 8 (1970) 538.
45) 海野邦昭, 篠崎　襄：精密機械, **36**, 9 (1970) 608.
46) 田中行雄, 矢野章成, 樋口誠宏：精密機械, **37**, 10 (1971) 754.
47) 海野邦昭, 篠崎　襄：精密機械, **38**, 4 (1972) 349.
48) L. V. Colwell, R. O. Lane and K. N. Soderlund : Trans. ASME, B, **84**, 1 (1962) 113.
49) L. V. Colwell : Trans. ASME, B, **85**, 1 (1963) 27.
50) W. Spath : Industrie-Anzeiger **73**, 102 (1951) 1115.
51) W.Spath:Werkstatttechnik und Maschinenbau **52**, 2 (1952) 59.
52) 上口敏明：電気試験所彙報, **28**, 5 (1964) 386.
53) JIS R 6240-2001 研削といしの試験方法.
54) 寺田召二, 斉藤信禎：名古屋工業技術試験所報告, **15**, 4 (1966) 126.
55) 松野外男：名古屋工業技術試験所報告, **14**, 12 (1965) 447.
56) 河端則次, 余語隆夫 (分担)：ダイヤモンドツール, 日経技術図書 (1987), p. 455.
57) 松野外男, 山田　弘：昭和45年度精機学会周期講演会前刷 (1970), p. 145.
58) S. Timoshenko and J. N. Goodier : Theiry of Elasticity, 2nd Ed., McGraw-Hill (1951), p. 69.
59) 鵜戸口英善：日本機械学会誌, **55**, 402 (1952) 474.
60) 井上英夫：精密機械, **37**, 2 (1971) 105.

第 3 章 研削仕上げ面粗さ

3.1 研削仕上げ面粗さ創成の理論

第 1 章で述べたように,研削加工は,高速で回転する砥石の表面に分布する多数の砥粒切れ刃による切削作用の集積である.研削仕上げ面は,これらの砥粒切れ刃と工作物との相対運動によって創成される工作物の最終的な表面形状である.このような観点から,砥粒切れ刃の運動的軌跡に基づいて**研削仕上げ面粗さ**(ground surface roughness)の創成を幾何学的に解析する研究が行われている.

3.1.1 佐藤の理論

佐藤は,研削仕上げ面粗さについて最初に解析的な研究を行い,理論式を導いている[1].すなわち,図 3.1 (a) のような横軸平面研削において,直径 d_0 の**砥粒切れ刃**(grain cutting edge or abrasive cutting edge)が砥石表面に平均間隔 w で規則正しく格子状に配列された砥石モデルを考えた.このとき,図 (b) に示すように格子の方向と研削方向が平行でなければ,研削方向に測った連続する砥粒切れ刃間の直線距離 a は w の n_0 倍になる.a を**連続切れ刃間隔**(successive cutting-point spacing)と呼ぶ.

砥石周速度(wheel peripheral speed)を V,**工作物速度**(work speed)を v とすれば,任意の砥粒切れ刃が切削を開始してから次の切れ刃が切削を開始するまでの間に工作物は研削方向に $(v/V)a$ だけ移動する.このとき工作物表面には,図 3.2 に示すように砥粒切れ刃の先端によって高さ h の山が削り出される.通常の研削では $V \gg v$ であるから,砥粒切れ刃先端の軌跡は近似的に円弧と考えることができ,研削方向の山の高さ h は次式で与えられる.

$$h = \frac{1}{4}\left(\frac{v}{V}\right)^2 \frac{a^2}{D} \tag{3.1}$$

ここで,D は砥石の直径である.一方,研削仕上げ面には平均的に一定幅 b の条痕が残されると考えれば,研削方向に垂直な条痕深さ h' は,$h' \ll b$ であるから,近似的に

$$h' = \frac{1}{4}\frac{b^2}{d_0} \tag{3.2}$$

で与えられる.

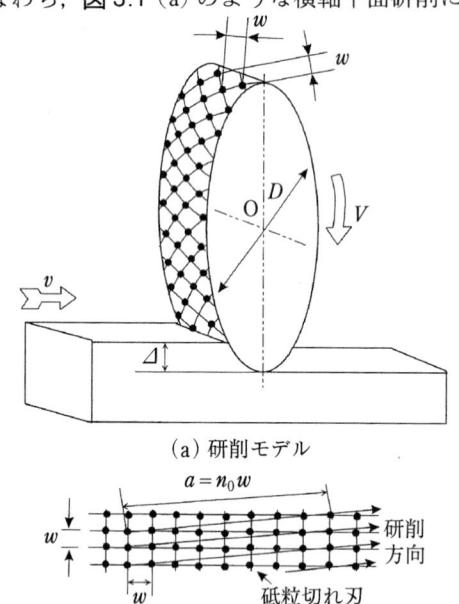

(a) 研削モデル

(b) 連続切れ刃間隔 a と平均砥粒間隔 w との関係

図 3.1 研削モデル

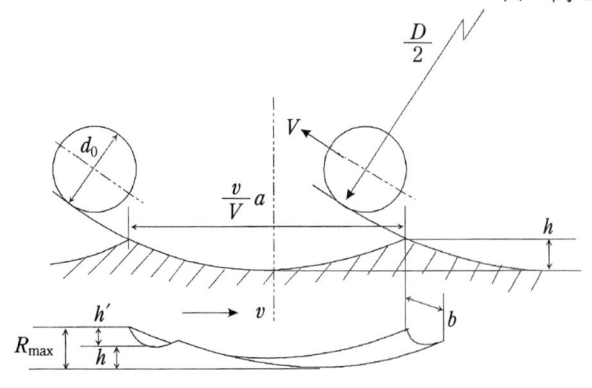

図 3.2 砥石切れ刃による切削条痕モデル

研削仕上げ面は，このような条痕を多数並べて敷き詰めた形になる．したがって，全体の仕上げ面の**最大高さ**〔peak-to-peak (or peak-to-valley) roughness〕$R_{\max}$は，hとh'の和になり，

$$R_{\max} = \frac{1}{4}\left(\frac{v}{V}\right)\frac{a^2}{D} + \frac{1}{4}\frac{b^2}{d_0} \tag{3.3}$$

である．前述のように砥粒の配列格子は研削方向に対してある傾きを持っており，aはその格子間隔wのn_0倍とした．そのとき，格子間隔wの間をn_0本の研削条痕が通過することになるから，研削仕上げ面の条痕幅bは

$$b = \frac{w}{n_0} \tag{3.4}$$

である．そこで，$a = n_0 w$と式(3.4)を式(3.3)に代入して，

$$R_{\max} = \frac{1}{4}\left(\frac{v}{V}\right)^2 \frac{(n_0 w)^2}{D} + \frac{1}{4 d_0}\left(\frac{w}{n_0}\right)^2 \tag{3.5}$$

が得られる．

佐藤は，すす板に転写したり，朱肉で写し取るなどして，砥石表面の砥粒切れ刃分布を測定し**平均砥粒間隔**[注1] (average grain distance) wを求めている．たとえば，#80Hで0.31 mm，#80Lで0.27 mm，#46Hで0.50 mmという値を報告している．さらに，n_0の値は研削仕上げ面の断面曲線から条痕幅bを測定し，式(3.4)から求めている．その結果によれば，A砥石の結合度H〜P，粒度#30〜#80の範囲でほぼ一定で$n_0 \fallingdotseq 20$であった[2]．

佐藤の理論は，高さのそろった砥粒切れ刃が円筒面に整然と配列された砥石モデルに基づいている．したがって，仕上げ面粗さの値は高さの異なる砥粒がアトランダムに並んだ実際の砥石による研削に比べると，かなり小さくなるはずである．佐藤の連続切れ刃間隔の考え方は，この両者の違いをn_0という実験定数により巧みに結び付けようとしたものである．この考え方は，次章のフライスモデルに基づいた砥粒切込み深さの理論式(4.1.1項参照)にも当てはまる．すなわち，砥石を高さのそろった切れ刃が一方向に並んだフライスと考えた場合，フライスの切れ刃間隔に平均砥粒間隔wを代入すると，砥粒切込み深さg_mは実験値に比べ非常に小さくなる．これを連続切れ刃間隔とすることによって実際の値に近づけることができる．

3.1.2 小野の理論

研削仕上げ面粗さの理論式を求めようとする場合，まず留意すべき点は，定量的議論が要求されるということである．次章で述べる**砥粒切込み深さ**(grain depth of cut)の場合，その値がいくらになるかはそれほど重要な問題ではないので，定性的な議論で十分である．しかし，研削仕上げ面粗さの場合は，その値自体が重要な意味を持つことが多い．研削仕上げ面粗さを定量的に考えようとすると，当然，砥粒切れ刃の高さの不ぞろいや分布を考慮したより実際に近い砥石モデルによる仕上げ面の創成を考えなければならない．

このような観点から，小野は高さの異なる砥粒切れ刃が不規則に分布する砥石モデルを仮定

[注1] 砥石表面の**砥粒切れ刃密度**(grain cutting edge density)の逆数の平方根である．砥粒切れ刃密度は，本項のように砥石の単位表面積当たりの個数で論じられる場合と3.1.2項以下のように単位体積当たりの個数で論じられる場合とあるので，注意しなければならない．

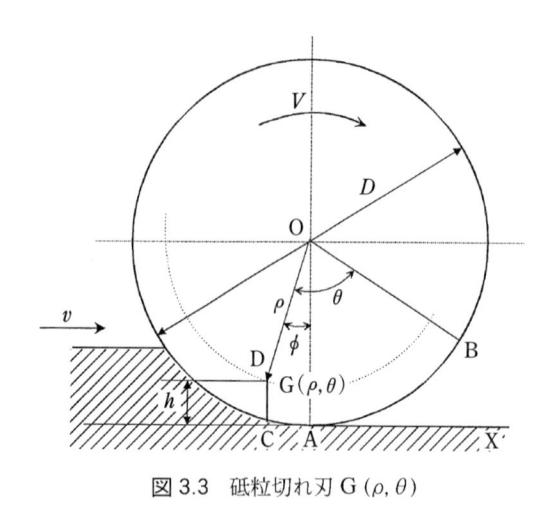

した[3]．平面研削を図3.3のように考える．図でOは砥石の回転軸，AXは工作物の理想的な仕上がり面を表す．いま，研削方向に垂直な任意の工作物断面（以下，これを基準断面と呼ぶ）を考え，これが砥石軸直下のOAの位置に来たとき，ちょうど点Aと交差する砥石半径をOBとする．砥石内の任意の砥粒切れ刃GはOを極とし，OBを原線とする極座標$G(\rho, \theta)$で表すことができる．砥粒切れ刃$G(\rho, \theta)$は時計方向に周速Vで回転するが，同時に工作物も速度vで右方向に移動する．図は，砥粒切れ刃$G(\rho, \theta)$が，基準断面DCを研削する瞬間を示している．図の瞬間から基準断面がOAの位置まで移動する間に，砥石上の点Bは点Aまで角$(\theta - \phi)$だけ回転する．ここで$\phi = \angle GOA$である．したがって，砥石直径をDとすれば，

$$\frac{\rho\phi}{v} = \frac{D(\theta - \phi)}{2V} \tag{3.6}$$

である．一般に，動径$\rho \fallingdotseq D/2$であるから，

$$\phi = \left(\frac{v}{V+v}\right)\theta \tag{3.7}$$

である．ところで，円弧$\rho\phi$は近似的に，

$$\rho\phi = \rho\left(\frac{v}{V+v}\right)\theta \fallingdotseq \sqrt{2\rho\left\{h - \left(\frac{D}{2} - \rho\right)\right\}} \tag{3.8}$$

である．したがって，$V \gg v$であることを考慮すれば，

$$h = \frac{D}{2} - \rho + \frac{D}{4}\left(\frac{v}{V}\right)^2 \theta^2 \tag{3.9}$$

が得られる．

さて，砥粒切れ刃を頂角2αの円すい形と仮定し，基準断面が研削されて最終的に断面曲線が創成される過程を図示すると図3.4のようになる．ここでハッチ部は最終的な仕上げ面の断面を表している．図で破線は，砥粒切れ刃の切削軌跡（切削痕）を表している．このうちQで示した切削痕は，切削痕Pに完全に包含される．このように，切削時間の前後を問わずある切削痕を完全に包含し，それらの切削高さの差が最小であるような切削痕を持つ砥粒切れ刃を，もとの切れ刃の**後続切れ刃**[注2]と呼ぶことにする．

図3.5で砥粒切れ刃PはQの後続切れ刃と考える．このときQを頂点とし，理想的

図3.3 砥粒切れ刃$G(\rho, \theta)$

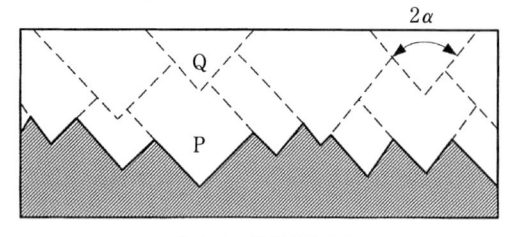

図3.4 後続切れ刃

[注2] 小野の後続切れ刃の定義[3]では，PはQよりも後方にあり，すなわち切れ刃P，Qの偏角をそれぞれθ_p，θ_qとするとき$\theta_q \geq \theta_p$で，基準断面に切削痕を残す切れ刃となっている．この定義では以下の議論が成り立たなくなるので，著者の責任で本文のような定義にした．

な仕上がり面に平行な線分 $\overline{\mathrm{MPN}}$ を底辺とする頂角 2α の二等辺三角形 QMN の中には P 以外の切削痕は存在しない．なぜなら，もし仮に図の R のような砥粒切れ刃があるとすれば，これは Q を包含し，しかも Q に対して P よりも切削高さの差が小さいから，R は Q の後続切れ刃となり仮定に反するからである．したがって，工作物の基準断面上の △QMN を通過する砥石体積内には，ただ 1 個の砥粒切れ刃が存在するだけである．

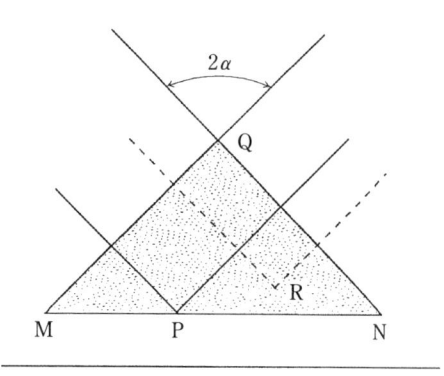

図 3.5 後続切れ刃の条件

基準断面における最終的な仕上げ面の断面曲線を図 3.6 のように考えよう．前述したように，ある砥粒切れ刃が後続切れ刃を持つ場合には，その切削痕は最終的な仕上げ面に残らない．したがって，最終的な仕上げ面に切削痕を残す切れ刃は，そのいずれをとっても後続切れ刃の関係にない．これは，切削高さ h_1, h_2（ただし $h_1 \geq h_2$）を持つ最終的な仕上げ面上の任意の切削痕 P，Q を考えたとき，P を頂点とし，$h_1 - h_2$ を高さとする頂角 2α の二等辺三角形内に切削痕が存在しないということである．したがって，この三角形に相当する砥石体積内に存在する砥粒切れ刃の数は 1 以下であるといえる[注3]．切削高さの差 $h_1 - h_2$ が大きいほど後続切れ刃が存在しやすくなる．その極限が図の切削痕 R と S を通過する一対の切れ刃，すなわち切削高さが最も高い切れ刃（切削高さ $h_1 = H_v$ とする）と理想的仕上がり面上に切削痕を持つ切れ刃である．したがって，R を頂点とし理想的仕上がり面上の $\overline{\mathrm{MN}}$ を底辺とする頂角 2α の二等辺三角形 RMN 内に存在する切削痕の数は，限りなく 1 に近くなる．

ところで，基準断面上の △RMN を通過する砥石体積 W_v は，

$$W_v = \int_0^{H_v} 4\sqrt{Dh}\,(H_v - h)\frac{V}{v}\tan\alpha\,\mathrm{d}h = \frac{16}{15}\frac{V}{v}H_v^2\sqrt{DH_v}\tan\alpha \tag{3.10}$$

で与えられる．したがって，砥石内における砥粒切れ刃の三次元的平均間隔[注4]を u とすれば，W_v には切れ刃が 1 個存在するから，$W_v/u^3 = 1$ である．すなわち，

$$\frac{16}{15}\frac{V}{v}H_v^2\sqrt{DH_v}\tan\alpha = u^3 \tag{3.11}$$

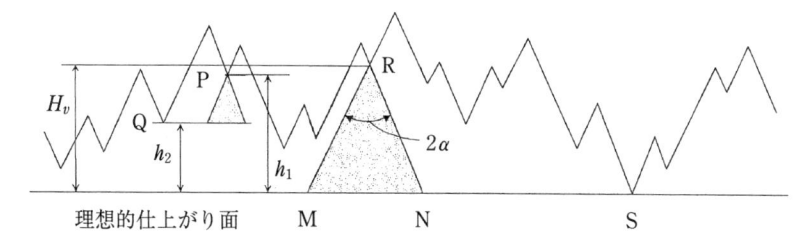

図 3.6 最終仕上げ面の断面曲線

[注3] 厳密に言えば，R と Q は互いに干渉しない位置にあるので，この議論は無意味である．切削痕 P が後続切れ刃を持つか否かは，後述するように（3.1.4 項参照）P を頂点とし理想的仕上がり面を底辺とする頂角 2α の二等辺三角形内を他の切れ刃が通過するか否かによって決まる．

[注4] 砥石内で 1 個の砥粒切れ刃が占める平均体積は u^3 になる．

である．式 (3.11) を H_v について解けば，

$$H_v = 0.97 u^{1.2} (\cot\alpha)^{0.4} \left(\frac{v}{V}\sqrt{\frac{1}{D}}\right)^{0.4} \tag{3.12}$$

が得られる．小野は，H_v を最大谷底粗さと呼び，最大高さ $R_{\max}$ との間に $R_{\max} = 1.4 H_v$ の関係があるとした．したがって，

$$R_{\max} = 1.35 u^{1.2} (\cot\alpha)^{0.4} \left(\frac{v}{V}\sqrt{\frac{1}{D}}\right)^{0.4} \tag{3.13}$$

である．以上は，簡単のために平面研削の場合について述べたが，一般式は

$$R_{\max} = 1.35 u^{1.2} (\cot\alpha)^{0.4} \left(\frac{v}{V}\sqrt{\frac{1}{D} \pm \frac{1}{d}}\right)^{0.4} \tag{3.14}$$

になる．ここで，d は工作物直径で，平面研削の場合は $d = \infty$，また，± は円筒研削の場合は＋，円筒内面研削の場合は－記号を意味する．これは，以下の議論でも同じである．

3.1.3 織岡の理論

砥粒切れ刃の分布をランダムなものと仮定し，確率論の考え方を最初に導入したのは織岡である[4]．織岡は，まずナイフエッジ型の触針を使って砥石表面の凹凸を測定した．その結果，砥粒切れ刃の先端は図3.7 に示すように，表面から H_0 の深さまでは深さの2乗に比例して増加し，それより深いところでは破線で示すように減少することが明らかになった．この結果に基づいて，砥粒切れ刃は頂角 2α の円すいでその先端はランダムに分布するが，その密度は放物線に従うと仮定した．

工作物は砥粒の軌跡のとおりに切削されると考え，先端の軌跡上で工作物の理想的仕上がり面に最も近接する点をその砥粒切れ刃の工作物表面への**砥粒射影**と呼ぶ．最初，簡単のために，砥粒切れ刃の各頂点は砥石最外周面に相当する円筒面にランダムに配置されていると考える．したがって，砥粒射影は全て理想的仕上がり面上にある．図3.8(a) で，A は工作物の理想的仕上がり面上の任意の1点であり，いま A を原点として x, y, z 座標を考える．x 軸は工作物の送り方向である．B, C は先端がちょうど点 H を

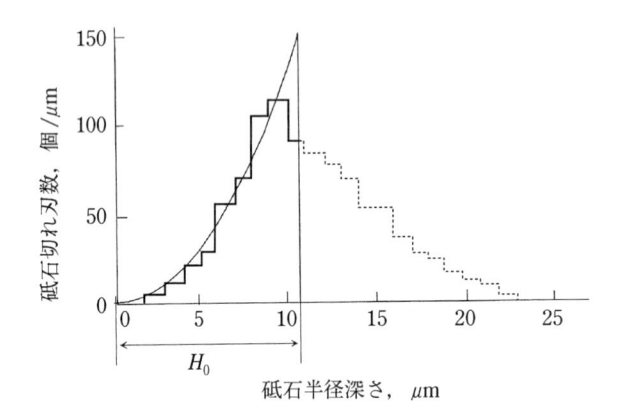

図3.7 砥石切れ刃の高さ分布

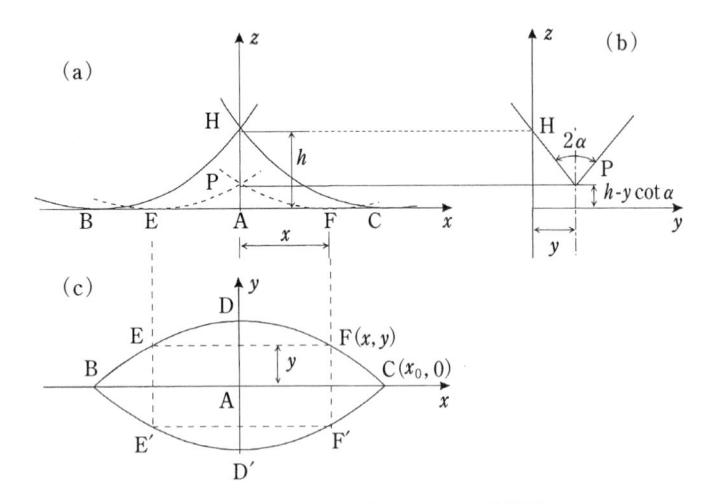

図3.8 点 A の切削高さを切る砥粒射影

3.1 研削仕上げ面粗さ創成の理論

通過する砥粒切れ刃の工作物表面への砥粒射影である．ここで，点 H は z 軸上すなわち点 A の真上にあり，高さ h の点である．したがって，点 C の座標を $(x_0, 0)$ とすれば，$V \gg v$, $D \gg h$ であることを考慮して，

$$x_0 = \sqrt{Dh} \tag{3.15}$$

である．BC 間にある砥粒射影は，全て h 以下の高さで z 軸を切る．

次に同図 (b) のように，x 軸より y 軸方向に y だけ離れた砥粒射影を持つ切れ刃について考える．これらの砥粒切れ刃は切れ刃の円錐母面で z 軸を切る．その切削高さが h であるような切れ刃の砥粒射影を E，F とすれば〔同図 (c) 参照〕，点 F の座標 (x, y) には

$$x = \sqrt{D(h - y\cot\alpha)} \tag{3.16}$$

の関係がある．$\overline{BC}$ の場合と同様，$\overline{EF}$ 間の砥粒射影の円錐母面も h 以下の高さで z 軸を切る．理想的仕上がり面上の任意の点における切削高さが h 以上であるということは，その点を中心にした閉曲線 DBD'C 内に砥粒射影が 1 個も存在しないということである．この閉曲線に囲まれた面積 $A(h)$ は，

$$A(h) = 4\int_0^{\sqrt{Dh}} y\, dx = \frac{4}{3} r\sqrt{Dh^3} \tag{3.17}$$

で与えられる．ここで，$r = 2\tan\alpha$ である．

ところで，無数の点がランダムに分布している平面内で微小面積 A を無作為に抽出したとき，A 内に点が全く存在しない確率 P_0 は

$$P_0 = \exp\left(-\frac{A}{A_0}\right) \tag{3.18}$$

で表される．ここで，A_0 は平面内の点 1 個が占める平均面積である．

したがって，先の問題で理想的仕上がり面上の任意の点における切削高さが h 以上である確率を $P(h)$ とすれば，$P(h)$ は式 (3.17) で与えられる面積 $A(h)$ に砥粒射影が全く存在しない確率と同じである．工作物表面への砥粒射影 1 個が占める平均面積は砥石表面の単位面積当たりの砥粒切れ刃数を C とすれば，$v/(VC)$ である．したがって，式 (3.17)，式 (3.18) より

$$P(h) = \exp\left(-\frac{4r}{3}\sqrt{D}\,\frac{VC}{v}\,h^{1.5}\right) \tag{3.19}$$

が得られる．

以上の議論では，砥粒切れ刃の高さが全てそろっている場合を仮定している．しかし，実際の砥石では，砥粒切れ刃の先端は同一円筒面上にはなく，三次元分布をしている．そこで図 3.9 に示すように，工作物の理想的仕上がり面から高さ z と $z + dz$（ただし $h \geqq z$）の間にある極めて薄い層を考える．この層内に砥粒射影を持つ切れ刃が z 軸を h 以下の点で切らないための条件は，前と同

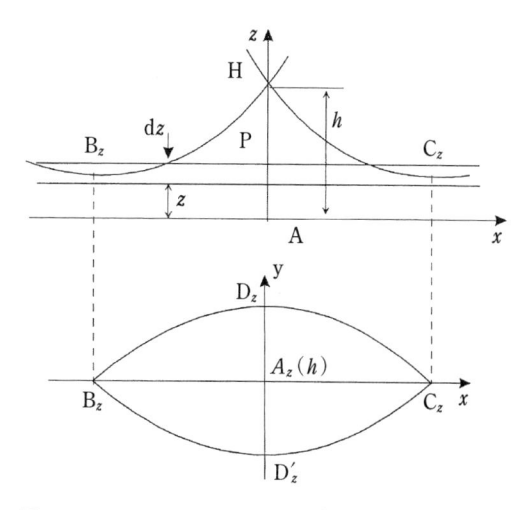

図 3.9 $z \sim z + dz$ にあって切削高さ h の砥粒射影

様閉曲線 $D_z B_z D'_z C_z$ 内に砥粒射影が全く存在しないことである．ただし，この場合，前述の例と異なり砥粒射影が存在しない領域は面積でなく体積である．閉曲線内の面積 $A_z(h)$ は，式 (3.17) から

$$A_z(h) = \frac{4}{3} r \sqrt{D(h-z)^3} \tag{3.20}$$

である．したがって，この層内にある砥粒切れ刃が z 軸を h 以下の点で切らない確率 $P_z(h)$ は，この層内で砥粒射影 1 個の占める平均体積を $W_0(z)$ とすれば，

$$P_z(h) = \exp\left(-\frac{A_z(h)}{W_0(z)} dz\right) \tag{3.21}$$

で与えられる．

さて理想的仕上がり面上の任意の点 A における切削高さが h 以上である確率 $P(h)$ は，領域 $(0 \leq z \leq h)$ における全ての $A_z(h)dz$ 内に砥粒射影が存在しない確率で与えられるから，

$$P(h) = \exp\left(-\int_0^z \frac{A_z(h)}{W_0(z)} dz\right) \tag{3.22}$$

になる．式 (3.22) は，断面曲線上の任意の点の高さが h 以上になる確率であり，**アボットの負荷曲線**（Abbott's bearing curve）を表している．

織岡は，図 3.7 の実線で示したように，砥粒切れ刃の先端は H_0 の砥石深さまで存在し，それより深い部分には存在しないと仮定した．したがって，

$$W_0(z) = \frac{1}{3} \frac{v}{VC} \frac{H_0^3}{z^2} \tag{3.23}$$

である[注5]．ここで，C は全砥粒切れ刃を砥石表面に射影したとき，単位表面積当たりの砥粒切れ刃数である．式 (3.20)，式 (3.23) を式 (3.22) に代入して，

$h < H_0$ のとき，
$$P(h) = \exp(-\kappa h^{4.5}) \tag{3.24}$$

$h \geq H_0$ のとき，
$$P(h) = \exp\left[-\kappa \left\{h^{4.5} - \left(h^2 + \frac{5}{2} H_0 h + \frac{35}{8} H_0\right)(h-H_0)^{2.5}\right\}\right] \tag{3.25}$$

が得られる．ここで，

$$\kappa = \frac{0.203}{H_0^3} C r \frac{V}{v} \sqrt{D} \tag{3.26}$$

である．上の議論では，簡単のために平面研削について考えたが，一般的には，小野の場合と同様，式 (3.26) の D の代わりに $dD/(D \pm d)$ を当てればよい．

[注5] 図 3.7 によれば，砥石深さ方向の砥粒切れ刃密度は，$0 \leq z \leq H_0$ の範囲で放物線分布になる．そこで，高さ z に dz の薄い層内に含まれる単位面積当たりの砥粒射影の数を，a を定数として，az^2 で表せば，

$$\int_0^{H_0} az^2 dz = \frac{v}{VC}$$

である．これより

$$a = \frac{VC}{v} \frac{3}{H_0^3}$$

が得られる．$W_0(z)$ は az^2 の逆数であるから，式 (3.23) が得られる．

断面曲線の高さの確率密度関数 $f(h)$ は，

$$f(h)=\frac{\mathrm{d}P(h)}{\mathrm{d}z} \tag{3.27}$$

から求められる．式 (3.27) にそれぞれ式 (3.24)，式 (3.25) を代入し，
$h < H_0$ のとき，

$$f(h)=\frac{9}{2}\kappa h^{3.5}\exp(-\kappa h^{4.5}) \tag{3.28}$$

$h \geqq H_0$ のとき，

$$f(h)=\frac{9}{2}\kappa h^{3.5}\left\{h^{3.5}-(h-H_0)^{1.5}\left(z^2+\frac{3}{2}H_0 h+\frac{15}{8}H_0^2\right)\right\}$$
$$\cdot \exp\left[-\kappa\left\{h^{4.5}-\left(h^2+\frac{5}{2}H_0 h+\frac{35}{8}H_0^2\right)(h-H_0)^{2.5}\right\}\right] \tag{3.29}$$

が得られる．

 図 3.10 は，研削仕上げ面の断面曲線の高さのヒストグラムと式 (3.28)，式 (3.29) の結果を比較したものである．

 小野の理論は，砥石内の体積 W_v に対し，$W_v = u^3$ のとき体積 W_v 内に必ず砥粒切れ刃が存在するという仮定に基づいている．しかし，切れ刃が完全にランダムに分布するならば，W_v 内に存在する砥粒切れ刃の数は，織岡が示したように平均値 W_v/u^3 のポアッソン分布に従うはずである．したがって $W_v = u^3$ のとき W_v 内に砥粒切れ刃が存在しない確率は，$P(0;1) = \exp(-1) = 0.37$ であり，H_v よりも大きな谷底が形成されるはずである．すなわち小野の理論式によって与えられる粗さは，最大高さではなく平均的な粗さであると考えられる．

 一方，織岡の理論は研削仕上げ面粗さ創成の理論に確率論的な手法を導入したと言う点で高く評価される．しかし，粗さの確率密度関数 $f(h)$ は実測したヒストグラムと定性的には良く一致するが，定量的には十分であるとは言えない．たとえば図 3.10 で，実測値から得られる H_0 の推定値は 1～2 μm であった．これは，砥粒切れ刃が砥石最外周面から 1～2 μm の深さにしか分布しないことを意味している．しかし研削仕上げ面の最大高さが 1.2 μm であるのに対し，そのとき砥粒切れ刃が砥石最外周面から 1～2 μm の範囲にしか存在しないというのは，不自然であろう．これは，砥石空間における切れ刃の分布を完全にランダムと仮定したために粗さの理論値が大きくなり，これを実測値に合わせるために，必然的に H_0 を小さくせざるを得なくなったのであろう．

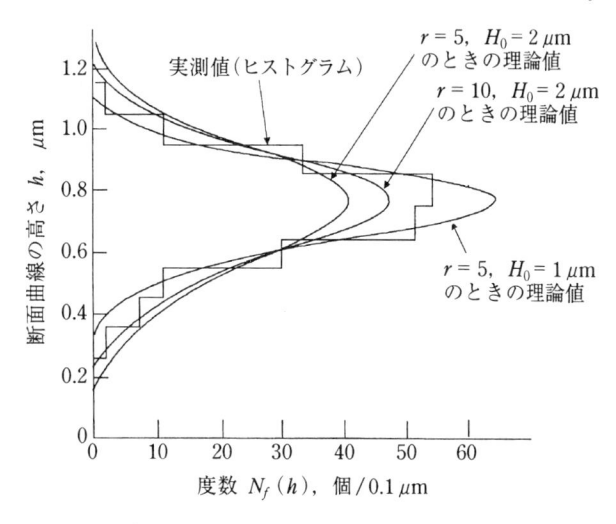

図 3.10 断面曲線の高さの確率密度関数とヒストグラムの比較

3.1.4 庄司らの理論

著者らは，砥石表面層における砥粒切れ刃の分布の測定結果に基づき，近似的に砥粒切れ刃は頂角 2α の円すい形で，その先端は三次元的に一定の分布密度で"一様ランダム"（後述の註8参照）に分布すると仮定した[5]．

(1) アボットの負荷曲線

横軸平面研削における砥石と工作物の関係を図3.11のように考える．ここでAは砥石軸Oの直下の点で，$\overline{AX}$ は工作物の理想的仕上がり面である．これまでと同様，研削方向に垂直な工作物断面の創成について考える．いま，これを基準断面と呼び，基準断面がちょうど $\overline{OA}$ の位置に来た瞬間を基準にして，$\overline{OA}$ より円周方向に s（反時計方向を正），砥石最外周面より δ の深さにある砥粒切れ刃の座標を $G(s,\delta)$ と定義する．これは基本的に小野の定義と同じである．

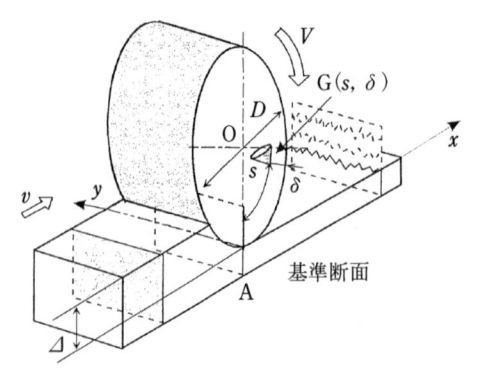

図3.11 砥粒切れ刃 $G(s,\delta)$

砥粒切れ刃 $G(s,\delta)$ はある時間経過後基準断面を切削するが[注6]，その切削高さ h は，

$$h = \delta + \frac{1}{D}\left(\frac{v}{V}\right)^2 s^2 \tag{3.30}$$

で与えられる．式(3.30)で h を一定としたとき砥石内で $G(s,\delta)$ が描く曲線を高さ h の**等高切削曲線**と名づける．高さ h の等高切削曲線上にある砥粒切れ刃は，基準断面上の高さ h の点を通過する．図3.12(a)で，曲線CBDは高さ h の等高切削曲線である．

図3.12(b)は，研削終了後の基準断面を示す．すなわち最終的な仕上げ面の断面曲線である．図でBは等高切削曲線CBD上にある任意の砥粒切れ刃先端が通過する点である．切削は砥粒切れ刃の先端ばかりでなく砥粒切れ刃の円すい母面でも行われるから，Bを頂点とする頂角 2α の二等辺三角形BEFの2辺 $\overline{BE}$，$\overline{BF}$ 上を先端が通過する砥粒切れ刃も点Bを切削する．したがって，基準断面が研削を終了するまでの過程で △BEF 内を砥粒切れ刃が全く通過しなければ，点Bを通る理想的仕上がり面に立てた垂線 $\overline{AB}$ 上の断面曲線は点Bよりも上にある．すなわち，同図(b)のように，垂線 $\overline{AB}$ 上の断面曲線（点Hで表わす）の高さを H とすれば，

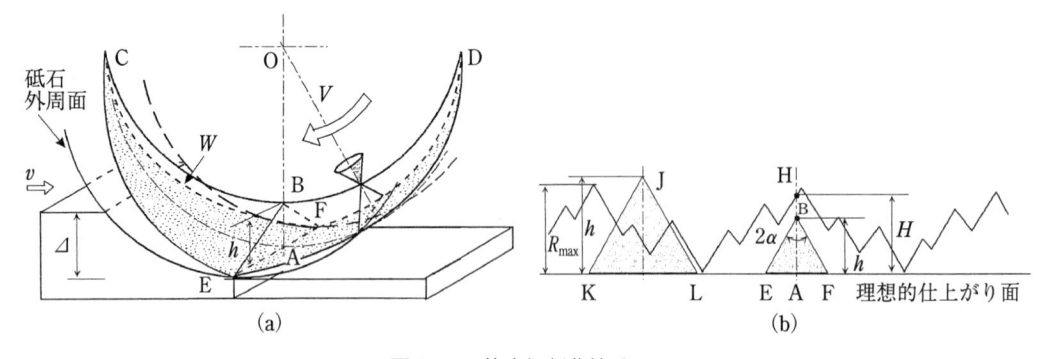

図3.12 等高切削曲線 CBD

[注6] $s<0$ の場合は，基準断面が $\overline{OA}$ の位置に到達する以前に切削が行われる．

$H \geq h$ である．この逆も成り立つ．

そこで，断面曲線の任意の点の高さを確率変数と考え H で表す．上の議論から，断面曲線の任意の点においてその高さ H が $H \geq h$ であるための必要十分条件[注7]は，その点の真下に考えた頂角 2α，高さ h の二等辺三角形内を砥粒切れ刃が通過しないことである．砥石内で，この三角形内を通過する部分は，図 3.12 (a) に示した CBD を稜線とし，二つの曲面 CBDE，CBDF と砥石最外周面とに囲まれた三日月形の立体に相当する．したがって，断面曲線の任意の点において $H \geq h$ であるための必要十分条件は，この三日月形の立体内に砥粒切れ刃の先端が存在しないことである．いま，砥粒切れ刃の分布密度は砥石内のどこでも変わらないとしているから，位置や形状は無関係に体積だけを考えればよい．すなわち，この三日月形の立体の体積を W とし，$H \geq h$ である確率を $P(H \geq h)$ で表せば，

$$P(H \geq h) = （砥石内で任意に考えた体積 W 内に切れ刃が存在しない確率） \quad (3.31)$$

である．

さて，砥石内での砥粒切れ刃の分布について織岡は数学的に完全にランダムな分布を仮定している．この場合，砥石内で砥粒切れ刃 1 個が占める平均の体積を W_0 とすれば，W が W_0 に比べて十分小さいとき，W 内に砥粒切れ刃が全く存在しない確率は $\exp(-W/W_0)$ になる．しかし，この仮定の適用には二つの矛盾がある．第一に，この理論は，本来，工業製品の不良とか材料内の欠陥数などのように，母集団の中で希に起きる事象を対象にしたものである．しかし，式 (3.31) の場合には $W \ll W_0$ の条件が満たされないので適用に無理がある．第二に，「数学的に完全にランダムである」ということは，たとえば砥石空間内で砥粒切れ刃が 1 箇所に集中して分布することも否定していない．すなわち，切れ刃が存在しないように取り得る体積 W の最大値は，理論上 ∞ である．しかし，実際の砥石では砥粒切れ刃の分布ができるだけ均一になるよう技術的な努力が払われており，このような事象の確率は 0 である．いい換えれば，実際の砥石では，砥粒切れ刃は「数学的に完全にランダム」な分布ではなく，かなり均一な分布を持っていると考えられる．

そこで著者らは砥粒切れ刃の分布を次のように考えた．すなわち，理想的仕上がり面上の任意の点で，断面曲線の最大高さ $R_{\max}$ 以上の二等辺三角形をとれば〔たとえば，図 3.12 (b) の △JKL のように〕，そこを通過する砥粒切れ刃が必ず 1 個は存在する．いい換えれば，砥石空間で，この二等辺三角形に対応する体積 W_m 以上の体積をとれば，その内部には必ず砥粒切れ刃が存在する．そこで図 3.13 に示すように，砥石空間における砥粒切れ刃の分布には必ずこのような最大値 W_m が存在し，その内部では $\bar{n} = W_m/W_0$ 個の切れ刃が全くランダムに分布すると仮定する[注8]．

いま図に示したように，$\bar{n}$ 個の点が全くランダムに分布する体積 W_m の母集団から体積 W のサンプルを抽出したとき，その内部に点が全く存在しない確率は，

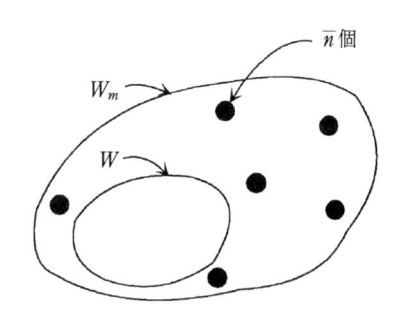

図 3.13 砥粒切れ刃の分布

[注7] すなわち断面曲線の高さ H が，ある任意の値 h 以上であるための必要十分条件．

[注8] このような分布は，後述するように，織岡が用いた数学的に完全にランダムな分布と小野が仮定した一様分布の中間的な分布である．そこで，この分布を「一様ランダム分布」と名づけることにする．

$(1-W/W_m)^n$ で与えられる[注9]．これらの点を砥粒切れ刃におき換えれば，式 (3.31) は，

$$P(H \geqq h) = \left(1 - \frac{W}{W_m}\right)^{\bar{n}} \tag{3.32}$$

になる．

ところで，図 3.12 (a) の CBD を稜線とし二つの曲面 CBDE，CBDF と砥石最外周面とに囲まれた三日月形の立体の体積 W は，

$$W = 2\int_0^{(V/v)\sqrt{Dh}} \delta^2 \tan\alpha \, ds = \frac{16}{15}\frac{V}{v}h^2\sqrt{Dh}\tan\alpha \tag{3.33}$$

のように求められる．体積 W_m は，式 (3.33) に $h = R_{\max}$ を代入し，

$$W_m = \frac{16}{15}\frac{V}{v}R_{\max}^2\sqrt{DR_{\max}}\tan\alpha \tag{3.34}$$

で与えられる．また，$P(H \geqq h)$ は断面曲線の高さ H が h 以上である確率であるから，前述したようにアボットの負荷曲線 $P(h)$ である（3.1.3 項参照）．これらを式 (3.32) に代入して，

$$P(h) = \left\{1 - \left(\frac{h}{R_{\max}}\right)^{2.5}\right\}^{\bar{n}} \tag{3.35}$$

が得られる．

（2）最大高さの理論式

体積 W_m 内に存在する平均砥粒切れ刃数 $\bar{n}$ は，

$$\bar{n} = \frac{W_m}{W_0} \tag{3.36}$$

である．式 (3.36) によれば，$\bar{n}$ が大きいということは同じ砥粒切れ刃密度にもかかわらず，W_m をより大きく取り得るということである．W_m は，その内部に切れ刃が存在しないように取り得る最大体積であるから，これは砥粒切れ刃分布の粗密のむらが大きいことを表している．いい換えれば，$\bar{n}$ は砥粒切れ刃分布のランダム性を表していると考えることができる．そこで，$\bar{n}$ を砥粒切れ刃分布の**ランダム係数**と呼ぶことにする．

たとえば，小野が仮定したように砥粒切れ刃が一様連続に分布する場合は $\bar{n} = 1$ に相当し，織岡が考えたように数学的に完全にランダムな場合は $\bar{n} = \infty$ に相当する[注10]．これに対して，実際の砥石の場合は，砥粒と結合剤，空孔がかなり均一に分布するよう技術的な努力が払われている．したがって，砥粒切れ刃の分布は完全にランダムというよりは，むしろかなり均一な性質を持っていると考えられる．すなわちランダム係数 $\bar{n}$ は，特別な目的を持って製造されたか，特別な目的でドレッシングを行った砥石以外は，1 に極めて近い有限値になると予想される．そこで，ランダム係数 $\bar{n}$ が一定であると考えれば，式 (3.36) と式 (3.34) から，研削仕上げ面の最大高さ $R_{\max}$ の理論式

[注9] 面積 w_m で仕切られた領域内に任意に w の面積を考える．いま，これに 1 個の赤い球を落としたとする．この球が w 内に落ちる確率は w/w_m である．したがって，w 内に落ちない確率は $1 - w/w_m$ である．次に青い球を落としたとすれば，この球が w 内に落ちない確率は同様に $1 - w/w_m$ である．いま，球が十分小さくそれぞれの干渉が無視できると考えれば，赤い球も青い球も w 内に落ちない確率は $(1 - w/w_m)^2$ である．したがって，$\bar{n}$ 個の球について同じような操作を行い，これらが全て w 内に落ちない確率は，$(1 - w/w_m)^{\bar{n}}$ である．

[注10] この場合，理論上取り得る W_m は ∞ になり，最大高さ $R_{\max}$ も ∞ になる（実際には，砥石半径切込み量 $\varDelta$）．

$$R_{\max} = 0.975\,\bar{n}^{0.4}\,W_0^{0.4}\left(\frac{v}{V}\right)^{0.4}\left(\frac{1}{D}\right)^{0.2}\cot^{0.4}\alpha \tag{3.37}$$

が得られる．砥石の状態 W_0, α と研削条件 V, v, D が与えられれば，式 (3.37) から，研削仕上げ面の最大高さ $R_{\max}$ を計算により求めることができる．そこで，次に実際の砥石についてランダム係数 $\bar{n}$ の値を求めよう．

アボットの負荷曲線式 (3.35) の両辺の対数をとれば，

$$\log P(h) = \bar{n}\log\left\{1-\left(\frac{h}{R_{\max}}\right)^{2.5}\right\} \tag{3.38}$$

である．したがって，研削仕上げ面のアボットの負荷曲線を求め，これを縦軸に $-\log P(h)$，横軸に $-\log\{1-(h/R_{\max})^{2.5}\}$ をとってプロットすれば，その直線の傾きとして $\bar{n}$ が得られる．

図 3.14 は，研削仕上げ面の断面曲線から求めたアボットの負荷曲線の例である．これを縦，横軸それぞれ $-\log P(h)$，$-\log\{1-(h/R_{\max})^{2.5}\}$ のグラフにプロットした結果を図 3.15 に示す．図の直線の傾きから $\bar{n}=3.6$ が得られる．各種の砥石を用いて条件をいろいろ変えて研削を行い，その仕上げ面の断面曲線から上のようにして $\bar{n}$ を求めた．図 3.16 はその結果をヒストグラムにしたものである．この結果には，ドレッシング直後のものだけでなく，摩耗した砥石による結果も含まれている．しかし，それにもかかわらず $\bar{n}$ の値は 2.5〜4.5 の範囲に集中している．このことから，通常の砥石の場合には，$\bar{n}$ の値はほぼ一定に近い値になると考えられる．

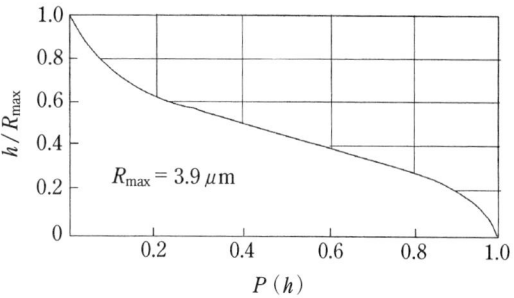

図 3.14 アボットの負荷曲線

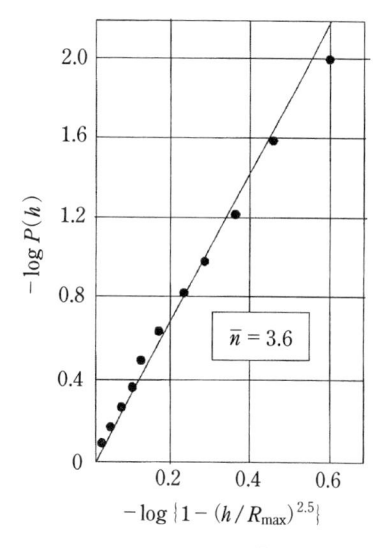

図 3.15 ランダム係数 $\bar{n}$ の求め方

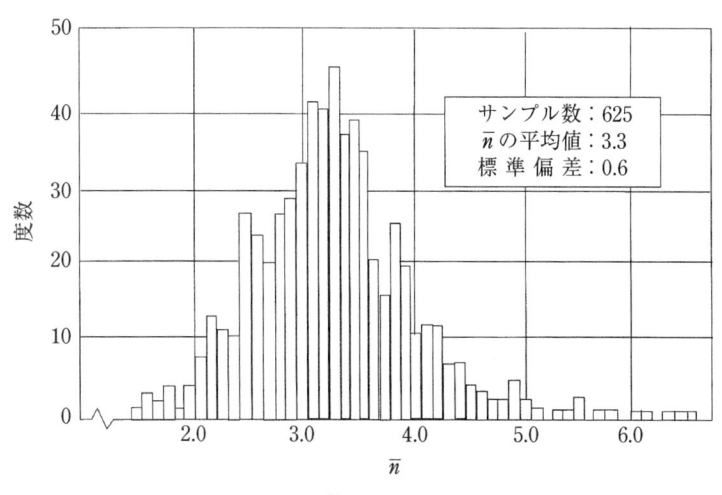

図 3.16 $\bar{n}$ のヒストグラム

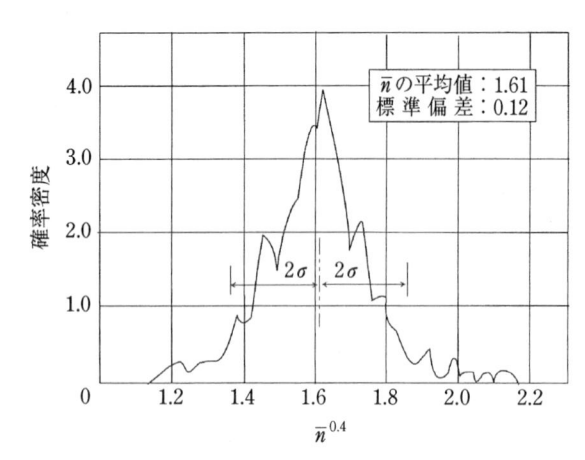

そこで図3.16のヒストグラムをもとにして、$\bar{n}^{0.4}$ の確率密度関数を計算すると図3.17のようになる。この結果から、$\bar{n}^{0.4}$ の値として1.61をとり、式(3.37)に代入すると、研削仕上げ面粗さの計算式として

$$R_{\max} = 1.57 W_0^{0.4} \left(\frac{v}{V}\right)^{0.4} \left(\frac{1}{D}\right)^{0.2} \cot^{0.4}\alpha \tag{3.39}$$

が得られる。また図3.17に示したように、$\bar{n}^{0.4}$ の平均値の周りの 2σ（σ：標準偏差）をとると、

図3.17 $\bar{n}^{0.4}$ の確率密度関数

$$R_{\max} = (1.34 \sim 1.80) W_0^{0.4} \left(\frac{v}{V}\right)^{0.4} \left(\frac{1}{D}\right)^{0.2} \cot^{0.4}\alpha \tag{3.40}$$

になる。

(3) 最大高さとその他の粗さとの関係

式(3.35)から確率変数 H の確率密度関数 $f(h)$ は、

$$f(h) = -\frac{dP(h)}{dh} = 2.5\psi h^{1.5}\left\{1 - \left(\frac{h}{R_{\max}}\right)^{2.5}\right\}^{\bar{n}-1} \tag{3.41}$$

である。ここで、ψ は

$$\psi = \frac{16}{15}\frac{1}{W_0}\frac{V}{v}\sqrt{D}\tan\alpha \tag{3.42}$$

である。

平均深さ R_0 は、H の期待値であるから、

$$R_0 = \int_0^{R_{\max}} hf(h)dh = \left\{\frac{\Gamma(1.4)\,\bar{n}\,\Gamma(\bar{n})}{\Gamma(\bar{n}+1.4)}\right\}R_{\max} \equiv k_1 R_{\max} \tag{3.43}$$

で与えられる。ここで、k_1 は断面曲線の平均深さと最大高さの比で形状係数と呼ばれる。また、$\Gamma(x)$ は Gamma 関数である。

また**自乗平均平方根粗さ**（root mean square roughness）R_{rms} は、H の標準偏差であるから、

$$R_{\mathrm{rms}} = \sqrt{\int_0^{R_{\max}}(h-R_0)^2 f(h)dh} = \sqrt{\bar{n}\Gamma(\bar{n})\left\{\frac{0.931}{\Gamma(\bar{n}+1.8)} - \frac{0.788\,\bar{n}\,\Gamma(\bar{n})}{\Gamma^2(\bar{n}+1.4)}\right\}} \equiv k_2 R_{\max} \tag{3.44}$$

である。さらに**中心線平均粗さ**[注11]（center line average roughness）R_a は、次のようになる。

$$R_a = 2\int_0^{R_0}\{1-P(h)\}dh = 2k_1 R_{\max} - 2\int_0^{k_1 R_{\max}}\left\{1 - \frac{\bar{n}}{1}\left(\frac{h}{R_{\max}}\right)^{2.5} + \frac{\bar{n}(\bar{n}-1)}{1\cdot 2}\left(\frac{h}{R_{\max}}\right)^5\right.$$
$$\left. - \frac{\bar{n}(\bar{n}-1)(\bar{n}-2)}{1\cdot 2\cdot 3}\left(\frac{h}{R_{\max}}\right)^{7.5} + - \cdots\right\} \equiv k_3 R_{\max} \tag{3.45}$$

[注11] JISでは**算術平均粗さ**が規定されているが、これは基準線を中心線にするか平均線にするかの問題であるから、実質的に同じと考えてよい。

図3.18に $\bar{n}$ を変数にして k_1, k_2, k_3 の計算値を示した．図3.18によれば，$\bar{n}=2.5\sim4$ であるから，k_1, k_2, k_3 の大略の値は，それぞれ 0.5, 0.18, 0.16 となる．

(4) 砥石における砥粒切れ刃分布のランダム性

砥石における砥粒切れ刃分布のランダム性は，ランダム係数で表せば $\bar{n}=2.5\sim4$ であることがわかった．しかし，それがどの程度の均一性を持った分布であるか全く見当がつかない．そこで，数学的に完全にランダムな場合と，より均一な分布の砥石モデルについて $\bar{n}$ の値がどうなるか，断面曲線創成のシミュレーションを行って調べてみることにする．

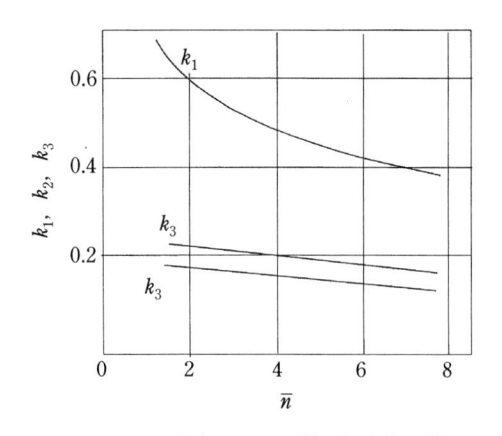

図3.18 最大高さとその他の粗さとの比

砥石内の砥粒切れ刃の位置を図3.11に示したように，粗さの創成を考える工作物断面（基準断面）を基準にして，円周距離 s，半径深さ δ，砥石幅方向の距離 y で表す．基準断面の研削に直接関与する砥粒切れ刃は，砥石半径切込み量を Δ，研削幅を b とすれば，

$$-\frac{V}{v}\sqrt{D\Delta} \leq s \leq \frac{V}{v}\sqrt{D\Delta} \quad (0\leq\delta\leq\Delta, 0\leq y\leq b) \tag{3.46}$$

で定義される領域に含まれる全切れ刃である．砥粒切れ刃 (s, δ, y) の基準断面における切削位置を前加工面からの深さ h' と研削幅方向の座標 y で表すことにする．h' は，式(3.30)を用いて

$$h_i' = \Delta - \delta - \frac{1}{D}\left(\frac{v}{V}\right)^2 s^2 \tag{3.47}$$

になる．

基準断面は，図3.19に示すように互いに 2α で交差する2組の直線群で菱形ユニットに細分化し，それぞれに番地名を付けて表すことにする．このとき，前加工面からの深さ h'，研削幅方向の座標 y なる点の存在する菱形ユニットの番地 (m, n) は，次式で与えられる．

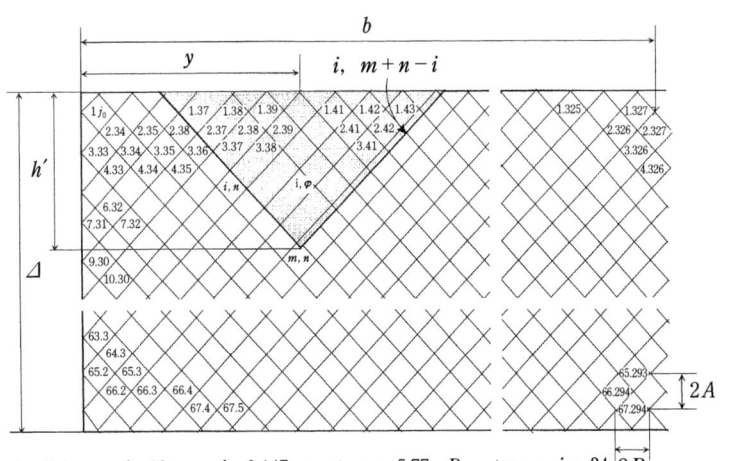

$b=500\,\mu m$, $\Delta=10\,\mu m$, $A=0.147\,\mu m$, $\tan\alpha=5.77$, $B=a\tan\alpha$, $j_0=34$

図3.19 基準断面の分割と菱形ユニット番地

$$\left.\begin{array}{l} m = \left\| \dfrac{1}{2}\left(\dfrac{h'}{A}+\dfrac{y}{B}\right)-\left(n-j_0-\dfrac{1}{2}\right)\right\| \\[2mm] n = \left\| j_0 + \dfrac{1}{2}\left(\dfrac{y}{B}-\dfrac{h'}{A}+1\right)\right\| \end{array}\right\} \tag{3.48}$$

ここで，$\|x\|$ は実数 x を超えない最大の整数を表し，$2A$，$2B$ はそれぞれ菱形ユニットの長径，短径である．また，j_0 は最左上端の菱形ユニットの番地の n 成分で，

$$j_0 = \left\|\dfrac{\varDelta}{2A}\right\| \tag{3.49}$$

である．なお図 3.19 では，$j_0 = 34$ である．菱形ユニットの各番地には最初「1」を割当ておき，研削過程で削除されたユニットについては「0」におき換える．

　最初に，完全にランダムな分布を持った砥石モデルを考える．砥粒切れ刃の位置は，乱数を用いて決める．その場合，式 (3.46) で与えられる領域内に存在する全切れ刃の座標をあらかじめ与え，s 座標値の小さい順にシミュレーションを行ってもよい．しかし，この方法はソーティングに手間がかかる．そこで，ここでは s 値の小さい順に 1 個ずつ砥粒切れ刃の位置を決める方法について述べる．砥粒切れ刃がランダムに分布する場合，連続する切れ刃の間隔は指数分布になる．したがって，i 番目に研削過程に入る砥粒切れ刃の座標 (s_i, δ_i, y_i) は，3 個 1 組の $(0, 1)$ の乱数 r_{3i-2}，r_{3i-1}，r_{3i} を用いて次のように与えられる．

$$\left.\begin{array}{l} s_i = s_{i-1} - \lambda \log_e(1-r_{3i-2}) \\ \delta_i = \varDelta r_{3i-1} \\ y_i = b r_{3i} \quad (i=1, 2, 3 \cdots\cdots, N) \end{array}\right\} \tag{3.50}$$

ここで λ は，s 方向の平均砥粒間隔で，

$$\lambda = \dfrac{W_0}{b\varDelta} \tag{3.51}$$

である．

　次に，式 (3.47) を用いて h_i' を計算する．もし $h_i' \leqq 0$ であれば，切削は行われない．$h_i' > 0$ の場合は，式 (3.48) によって砥粒切れ刃が通る菱形ユニットの番地 (m_i, n_i) を計算する．この切れ刃によって削除される菱形ユニット (i, ϕ) は，

$$1 \leqq i \leqq m_i, \quad n_i \leqq \varphi \leqq m_i + n_i - i \tag{3.52}$$

を満たす全てのユニットである．この操作を，最初の砥粒切れ刃から式 (3.46) で与えられる領域内の全切れ刃について繰り返す．最後まで削除されずに残った菱形ユニットによって作られる曲線が研削仕上げ面の断面曲線である．

　次に，より均一な砥粒切れ刃分布の例として，次のような砥石モデルを考えよう．砥粒切れ刃

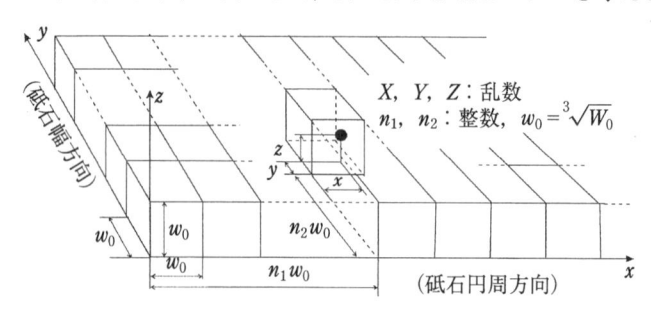

図 3.20　第 2 の砥石モデルにおける砥粒切れ刃の先端の位置の決め方

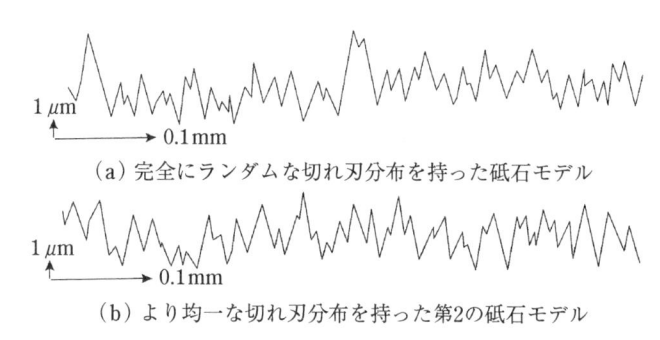

図3.21 シミュレーションによって創成された研削仕上げ面の断面曲線

(a) 完全にランダムな切れ刃分布を持った砥石モデル
(b) より均一な切れ刃分布を持った第2の砥石モデル

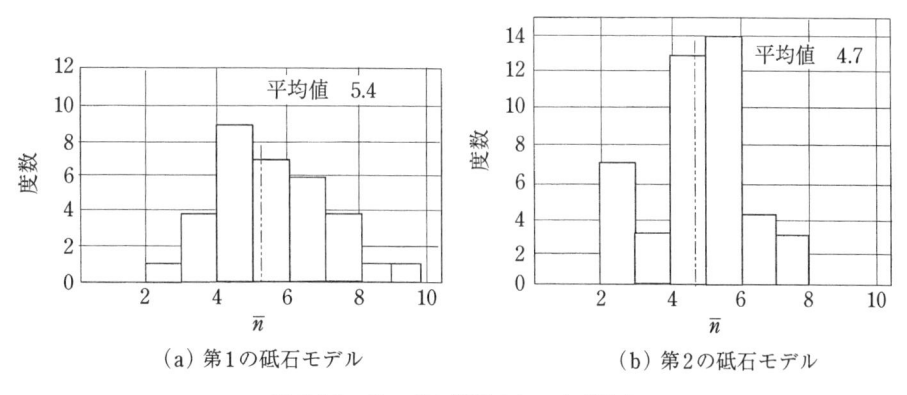

図3.22 ランダム係数のヒストグラム

(a) 第1の砥石モデル
(b) 第2の砥石モデル

当たりの平均体積 W_0 と同体積の立方体を考え，その立法体内には切れ刃が必ず1個存在し，位置がランダムであるような砥石モデルである（図3.20参照）．

図3.21は，それぞれ図(a)第1の砥石モデル，図(b)第2の砥石モデルについて，$V = 1300 \text{ m/min}$，$v = 9.7 \text{ m/min}$，$\Delta = 10 \text{ μm}$，$D = 140 \text{ mm}$，$W_0 = 1 \times 10^{-3} \text{ mm}^3$，$\tan\alpha = 5.77$ の条件でシミュレーションを行って得られた断面曲線の結果である．最大高さ R_{max} は，それぞれ 3.5 μm，2.7 μm であった．このように，砥粒切れ刃の分布が均一になると同じ砥粒切れ刃密度であっても R_{max} は小さくなる．これよりアボットの負荷曲線を求め，前述の手順で $\bar{n}$ の値を求めた．図3.22は，このように同一条件でシミュレーションを繰り返して得た $\bar{n}$ のヒストグラムである．切れ刃分布が完全にランダムである第1の砥石モデル図(a)に対して，より均一な切れ刃分布を仮定した砥石モデル図(b)の方が $\bar{n}$ の値が小さくなっている．しかし，図(b)の砥石モデルでもランダム係数 $\bar{n}$ は3.3よりも大きく，砥石はさらに均一性の高い切れ刃分布を持つことがわかる．

3.2 粗さの理論式における諸問題

3.2.1 微小切込みにおける研削仕上げ面粗さ

3.1.4項で述べた研削仕上げ面粗さの理論式は，砥石半径切込み量 Δ が十分大きくて，研削前の表面凹凸，あるいは1回前の研削面の凹凸が最終的な仕上げ面に影響しないことを前提にしている．したがって，砥石半径切込み量が非常に小さくて，研削前の表面凹凸が研削後も残るような場合には前述の理論は適用できない．

図3.23で，折線①は研削前の工作物の断面曲線で，折線②は砥石半径切込み量 Δ で研削し

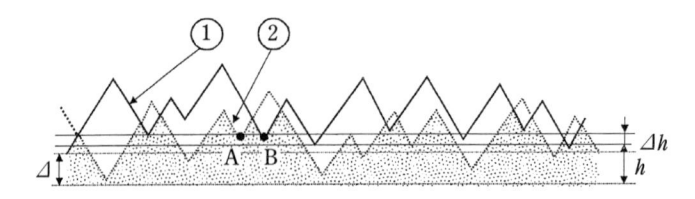

図3.23 微小切込み研削における前加工面と最終的仕上げ面の断面曲線との関係

たとき研削前の表面凹凸の影響を全く受けないと考えた場合の仮想的断面曲線である．したがって，実際の研削仕上げ面は図の射影を施した部分になる．いま，研削仕上げ面の理想的仕上がり面を基線として，①と②および実際の研削仕上げ面の断面曲線の高さを確率変数と考え，それぞれH_1, H_2, Hで表す．そして，それぞれの確率密度関数を$f_1(h_1)$, $f_2(h_2)$, $f(h)$とする．

図3.23に示したように，理想的仕上がり面からの高さ$h \sim h+\Delta h$の微小区間に実際の仕上げ面が存在するのは，次の二つの場合に限られる．すなわち，

(a) 図の点Aのように，切削が行われる場合
(b) 点Bのように，切削が行われずに研削前の凹凸がそのまま残る場合

である．ここで，(a)は，$h \leq H_2 \leq h+\Delta h$でかつ，$H_1 > H_2$の場合である．したがって，$h \leq H_2 \leq h+\Delta h$である確率を$P(h \leq H_2 \leq h+\Delta h)$で表し，$h \leq H_2 \leq h+\Delta h$のとき$H_1 > H_2$である条件付確率を$P(H_1 > H_2 \mid h \leq H_2 \leq h+\Delta h)$と書けば，(a)の確率は，$P(h \leq H_2 \leq h+\Delta h)P(H_1 > H_2 \mid h \leq H_2 \leq h+\Delta h)$で与えられる．他方，(b)の場合の確率も同様にして，$P(h \leq H_1 \leq h+\Delta h)P(H_2 > H_1 \mid h \leq H_1 \leq h+\Delta h)$で与えられる．しかも，これらの事象は互いに背反であるから，全体の確率$P(h \leq H \leq h+\Delta h)$は，両者の和で与えられる．すなわち，

$$P(h \leq H \leq h+\Delta h) = P(h \leq H_2 \leq h+\Delta h)P(H_1 > H_2 \mid h \leq H_2 \leq h+\Delta h)$$
$$+ P(h \leq H_1 \leq h+\Delta h)P(H_2 > H_1 \mid h \leq H_1 \leq h+\Delta h) \tag{3.53}$$

である．これを確率密度関数で表せば，

$$f(h) = f_2(h)\int_h^\infty f_1(h)\,\mathrm{d}h + f_1(h)\int_h^\infty f_2(h)\,\mathrm{d}h \tag{3.54}$$

が得られる．

ところで，研削前の工作物表面の凹凸が研削仕上げ面に影響を及ぼさない場合の断面曲線の高さの確率密度関数$f_2(h)$は，式(3.41)で与えられ，

$$f_2(h) = 2.5\psi h^{1.5}\left\{1-\left(\frac{h}{R_{\max}}\right)^{2.5}\right\}^{\bar{n}-1} \tag{3.55}$$

である．ここで，ψは

$$\psi = \frac{16}{15}\frac{1}{W_0}\frac{V}{v}\sqrt{D}\tan\alpha \tag{3.42}$$

である．また研削前の断面曲線の高さの分布$f_1(h)$は，Δだけずれるだけで本質的には式(3.55)と一致すると考えてよい．すなわち，

$$f_1(h) = 2.5\psi(h-\Delta)^{1.5}\left\{1-\left(\frac{h-\Delta}{R_{\max}}\right)^{2.5}\right\}^{\bar{n}-1} \tag{3.56}$$

である．したがって，式(3.55)，式(3.56)を式(3.54)に代入し，

$$f(h) = 2.5\psi h^{1.5}\left\{1-\left(\frac{h}{R_{\max}}\right)^{2.5}\right\}^{\bar{n}-1}\left\{1-\left(\frac{h-\Delta}{R_{\max}}\right)^{2.5}\right\}^{\bar{n}}$$

$$+2.5\psi(h-\Delta)^{1.5}\left\{1-\left(\frac{h-\Delta}{R_{\max}}\right)^{2.5}\right\}^{\bar{n}-1}\left\{1-\left(\frac{h}{R_{\max}}\right)^{2.5}\right\}^{\bar{n}} \quad (3.57)$$

が得られる．ただし $h<\Delta$ の場合は

$$f(h) = 2.5\psi h^{1.5}\left\{1-\left(\frac{h}{R_{\max}}\right)^{2.5}\right\}^{\bar{n}-1} \quad (3.58)$$

である．

$\zeta \equiv h/R_{\max}$, $\lambda = \Delta/R_{\max}$ とおいて，式 (3.57) を無次元化すれば，

$\zeta \geqq \lambda$ のとき，

$$g(\zeta) = 2.5\bar{n}\zeta^{1.5}(1-\zeta^{2.5})^{\bar{n}-1}\{1-(\zeta-\lambda)^{2.5}\}^{\bar{n}}$$
$$+2.5\bar{n}(\zeta-\lambda)^{1.5}\{1-(\zeta-\lambda)^{2.5}\}^{\bar{n}-1}(1-\zeta^{2.5})^{\bar{n}}$$
$$(3.59)$$

$\zeta<\lambda$ のとき，

$$g(\zeta) = 2.5\bar{n}\zeta^{1.5}(1-\zeta^{2.5})^{\bar{n}-1}$$

である．$\bar{n}=3$ として，いろいろな λ の値に対して $g(\zeta)$ を計算した結果を図 3.24 に示す．この結果によれば，砥石半径切込み量 Δ が最大高さの約 1/2 以上であれば，ほとんど断面曲線の高さの分布は変わらない．

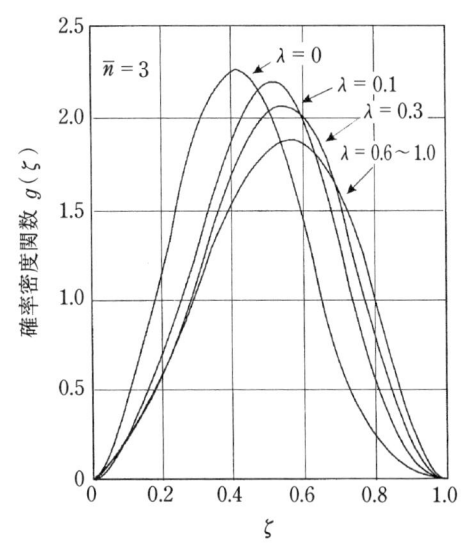

図 3.24 前加工面粗さが最終的断面曲線の確率密度関数に及ぼす影響

3.2.2 クロス送り研削における仕上げ面粗さ

実際の平面研削作業では，砥石幅よりも工作物の幅の方が大きい場合が多いので，**クロス送り〔横送り，クロスフィード（cross feed）〕** を与えないことは希である．そこで，次にクロス送りを与えたときの仕上げ面粗さについて議論する．

議論を簡単にするために，クロス送りは各ターン毎に与えられ，工作物の任意の 1 点は ν 回の研削を受けるものとする．また，砥石の摩耗や砥石ヘッドの弾性変形などのために，各回の研削における理想的な仕上がり面は厳密には一致しない．しかし，一般にその差は微小であると考えられるので，ここでは ν 回の研削の間，理想的な仕上がり面は変わらないとする．また，砥粒切れ刃の分布密度や先端角など砥石の状態の変化も無視して考える．

さて，第 1 回目の研削はこれまで議論してきた通常の研削の場合と同じであるから，断面曲線の高さの確率密度関数は式 (3.41) で与えられる．これを無次元量 ζ に変換すれば，確率密度関数は次のようになる．

$$g(\zeta) = 2.5\bar{n}\zeta^{1.5}(1-\zeta^{2.5})^{\bar{n}-1} \quad (3.60)$$

次に $\nu=2$ の場合は，式 (3.59) の $\Delta=0$，すなわち $\lambda=0$ に相当するから，

$$g(\zeta) = 5\bar{n}\zeta^{1.5}(1-\zeta^{2.5})^{2\bar{n}-1} \quad (3.61)$$

である．$\nu=3$ の場合，前加工面の断面曲線の高さの分布は式 (3.61) になる．したがって，式 (3.54) から，

$$g(\zeta) = 2.5\,\bar{n}\,\zeta^{1.5}(1-\zeta^{2.5})^{\bar{n}-1}\int_\zeta^1 5\,\bar{n}\,\zeta^{1.5}(1-\zeta^{2.5})^{2\bar{n}-1}\,d\zeta$$
$$+5\,\bar{n}\,\zeta^{1.5}(1-\zeta^{2.5})^{2\bar{n}-1}\int_\zeta^1 2.5\,\bar{n}\,\zeta^{1.5}(1-\zeta^{2.5})^{\bar{n}-1}\,d\zeta = 7.5\,\bar{n}\,\zeta^{1.5}(1-\zeta^{2.5})^{3\bar{n}-1}$$
(3.62)

を得る.以下,同様にして研削回数 ν 回の場合は,

$$g(\zeta) = 2.5\,\nu\bar{n}\,\zeta^{1.5}(1-\zeta^{2.5})^{\nu\bar{n}-1} \tag{3.63}$$

である.図3.25は,$\bar{n}=3$ として研削回数 ν 回と確率密度関数 $g(\zeta)$ との関係を示したものである.

さて,式(3.62)から研削回数 ν 回における研削仕上げ面の断面曲線の無次元高さ ζ の平均値 $\bar{\zeta}$ は,

$$\bar{\zeta} = \int_0^1 \zeta\,g(\zeta)\,d\zeta = \frac{\nu\bar{n}\,\Gamma(1.4)\,\Gamma(\nu\bar{n})}{\Gamma(1.4+\nu\bar{n})} \tag{3.64}$$

である.またクロス送りを行わない場合(プランジ研削)の最大高さを R_{max} とすれば,クロス送りによる研削回数 ν 回の仕上げ面の中心線平均粗さ $R_{a\nu}$ は,式(3.45)を使って,

$$R_{a\nu} = 2R_{max}\int_0^{\bar{\zeta}}\{1-(1-\zeta^{2.5})^{\nu\bar{n}}\}\,d\zeta$$
$$= 2R_{max}\int_0^{\bar{\zeta}}\left\{\frac{\nu\bar{n}}{1}\zeta^{2.5} - \frac{\nu\bar{n}(\nu\bar{n}-1)}{1\cdot 2}\zeta^5\right.$$
$$\left.+\frac{\nu\bar{n}(\nu\bar{n}-1)(\nu\bar{n}-2)}{1\cdot 2\cdot 3}\zeta^{7.5}-+\cdots\right\}d\zeta$$
(3.65)

のように得られる.図3.26は,$\bar{n}=3$ として式(3.65)によって計算した ν と $R_{a\nu}/R_{max}$ との関係である.この結果から明らかなように,最初の研削に加えてクロス送り研削を2回(すなわち $\nu=3$)行うだけで,粗さは最初の研削時の約30%減となる.これは,仕上げ面粗さの改善という点から考えて,後述するスパークアウト研削よりやや有効である.しかし,この場合でも仕上げ面粗さを1/2にするには $\nu=9$ 回の研削が必要である.

また,砥石幅 b に対して1回のクロス送りを f とすれば,

$$\frac{b}{f} = \nu + e \tag{3.66}$$

である.ここで e は1よりも小さい非負の実数である.このとき,工作物の任意の点の研削回数は ν 回の部分と $\nu+1$ 回の部分とに分かれる.これ

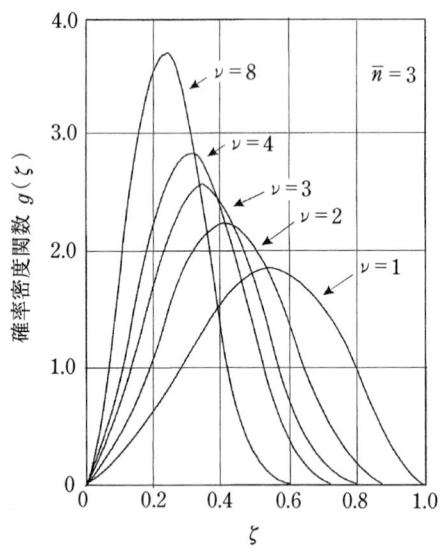

図3.25 クロス送り研削回数 ν と最終的断面曲線の確率密度関数 $g(\zeta)$ との関係

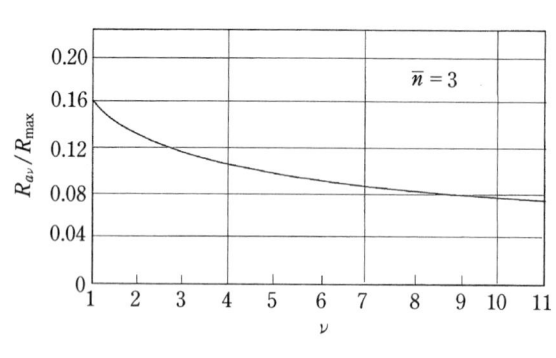

図3.26 クロス送り研削回数 ν と $R_{a\nu}/R_{max}$ との関係

は，研削縞の原因となるから $e=0$ になるようにクロス送り f を選ぶことが望ましい．

3.2.3 スパークアウト研削における仕上げ面粗さ

前項の議論は，前加工の表面凹凸の分布と研削仕上げ面の凹凸が独立であるという仮定に基づいている．クロス送りを与えずに砥石半径切込み量を0として行う，いわゆるスパークアウト研削では，両者は独立であるとはいえないから，前項の議論は成り立たない．

さて，1回の研削において創成される仕上げ面の，理想的仕上がり面からの断面曲線の高さを H とするとき，$H \geqq h$ である確率を $P(H \geqq h)$ で表す．$P(H \geqq h)$ が，これに対応する砥石内の立体 W 内に砥粒切れ刃が存在しない確率（以下，これを $P[W]$ と定義する）と同等であることは，3.1.4項Aで述べた．いま，これを第1回目の研削とし，W を改めて W_1 と書くことにする．そして同一箇所をもう一度研削した場合を考える．このとき，断面曲線の高さ H が h 以上である確率 $P(H \geqq h)$ は，いま考えている基準断面を第1回目の研削において切削する立体 W_1 と第2回目の研削において切削する立体 W_2 のいずれにも切れ刃が存在しない確率に等しい．この確率は，$P[W_1]$ と W_1 に切れ刃が存在しないという条件のもとで W_2 に切れ刃が存在しない確率の積に等しい．したがって，この条件付確率を $P[W_2|W_1]$ と書くことにすれば，

$$P(H \geqq h) = P[W_1] \cdot P[W_2|W_1] \tag{3.67}$$

である．同様に3回目の研削において創成される仕上げ面粗さについては，立体 W_1 と W_2 に切れ刃が存在しないという条件の下で W_3 に切れ刃が1個も存在しない確率を $P[W_3|W_1, W_2]$ と書くことにすれば，

$$P(H \geqq h) = P[W_1] \cdot P[W_2|W_1] \cdot P[W_3|W_1, W_2] \tag{3.68}$$

である．以下同様にして，ν 回の研削において最終的に創成される仕上げ面については，

$$P(H \geqq h) = P[W_1] \cdot P[W_2|W_1] \cdot P[W_3|W_1, W_2] \cdots \\ \cdot P[W_\nu|W_1, W_2, W_3, \cdots, W_{\nu-1}] \tag{3.69}$$

が得られる．

さて，前項で議論したクロス送り研削の場合のように，各回の研削をそれぞれ砥石の別の場所で研削を行い，同一点の研削に関与する砥石部分が重なることがない場合は，各回の研削は互いに独立であるから，

$$P(H \geqq h) = P[W_1] \cdot P[W_2] \cdot P[W_3] \cdots P[W_\nu] \tag{3.70}$$

になる．式 (3.69) に

$$W_1 = W_2 = W_3 = \cdots = W_\nu = W \tag{3.71}$$

を代入して，

$$P(H \geqq h) = \left(-\frac{W}{W_m}\right)^{\bar{n}\nu} \tag{3.72}$$

が得られる．式 (3.72) に式 (3.33)，式 (3.34) を代入し，さらに h を無次元量 ζ に変換して，ζ の確率密度関数を $g(\zeta)$ を求めれば，

$$g(\zeta) = 2.5 \nu \bar{n} \zeta^{1.5} (1 - \zeta^{2.5})^{\nu \bar{n} - 1}$$

を得る．これは前項で導いた式 (3.63) と完全に一致する．

スパークアウト研削の場合には，図3.27 に示すように $W_1, W_2, W_3, \cdots, W_\nu$ が互いに重なり合う場合が存在し，各回の研削は互いに独立と考えることができない．しかも $W_1, W_2, W_3, \cdots, W_\nu$ の位置は，研削のつど変わり得るもので不定である．そこで，これらの相対的な位置関係をランダムであると考え，かつ立体の形状を考慮せず，その体積についてのみ考えるこ

第3章 研削仕上げ面粗さ

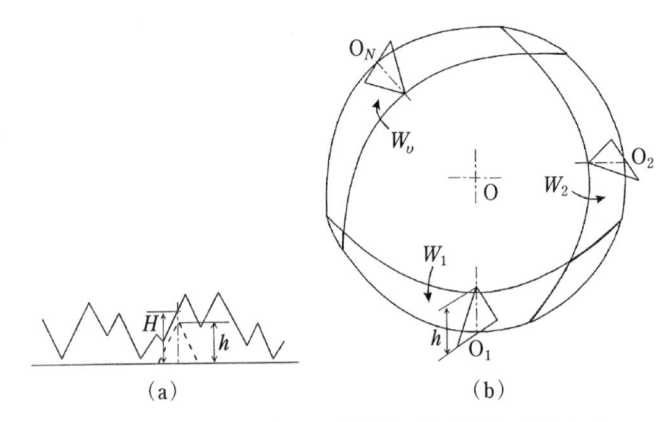

図3.27 工作物の同一部分を研削する砥石部分の重なり合い

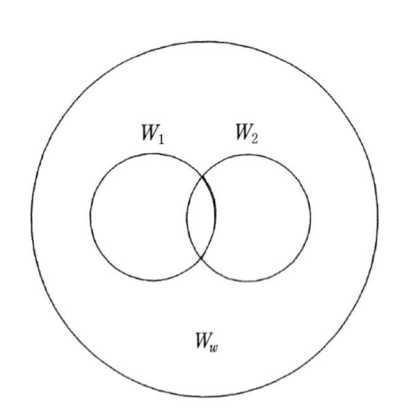

図3.28 Venn図による $P(W_1/W_2)$ の説明

とにする。このとき $P[W_2|W_1]$ は、図3.28に示したような、いわゆるVenn図を考えることによって容易に求めることができる。すなわち全空間 W_w 内に体積 W_1 と W_2 とがランダムに存在するとき、W_1 と W_2 とが重なる部分の確率は、体積確率 $(W_1/W_w)(W_2/W_w)$ で与えられる。したがって、W_2 のうち W_1 と重ならない部分の体積は、

$$W_w\left\{\frac{W_2}{W_w} - \left(\frac{W_1}{W_w}\right)\left(\frac{W_2}{W_w}\right)\right\} = W_2\left(1 - \frac{W_1}{W_w}\right) \tag{3.73}$$

である。$P[W_2|W_1]$ は、W_2 から W_1 と重なるある部分を除いた残りの部分に切れ刃が存在しない確率であるから、

$$P[W_2|W_1] = \left\{1 - \frac{W_2}{W_m}\left(1 - \frac{W_1}{W_w}\right)\right\}^{\bar{n}} \tag{3.74}$$

である。なお、ここで W_w は、立体 $W_1, W_2, W_3, \cdots\cdots, W_\nu$ の O 軸を軸とした回転体の体積で、

$$W_w = \pi D h^2 \tan\alpha \tag{3.75}$$

である。

同様にして $P[W_3|W_1, W_2]$ は、W_3 から W_1, W_2 と重なり合う部分を除いた残りの体積に砥粒切れ刃が存在しない確率で、

$$P[W_3|W_1, W_2] = \left\{1 - \frac{W_3}{W_m}\left(1 - \frac{W_1 + W_2}{W_w} + \frac{W_1 W_2}{W_w^2}\right)\right\}^{\bar{n}} \tag{3.76}$$

である。式(3.74)、式(3.76)に式(3.71)の関係を代入すれば、それぞれ

$$P[W_2|W_1] = \left\{1 - \frac{W}{W_m}\left(1 - \frac{W}{W_w}\right)\right\}^{\bar{n}} \tag{3.77}$$

$$P[W_3|W_1, W_2] = \left\{1 - \frac{W}{W_m}\left(1 - \frac{W}{W_w}\right)^2\right\}^{\bar{n}} \tag{3.78}$$

になる。以下、同様にして

$$P[W_\nu | W_1, W_2, W_3, \ldots, W_{\nu-1}] = \left\{1 - \frac{W}{W_m}\left(1 - \frac{W}{W_w}\right)^{\nu-1}\right\}^{\bar{n}} \tag{3.79}$$

が得られる.

これらの式を式 (3.69) に代入して

$$P(H \geqq h) = \left(1 - \frac{W}{W_w}\right)^{\bar{n}} \left\{1 - \frac{W}{W_m}\left(1 - \frac{W}{W_w}\right)\right\}^{\bar{n}} \left\{1 - \frac{W}{W_m}\left(1 - \frac{W}{W_w}\right)^2\right\}^{\bar{n}}$$
$$\cdots \left\{1 - \frac{W}{W_m}\left(1 - \frac{W}{W_w}\right)^{\nu-1}\right\}^{\bar{n}} \tag{3.80}$$

を得る. 式 (3.80) に式 (3.33), 式 (3.34), 式 (3.75) を代入し, さらに変数を h から無次元量 ζ に書き直せば,

$$P(Z \geqq \zeta) = [(1 - \zeta^{2.5})\{1 - \zeta^{2.5}(1 - \kappa\sqrt{\zeta})\}\{1 - \zeta^{2.5}(1 - \kappa\sqrt{\zeta})^2\} \cdots \{1 - \zeta^{2.5}(1 - \kappa\sqrt{\zeta})^{\nu-1}\}]^{\bar{n}} \tag{3.81}$$

が得られる. ここで, Z は無次元量 ζ に対応する確率関数であり, κ は

$$\kappa = \frac{16}{15} \frac{1}{\pi} \frac{V}{v} \sqrt{\frac{R_{\max}}{D}} \tag{3.82}$$

である.

したがって, 確率密度関数 $g(\zeta)$ は,

$$g(\zeta) = 2.5\bar{n}\zeta^{1.5}(1-\zeta^{2.5})^{\bar{n}-1}\{1-\zeta^{2.5}(1-\kappa\sqrt{\zeta})\}^{\bar{n}}\{1-\zeta^{2.5}(1-\kappa\sqrt{\zeta})^2\}^{\bar{n}}\cdots$$
$$+ \bar{n}(1-\zeta^{2.5})^{\bar{n}}(2.5\zeta^{1.5} - 3\kappa\zeta^2)\{1-\zeta^{2.5}(1-\kappa\sqrt{\zeta})\}^{\bar{n}-1}\{1-\zeta^{2.5}(1-\kappa\sqrt{\zeta})^2\}^{\bar{n}}$$
$$+ \cdots \tag{3.83}$$

で与えられる.

$V = 1800$ m/min, $v = 5$ m/min, $D = 200$ mm, $R_{\max} = 1$ μm, $\bar{n} = 3$ として, $\nu = 1, 2, 3, 5, 10, 15, \infty$ における $g(\zeta)$ を式 (3.83) によって計算した結果を図 3.29 に示す. ν の増大に伴ってクロス送り研削の場合は $\zeta = 0$ に漸近するのに対し, スパークアウト研削ではある一定値に漸近する. これが小野のいう極限粗さ[6]である.

図 3.29 から明らかなように, ν を大きくすれば $\zeta^{2.5}$ は 1 に比べて十分小さいから, 次の近似式が成り立つ.

$$\{1 - \zeta^{2.5}(1-\kappa\sqrt{\zeta})^\nu\}^{\bar{n}} = \exp\{-\bar{n}\zeta^{2.5}(1-\kappa\sqrt{\zeta})^\nu\}$$
$$(\nu = 0, 1, 2, \ldots)$$

したがって式 (3.81) は十分な精度で次のように近似できる.

$$P(Z \geqq \zeta) = \exp\left[-\frac{\bar{n}}{\kappa}\zeta^2\{1-(1-\kappa)^\nu\}\right]$$
$$= \exp\left(-\frac{\bar{n}}{\kappa}\zeta^2\right) \tag{3.84}$$

これより, 極限粗さにおける確率密度関数 $g_c(\zeta)$ は,

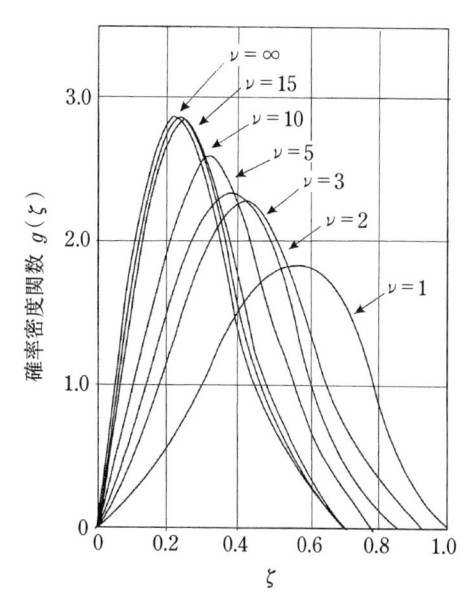

図 3.29 スパークアウト回数 ζ と断面曲線の確率密度関数 $g(\zeta)$ との関係

$$g_c(\zeta) = \frac{2\bar{n}}{\kappa}\zeta\exp\left(-\frac{\bar{n}}{\kappa}\zeta^2\right) \tag{3.85}$$

で与えられる．図3.29に $\nu = \infty$ として示した曲線は，前述の研削条件を用いて計算した $g_c(\zeta)$ の曲線である．

3.2.4 砥粒切れ刃先端角の分布の影響

研削仕上げ面粗さに関する以上の理論では，簡単のために砥粒切れ刃は全て先端角 2α の円錐であると仮定してきた．そこで，次に砥粒切れ刃の先端角がある統計的な分布を持つ場合について考える．

いま砥粒切れ刃の半頂角 α の最小値を $\alpha_{\min}$，最大値 $\alpha_{\max}$ とするとき，この間を微小間隔 $\Delta\alpha$ で $(m+1)$ 分割し，

$$\alpha_{\min} = \alpha_0, \alpha_1, \alpha_2, \cdots, \alpha_i, \cdots, \alpha_m = \alpha_{\max}$$

とする．工作物断面上で，理想的な仕上がり面の任意の1点 A からの高さ h の点 B を頂点とし，図3.30に示すように頂角 $2\alpha_{\min}$, $2\alpha_i$, $2\alpha_{i+1}$, $2\alpha_{\min}$ の二等辺三角形 BEF, BIJ, BLM, BNP を考える．

ここで，A_0 を $\triangle$BEF 内をあらゆる切れ刃が通過しない事象，$A_i (i=1,2,3,\cdots,m)$ を $\triangle$BLI および $\triangle$BJM を先端角が $2\alpha_i$ より大きい切れ刃が通過しない事象とする．このとき，$A_0, A_1, A_2, \cdots, A_m$ が同時に生起する確率を $P(A_0|A_1|A_2|\cdots|A_m)$，また $A_0, A_1, A_2, \cdots, A_m$ が独立に生起する確率をそれぞれ $P(A_0), P(A_1), \cdots, P(A_m)$ とする．最終的な研削仕上げ面の断面曲線の高さ H が $H \geq h$ である確率 $P(H \geq h)$ は，

$$P(H \geq h) = P(A_0|A_1|A_2|\cdots|A_m) \tag{3.86}$$

である．しかし，事象 $A_0, A_1, A_2, \cdots, A_m$ は互いに独立であるから，

$$P(H \geq h) = P(A_0)P(A_1)\cdots P(A_m) \tag{3.87}$$

である．

ところで，二等辺三角形 BEF を通過する砥石体積を $W_{\Delta\alpha_0}$，二等辺三角形 BLM, BIJ に挟まれた微小領域 $\triangle$BLI および $\triangle$BJM を通過する砥石体積を $W_{\Delta\alpha_i}$ とすれば，3.1.4項(1)の議論から，

$$P(A_0) = \left(1 - \frac{W_{\Delta\alpha_0}}{W_{m_0}}\right)^{\bar{n}} \tag{3.88}$$

$$P(A_i) = \left(1 - \frac{W_{\Delta\alpha_i}}{W_{m_i}}\right)^{\bar{n}} \tag{3.89}$$

である．ここで，W_{m_0}, W_{m_i} は，それぞれ先端角が $2\alpha_0 (= \alpha_{\min})$, $2\alpha_i (i=1,2,3,\cdots,m)$ 以上である砥粒切れ刃だけを考えたとき式(3.36)の W_m に対応する量で，この場合，見かけの砥粒切れ刃密度は W_0, $W_0/\{1-F(\alpha_i)\}$ になるから，

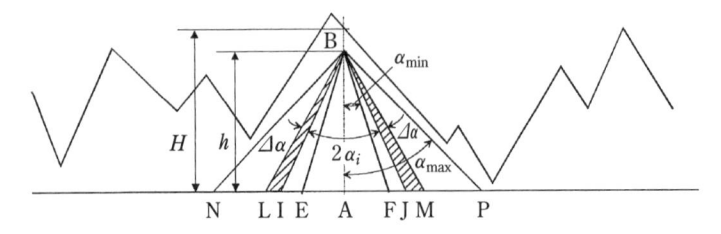

図3.30 砥粒切れ刃の先端角にばらつきがある場合の断面曲線

3.2 粗さの理論式における諸問題

$$W_{m_0} = W_0 \tag{3.90}$$

$$W_{m_i} = \frac{\bar{n} W_0}{1 - F(\alpha_i)} \tag{3.91}$$

である. ここで $F(\alpha)$ は, α の分布関数である.

さて $\Delta\alpha$ は微小角であるから, $W_{\Delta\alpha_i}/W_{m_i} \ll 1$ である. したがって, 2次以上の微小項を無視すれば,

$$P(H \geqq h) = \left\{ 1 - \left(\frac{W_{\Delta\alpha_0}}{W_{m_0}} + \frac{W_{\Delta\alpha_1}}{W_{m_1}} + \frac{W_{\Delta\alpha_2}}{W_{m_2}} + \cdots + \frac{W_{\Delta\alpha_m}}{W_{m_m}} \right) \right\}^{\bar{n}} \tag{3.92}$$

となる. さらに式 (3.33) より,

$$W_{\Delta\alpha_i} = (\triangle \text{BLI を通過する砥石体積}) - (\triangle \text{BJM を通過する砥石体積})$$

$$= \frac{16}{15} \frac{V}{v} \sqrt{D} h^{2.5} \{\tan(\alpha_i + \Delta\alpha) - \tan\alpha_i\}$$

$$= \frac{16}{15} \frac{V}{v} \sqrt{D} h^{2.5} \sec^2\alpha \, \Delta\alpha \tag{3.93}$$

である. 式 (3.92) に, 式 (3.90), 式 (3.91), 式 (3.93) を代入し,

$$P(H \geqq h) = \left[1 - \frac{16}{15} \frac{1}{\bar{n} W_0} \frac{V}{v} \sqrt{D} h^{2.5} \sum_{i=0}^{m} \{1 - F(\alpha_i)\} \sec^2\alpha_i \, \Delta\alpha \right]^{\bar{n}} \tag{3.94}$$

$\Delta\alpha \to 0$ (すなわち $m \to \infty$) とすれば,

$$P(H \geqq h) = \left[1 - \frac{16}{15} \frac{1}{\bar{n} W_0} \frac{V}{v} \sqrt{D} h^{2.5} \int_{\alpha_{\min}}^{\infty} \{1 - F(\alpha)\} \sec^2\alpha \, d\alpha \right]^{\bar{n}} \tag{3.95}$$

が得られる. このとき, H の最大値, すなわち最大高さを $R_{\max}$ は,

$$R_{\max} = 0.975 (\bar{n} W_0)^{0.4} \left(\frac{v}{V} \right)^{0.4} D^{-0.2} \left[\int_{\alpha_{\min}}^{\infty} \{1 - F(\alpha)\} \sec^2\alpha \, d\alpha \right]^{-0.4} \tag{3.96}$$

で与えられる.

式 (3.96) は, 式 (3.37) の $\tan\alpha$ の代わりに

$$\int_{\alpha_{\min}}^{\infty} \{1 - F(\alpha_i)\} \sec^2\alpha_i \, d\alpha$$

をおき換えたものに等しい. 図 3.31 は, WA60H砥石を使って高速度鋼 (SKH4A) を $\Delta = 10\,\mu\text{m}$ で200回研削した後で測定した砥粒切れ刃の半頂角のヒストグラムである. この結果について,

$$\int_{\alpha_{\min}}^{\infty} \{1 - F(\alpha_i)\} \sec^2\alpha_i \, d\alpha$$

を計算すると, 6.18 になった. 一方, α の平均値 $\bar{\alpha}$ は $80°32'$ であるから, $\tan\bar{\alpha} = 6.00$ である. したがって, α の代わりにその平均値 $\bar{\alpha}$ を当てれば, 砥粒切れ刃先端角の分布の影響はほとんど無視することができる.

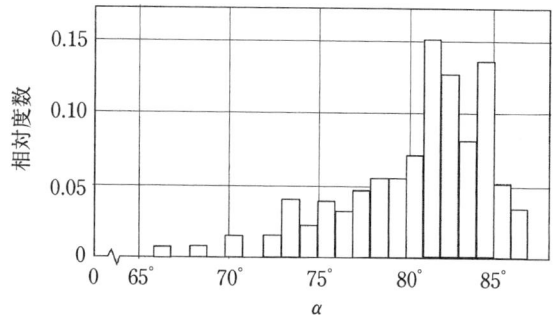

図 3.31 砥粒切れ刃の半頂角のヒストグラム

3.2.5 極限粗さ

スパークアウトを無限回繰り返しても仕上げ面粗さは0にならず，ある値に漸近する．これが，小野のいう極限粗さ[6]であることはすでに3.2.3項で述べた．ここでは，$(v/V)=0$近傍で極限粗さに漸近する様子を紹介しよう．

式(3.37)で，R_{max}は(v/V)の0.4乗に比例するから，$(v/V) \to 0$であればR_{max}も限りなく小さくなるはずである．しかしこれは正しくない．なぜならば，$(v/V) \to 0$のとき式(3.33)から，$W \to \infty$になる．しかし実際には$(V/v)\sqrt{hD}$が$\pi D/2$以上になると，図3.12の三日月形の立体の両端が重なるようになるので，式(3.33)から重なりの部分を差し引かなければならない．すなわち三日月形の立体の体積Wは，

$$W = \left\{ \pi D h^2 - \frac{\pi^3}{6}\left(\frac{v}{V}\right)^2 D^2 h + \frac{\pi^5}{80}\left(\frac{v}{V}\right)^4 D^3 \right\} \tan\alpha \tag{3.97}$$

である．したがって，このときの最大高さをR_{max}とすれば，W_mは次式で与えられる．

$$W_m = \left\{ \pi D R_{max}^2 - \frac{\pi^3}{6}\left(\frac{v}{V}\right)^2 D^2 R_{max} + \frac{\pi^5}{80}\left(\frac{v}{V}\right)^4 D^3 \right\} \tan\alpha \tag{3.98}$$

極限粗さR_{max}^*は，式(3.98)で$(v/V)=0$として，

$$W_m = \pi D (R_{max}^*)^2 \tan\alpha = \bar{n} W_0 \tag{3.99}$$

であるから，

$$R_{max}^* = \sqrt{\frac{\bar{n} W_0}{\pi D} \cot\alpha} \tag{3.100}$$

である．

いま，式(3.98)の右辺と式(3.99)の第2項を等置して，二つの無次元変数

$$\eta \equiv \frac{R_{max}}{R_{max}^*}, \quad \varepsilon \equiv \left(\frac{v}{V}\right)\sqrt{\frac{D}{R_{max}^*}}$$

によって変換すると，ηの二次方程式になる．これを解けば，

$$\eta = \frac{\pi^2 \varepsilon^2}{12} + \sqrt{1 - \frac{\pi^4 \varepsilon^4}{180}} \tag{3.101}$$

が得られる．

一方，三日月形の立体の両端が重ならない場合については，式(3.34)と式(3.99)を等置することにより，

$$\eta = \left(\frac{15}{16}\pi\right)^{0.4} \varepsilon^{0.4} \tag{3.102}$$

になる．

式(3.101)と式(3.102)をプロットすると，図3.32のようになる．図は，$\varepsilon \to 0$のとき最大高さがR_{max}^*に漸近する様子を示している．

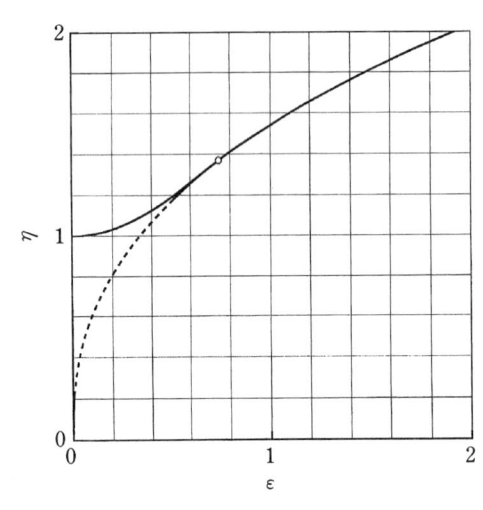

図3.32 $(v/V) \to 0$のときの粗さの変化

問題 3.1　二次元的な砥粒間隔 w と三次元的な砥粒間隔 u の違いについて考察せよ.

問題 3.2　織岡の理論（3.1.3 項）で，砥石表面の単位面積当たりの砥粒切れ刃数を C としたとき，工作物表面への砥粒射影1個が占める平均面積が $v/(VC)$ になることを証明せよ.

問題 3.3　研削仕上げ面の創成において，砥粒切れ刃密度は最も重要な因子である．砥粒切れ刃密度の測定法について，これまでどのような方法が提案されてきたか調べよ.

参考文献

1) 佐藤健児：精密機械, **16**, 4 & 5 (1950) 117.
2) 佐藤健児：切削理論 (1), 砥粒および砥石による加工, 誠文堂新光社, (1956) p. 10.
3) 小野浩二：研削仕上, 槇書店, (1962) p. 60.
4) 織岡貞次郎：日本機械学会誌, **63**, 499 (1960) 1185.
5) S. Matsui and K. Syoji : Tech. Rept., Tohoku Univ., **38**, 2 (1973) 615.
6) 小野浩二：研削仕上, 槇書店, (1962) p. 80.

第4章　研削機構

4.1　砥粒切込み深さと砥粒切削長さ

4.1.1　フライスモデル

研削は砥粒切れ刃による切削の集積であるから，いろいろな研削現象を理解するためには，個々の砥粒切れ刃の切込み量や切削長さを考える必要がある．

図4.1 に示すような砥石周速 V，工作物速度 v，砥石半径切込み量 Δ，砥石の直径 D の平面研削において，高さの等しい砥粒切れ刃が円周方向に一定間隔[注1] a で並んだ砥石モデルを考えよう．これはフライスと全く同じなので，**フライスモデル**（milling cutter model）と呼ぶことにする．いま，砥粒切れ刃（Ⅰ）が円弧 AB に沿って切削した直後，円周距離で a だけ離れた砥粒切れ刃（Ⅱ）が円弧 CD の軌跡に沿って切削したとすると，切れ刃（Ⅱ）によって斜線を施した CBD の部分が切り屑として除去される．このとき線分 $\overline{\mathrm{BE}}$ を**最大砥粒切込み深さ**（maximum grain depth of cut）g_m，円弧 CD を**砥粒切削長さ**（grain cutting length）[注2] l_c という．

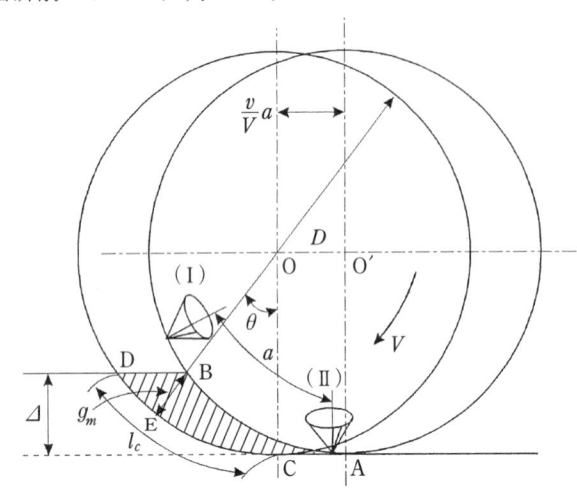

図4.1　平面研削における砥粒切込み深さ g_m と砥粒切削長さ l_c

砥粒切れ刃の切削軌跡は正しくはトロコイド曲線であるが，通常の研削では $V \gg v$ であるから十分な精度で直径 D の円弧と考えることができる．図のように切れ刃（Ⅰ）の軌跡 AB の曲率中心を O′，切れ刃（Ⅱ）の軌跡 CD の曲率中心を O とすれば，$\overline{\mathrm{OO'}}$ は $(v/V)a$ である．したがって，∠BOC を θ とすれば，

$$\sin\theta = \frac{\sqrt{D\Delta - \Delta^2} - (v/V)a}{(D/2) - g_m} \tag{4.1}$$

である．通常の研削条件では $D \gg \Delta$，$D \gg a$，$V \gg v$ であるから，式(4.1)は十分な精度で

$$\sin\theta = 2\sqrt{\frac{\Delta}{D}} \tag{4.2}$$

で近似できる．したがって，

$$g_m = \frac{v}{V}a\sin\theta = 2a\frac{v}{V}\sqrt{\frac{\Delta}{D}} \tag{4.3}$$

[注1] a は，3.1.1項の連続切れ刃間隔と本質的に同じであるので，以下，連続切れ刃間隔と呼ぶ．ただし，3.1.1項では二次元の切れ刃分布を考えているが，4.1.1項では一次元の分布を仮定している．なお連続切れ刃間隔は，二次元的に考えた平均砥粒間隔 w とは異なり，その n_0 倍になる（3.1.1項参照）．

[注2] **砥石・工作物接触長さ**（wheel-work contact length）と呼ぶこともある．

である．また砥粒切削長さ l_c は，
$$l_c = \sqrt{D\varDelta} \tag{4.4}$$
である．

以上の説明では，平面研削の場合について述べたが，円筒研削および円筒内面研削を含めた一般式は，以下のようになる．
$$g_m = 2a\frac{v}{V}\sqrt{\frac{\varDelta}{D_e}} \tag{4.5}$$
$$l_c = \sqrt{D_e\varDelta} \tag{4.6}$$
ここで，D_e は
$$D_e = \frac{D}{1 \pm D/d} \tag{4.7}$$
で，円筒研削の場合分母の複号は＋で，d は工作物の外径，また円筒内面研削の場合複号は－をとり，d は工作物の内径，平面研削の場合は $d = \infty$ で $D/d = 0$ である．D_e は**等価砥石直径**（equivalent wheel diameter）と呼ばれ，その逆数 $1/D_e$ は砥石と工作物の**相対曲率**（curvature difference）である．円筒研削では相対曲率は大きく，円筒内面研削では小さい．特に円筒内面研削では，砥石と工作物の直径差が小さいほど相対曲率は小さくなる．そして，相対曲率が小さくなるほど g_m は小さく，l_c は大きくなる．

4.1.2 目こぼれ，目つぶれと研削条件

砥粒切れ刃による切削を考えたとき，砥粒切込み深さは砥粒切れ刃に作用する切削力の大きさを意味し，砥粒切削長さは1回の切削における砥粒の切削距離を表している．したがって，過大な砥粒切込み深さは砥粒切れ刃の破砕や脱落を引き起こすことになる．この状態が著しいとき，砥石は摩耗が激しく，**目こぼれ**（shedding）状態であるという．これとは逆に，砥粒切込み深さが小さすぎると，砥粒は適度の破砕を生ずることができず，切れ刃の自己再生作用（自生作用）が機能しなくなる．そしてさらに，砥粒切削長さが大きい条件では切れ刃先端の摩滅だけが進行し，砥粒切れ刃の切削作用が著しく低下する．この状態を砥石の**目つぶれ**（glazing）という[注3]．

式(4.3)，式(4.4)あるいは式(4.5)，式(4.6)は，非常に簡単な砥石モデルに基づいて求められたものであるが，経験的な結果と定性的によく一致し，研削作業の結果を研削条件にフィードバックする際に非常に役に立つ．たとえば，目つぶれが著しい場合，g_m をより大きくし，l_c をより小さくするような研削条件に変えればよい．g_m をより大きくするには，v, $\varDelta$ を大きく，V, D を小さくすればよい．また，式(4.3)あるいは式(4.5)で連続切れ刃間隔 a に直接関係するのは砥石の組織で[注4]，組織が粗であるほど a は大きいと考えてよい．さらに l_c をより小さくするには，$\varDelta$, D のいずれか，あるいは両者を小さくすればよい．

砥石の目つぶれや目こぼれには，このような研削条件のほかに砥石の結合度（硬さ）も影響する．すなわち，砥石の結合度が高すぎると（すなわち硬すぎると）砥石は目つぶれ状態にな

[注3] 切れ刃が切削を行うには，基本的にはいわゆるチップポケットと逃げ（relief）（2番ともいう）が不可欠である．目つぶれは，逃げ面の摩滅が進行して"逃げ"が無くなった状態である．これに対してチップポケットの機能を持つ気孔に切り屑が詰まった状態を**目づまり**（loading）という．いずれの場合も良好な研削は期待できず，砥石の**目立て**（dressing）をして切れ味を回復する必要がある．

[注4] a には，結合度も影響する．結合度が高いほど，a は小さくなる（第6章 参照）．

りやすく，逆に低すぎると（軟らか過ぎると）目こぼれ状態になりやすい．したがって，実際の研削作業では適当な砥石と適当な研削条件を選び，砥石が目つぶれや目こぼれ状態になることを極力避けて，適度の自己再生作用が機能するようにすることが肝要である[注5]．

砥石の結合度と砥粒切込み深さ g_m，砥粒切削長さ l_c の3者と砥石の目こぼれおよび目つぶれの関係を図示すると図4.2のようになる．すなわち，g_m が大きく l_c が小さく，さらに砥石結合度が低い（点B付近）と目こぼれになり，g_m が小さく l_c が大きく，砥石結合度が高い（点D付近）と目つぶれになる．し

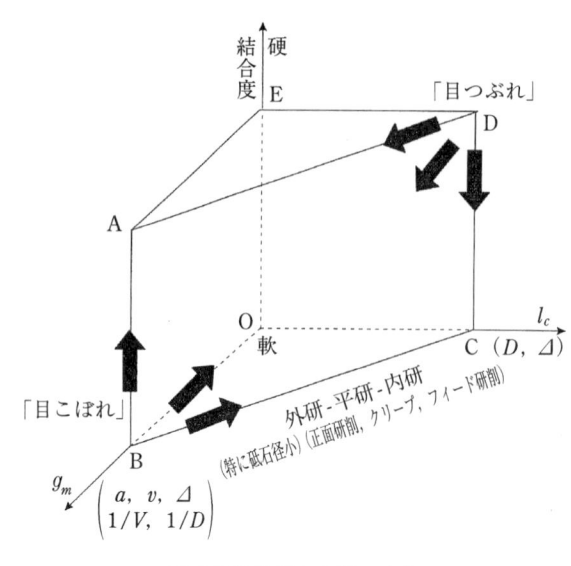

図4.2 目こぼれと目つぶれ

たがって，目こぼれ状態や目つぶれ状態を避けるためには，それぞれ点B，点Dから離れるような条件を選択すればよい．さらに，相対曲率 $1/D_e$ が大きいほど，目こぼれ条件に近くなる．研削方式でいえば，一般に円筒研削は相対曲率が大きいのでABCD面で点Bに近く，円筒内面研削や正面研削は相対曲率が小さいので点Cに近い．横軸平面研削はその中間的性格を持っている．

クリープフィード研削（creep feed grinding）は，砥石半径切込み量 Δ を 1～10 mm と非常に大きくとり，その分 v を小さくして，溝などを1パスで加工する研削法である．これは，必然的に g_m が小さく，l_c が大きくなり，目つぶれを起こしやすい条件である．クリープフィード研削の場合には，研削条件は固定されてしまって自由に変えることができないので，式(4.3)の a や結合度を操作して，すなわち粗の組織か低結合度の砥石を選ぶことによって目つぶれを避けなければならない．詳しくは，8.1節で述べる．

また，エアコン用コンプレッサのスクロール溝をCBN砥石を使って研削仕上げする試みがなされている．これは，直径5～8 mmの小径軸付き砥石による**深溝研削**になる．この場合には，式(4.3)，式(4.4)からわかるようにクリープフィード研削の場合とは逆に g_m が大きく，l_c が小さくなり，砥石が目こぼれを起こしやすい．したがって a が小さい，すなわち密な組織を持った結合度の高い砥石が適している．また，CBN砥粒も破砕性の小さい強靭なものを使用した方がよい．

4.1.3 クロス送り研削とアンギュラ研削

これまでのプランジ研削では，砥石と工作物の運動が1平面内にあり，二次元的議論で十分であった．しかし，**クロス送り研削**（cross-feed grinding, 円筒研削ではトラバース研削）では，

[注5] このように，研削条件と砥石結合度の間には密接な関係がある．たとえば g_m が小さいとき，砥石の摩耗は結合度の高い砥石を使用したのと同じ結果になる．そこで，これを**砥石が硬く作用する**という．逆に，g_m が大きいときは砥石が破砕や脱落しやすくなるので，**砥石が軟らかく作用する**という．

工作物に砥石軸方向の運動が付加されるので，やや複雑である．図4.3は，円筒研削におけるトラバース研削の例である．この場合は，連続的なトラバース送りが与えられる．いまトラバース速度を v_f とすれば，工作物1回転当たりの**送り**（feed）f は，

$$f = \frac{\pi d v_f}{v} \tag{4.8}$$

になる．これは，円筒内面研削の場合も同じである．また横軸平面研削では，通常，ストロークの両端で断続的に横送り f が与えられるだけで，本質的に同じである．

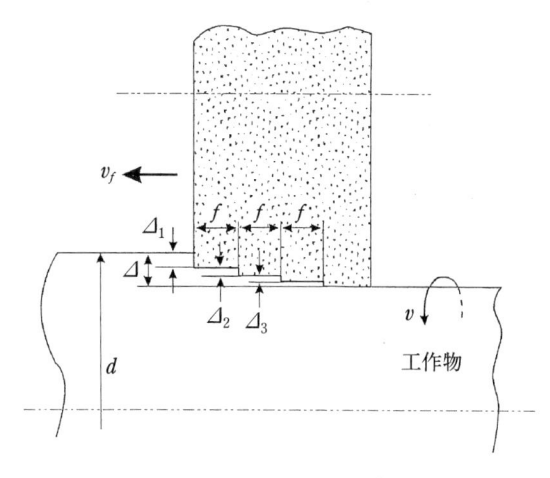

図4.3 トラバース研削

砥石に摩耗が全くない場合には，砥石前縁の幅 f の部分（第1ステップと呼ぶことにする）に全切込み量 $\varDelta$ が作用する．この場合は，研削幅 f，砥石半径切込み量 $\varDelta$ のプランジ研削と基本的に同じである．摩耗が生じれば，その分の切残し量が次の幅 f の部分（第2ステップ）の砥石半径切込み量になる．したがって，第2ステップの砥石半径切込み量は，第1ステップの摩耗量が進行するに伴って増加する．ある時間経過すれば第2ステップにも摩耗が生じるから，第2ステップの砥石半径切込み量は第1ステップと第2ステップの摩耗量の差となる．すなわち j 番目のステップにおける砥石の半径摩耗量を $\varDelta R_j$，砥石半径切込み量を $\varDelta_j$ とすれば，

$$\varDelta_j = \varDelta R_{j-1} - \varDelta R_j \tag{4.9}$$

になる[1]．ここで，

$$\varDelta_1 + \varDelta_2 + \varDelta_3 + \cdots\cdots = \varDelta \text{ である．}$$

このとき，クロス送り研削は，図4.3に示したように幅 f のステップを持った一連の砥石によるプランジ研削と考えることができる．したがって，砥粒切込み深さはそれぞれの砥石半径切込み量 $\varDelta_j$ をもとに計算しなければならない．いま，k 番目のステップで砥石半径切込み量 $\varDelta_k = 0$ であるとする．k 番目のステップから b/f 番目のステップ（b は砥石幅）が，最終的な仕上げ面の創成に直接関与する部分で，3.2.2項の議論に従って粗さが改善される．クロス送り研削では，全体の砥石半径切込み量 $\varDelta$ は $k-1$ 個の砥石に配分されることになるから，大きな砥石半径切込み量を与えることが可能である．次に述べるように，各ステップの砥石半径切込み量の負担割合は同じではないが，仮に一定とすれば $\varDelta_j = \varDelta/(k-1)$ であるから，そのときの砥粒切込み深さと砥粒切削長さは

$$g_m = 2a \frac{v}{V} \sqrt{\frac{\varDelta}{(k-1)D_e}} \tag{4.10}$$

$$l_c = \sqrt{\frac{D_e \varDelta}{k-1}} \tag{4.11}$$

になる．

しかし，通常は工作物と砥石の相対的な位置関係は一定でなく，横送りに位相差が存在するのが普通である．したがって，現実には図4.3に示したようなステップ状の砥石断面が形成されることは稀で，よりスムーズなものになる．図4.4は，横送りを中断して，工作物表面に転

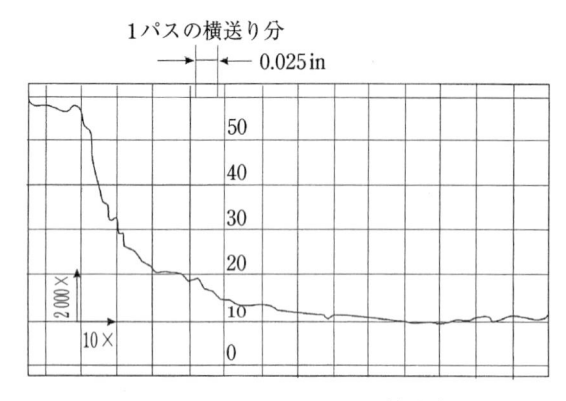

図4.4 クロス送り研削における砥石断面プロファイル

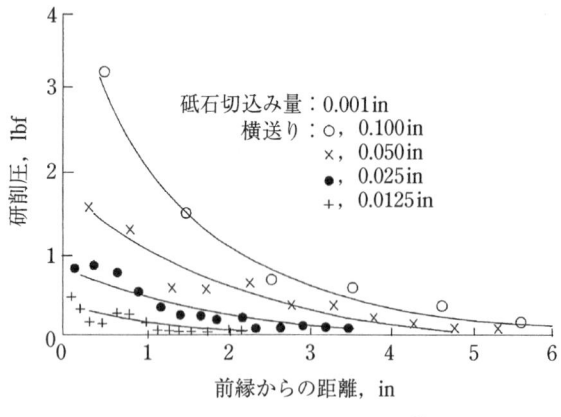

図4.5 砥石幅方向の研削圧[2]

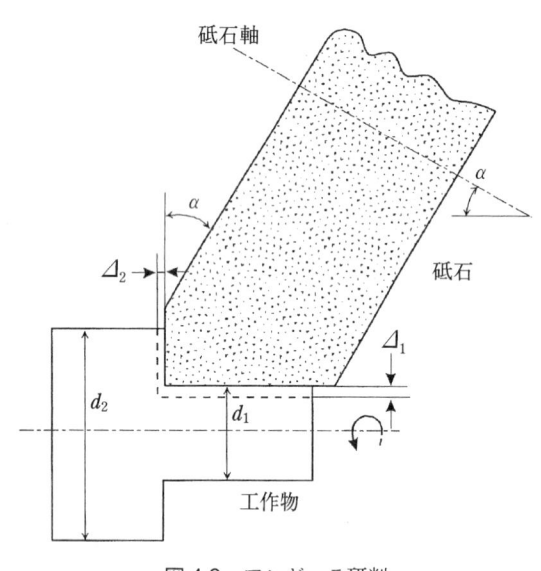

図4.6 アンギュラ研削

写された砥石断面を測定した例である[2]．さらに図4.5は，クロス送り研削時の砥石幅方向の研削圧を各ステップの中点についてプロットしたものである．このように，クロス送り研削では，砥石幅方向の研削圧は砥石の後縁に向かって減少し，やがて0になる．したがって，砥粒切れ刃に作用する研削力は各ステップで異なるから，砥石断面のプロファイルは研削時間と共に変化し，一定ではない．

アンギュラ研削（angle grinding）は，円筒研削において工作物軸およびテーブルの横送り方向に対して砥石軸を角度 α だけ傾けることによって，円筒部と肩の部分を同時に加工する研削法である（図4.6参照）．特に円筒と肩の間のコーナアールが小さい場合，アンギュラ研削が有力である．まず，円筒部の研削を考える．砥石半径は砥石軸に沿って変化するから，任意の研削点における砥石半径を D_{s1} とすれば，工作物軸に垂直な砥石断面は長径 D_{s1}，短径 $D_{s1}\cos\alpha$ の楕円である．したがって，砥石の曲率半径は $D_{s1}/2\cos\alpha$ になるから，工作物の円筒部の直径を d_1 とすれば，等価直径 D_e は，式(4.7)により

$$D_e = \frac{D_{s1}/\cos\alpha}{1+\dfrac{D_{s1}/\cos\alpha}{d_1}} = \frac{d_1 D_{s1}}{d_1\cos\alpha + D_{s1}}$$

(4.12)

である[3]．この値と工作物1回転当たりの砥石半径切込み量 $\varDelta_1$，研削点における砥石周速度を式(4.5)，式(4.6)に代入することにより g_m, l_c を求めることができる．

肩部の研削は，**平形砥石**（straight wheel）による平面研削に類似している．円筒部の研削の場合と同様，任意の研削点における砥石半径を D_{s2} とすれば，研削面に垂直な面内で砥石は長径 D_{s2}，短径 $D_{s2}\sin\alpha$ の楕円である．したがって，砥石の曲率半径は $D_{s2}/2\cos\alpha$ である

から，このとき等価直径 D_e は，

$$D_e = \frac{D_{s2}}{\sin\alpha} \tag{4.13}$$

になる．したがって，この値と研削点における工作物周速 v，工作物1回転当たりの工作物軸方向の砥石半径切込み量 Δ_2 を式(4.5)，式(4.6)に代入すれば，g_m, l_c を計算で求めることができる．

4.1.4 正面研削

4.1.2項で述べたように，砥粒切込み深さは砥粒切れ刃に作用する切削力の指標として議論されることが多い．したがって，砥粒切込み深さの代わりに砥粒切削断面積であってもよい．特に，これまで述べた砥粒切れ刃の軌跡から求める方法では，**正面研削**(face grinding)や**縦軸平面研削**(vertical-spindle surface grinding)のように砥石と工作物の相対曲率がゼロ，すなわち $D_e = \infty$ の場合には g_m を求めることができない．そこで，これらを例に「切り屑の総体積は全体の工作物除去体積に等しい」という，いわゆる連続の式から砥粒切削断面積を求める方法を紹介する．

図4.7は，正面研削を模式的に表したものである．このように工作物を砥石正面に対して v_f の速度で切込んだとすれば，単位時間に除去される工作物の体積は $v_f S_w$ である．ここで，S_w は工作物の断面積である．一方，単位砥石表面積当たりの砥粒切れ刃数を j とすれば，単位時間に研削に関与する砥粒切れ刃の数は jbV である．ここで，b は工作物の幅である．切り屑はその生成時にせん断変形を受け，断面積が増加することは良く知られている．いま，その変形を無視し，砥粒切れ刃の切削断面積の通りに切り屑が生成されると考える．これを**未変形切り屑断面積**(undeformed chip section)と呼ぶ．未変形切り屑断面積を S_c とし，砥粒切削長さ l_c を未変形の切り屑長さと考えれば，1個の切り屑体積は $l_c S_c$ になる．したがって，除去される工作物の連続性を考えれば，

$$v_f S_w = jbV l_c S_c \tag{4.14}$$

の関係が成り立つ．

図4.7から明らかなように，近似的に $S_w = bl_c$ である．したがって，

$$S_c = \frac{v_f}{jV} \tag{4.15}$$

である．なお，未変形切り屑断面積 S_c は砥粒切削断面積である．

縦軸平面研削の場合はやや複雑である．すなわち縦軸平面研削を図4.8(a)のように考えれば，前項のクロス送り研削と同様，砥石断面に摩耗が生じるためである．この場合は，砥石直径を D として，砥石1回転当たりの工作物の送り $\pi D(v/V)$ が横送り f に相当する．ただ，クロス送り研削の場合の**横送り**(cross feed)に比べて非常に小さいので，砥石断面には摩耗により急速に図4.8(b)に示したような傾斜角 θ の傾きが生じる．

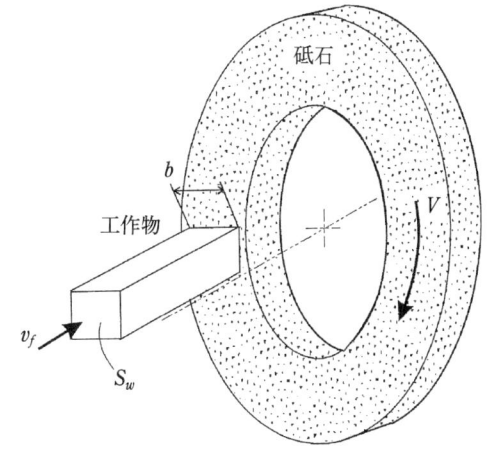

図4.7 正面研削

(a) 研削モデル　　　　(b) 砥石前縁の傾斜

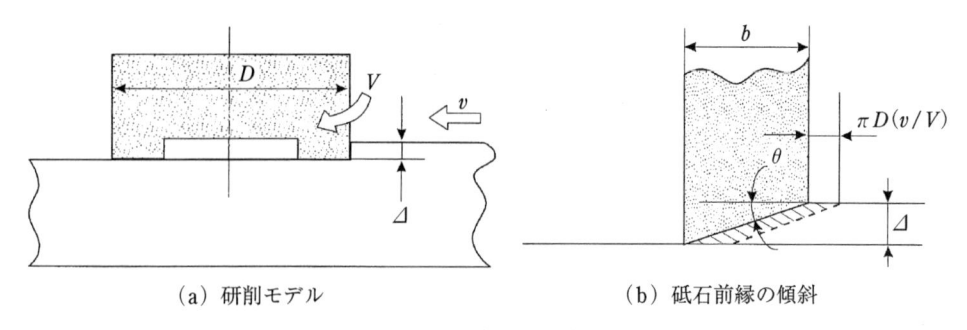

図 4.8　縦軸正面研削

椀型（カップ）砥石の幅を b，工作物の幅を $b_w(b_w<D)$ とすると，単位時間に除去される工作物の体積は $b_w v \varDelta$ である．一方，単位時間に研削に関与する砥粒切れ刃の数は $j(b/\cos\theta)V$ で，1個の切り屑体積は $l_c S_c$ であるから，連続の式は

$$b_w v \varDelta = \frac{l_c S j b V}{\cos \theta}$$

で与えられる．したがって，

$$S_c = \frac{b_w \varDelta}{j l_c \sqrt{b^2 + \varDelta^2}} \left(\frac{v}{V}\right) \tag{4.16}$$

である．なお，砥粒切削長さは

$$l_c = D \tan^{-1}\left(\frac{b_w}{\sqrt{D^2 - b_w^2}}\right) \tag{4.17}$$

で与えられる．

4.1.5　相当研削厚さ

幾何学的に得られる砥粒切込み深さの式は，定性的には研削に関する経験的な現象をよく説明できるという点で優れている．しかし，式(4.3)および式(4.5)には，連続切れ刃間隔 a という非常にやっかいなパラメータが含まれており，実際の研削抵抗などを定量的に議論しようとするとその値が問題になる．CIRP の G グループの共同研究において，同一条件で行った異なる研究者らのデータを議論するために，次式で定義される**相当研削厚さ**（equivalent grinding thickness）h_{eq} を研削における基本的なパラメータとした[4]．

$$h_{eq} = \frac{\varDelta v}{V} = \frac{Q'_w}{V} \tag{4.18}$$

ここで，Q'_w は単位砥石幅当たりの研削能率（単位時間当たりの研削体積）である．

いま，横軸平面研削において研削幅（または砥石幅）を b とすれば，h_{eq} は単位時間当たりの加工量（stock removal rate）$\varDelta b v$ を bV で割った値である．ここで，bV は研削に関与する単位時間当たりの砥石表面積であり，研削に関与する単位時間当たりの砥粒切れ刃数はこれに比例する．したがって，h_{eq} は砥粒切れ刃1個当たりの加工量に比例する値であると考えることができる．

共同研究に参加した各大学の研究者らによって得られた研削抵抗および仕上げ面粗さの結果を h_{eq} に対してプロットすると，両者の間には明白な相関が認められた．図 4.9 はその一例で，Aachen 工科大学，Braunschweig 工科大学および Leuvend 大学において行われた研削抵抗に関

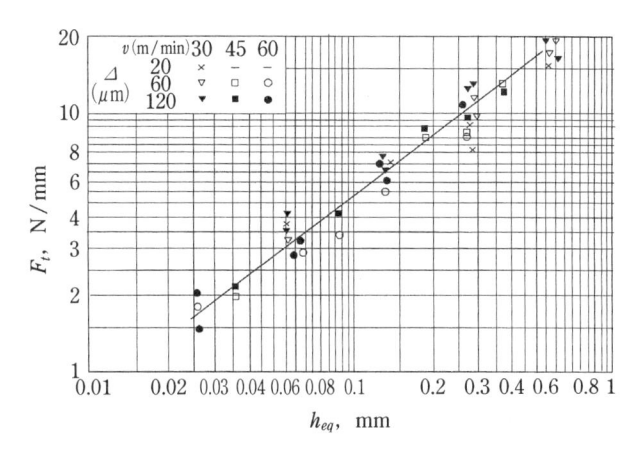

図4.9 h_{eq} に対する接線研削抵抗 F_t のプロット（砥石 EK 60 L 7 VX）

する結果である[5]．

4.2 三次元砥石モデルに基づいた理論式

4.2.1 有効切れ刃[6]

4.1.2項で述べたように，研削の軽重を定性的に議論する場合は，式 (4.3)，式 (4.4) で十分である．そして，研削仕上げ面粗さの場合と異なり，砥粒切込み深さや砥粒切削長さに関しては定量的な議論はほとんど必要がない．しかし，砥粒切れ刃による切削現象や摩耗現象などを詳細に議論する場合には，砥粒切込み深さや砥粒切削長さの定量的な値が重要になってくる．たとえば，図4.10は砥石周速 $V = 1\,800\,\mathrm{m/min}$，工作物速度 $v = 5\,\mathrm{m/min}$，直径 $D = 205\,\mathrm{mm}$ の WA 80 I 7 V の砥石を用いて，砥石半径切込み量 $\varDelta = 10\,\mu\mathrm{m}$ で SS400 鋼を平面研削したときの切り屑の電子顕微鏡写真である．この写真から推測される切り屑厚さは数 $\mu\mathrm{m}$ 程度である．しかし，式 (4.3) に実際の研削条件を代入して見ればわかるように，砥粒切込み深さの計算値は切削比を考慮しても実際の切り屑から推測される値よりもかなり小さくなる．これは，式 (4.3) が非常に簡単なモデルに基づいているためである．したがって，定量的な議論が必要な場合は，3.1節の場合と同様，砥粒切れ刃の高さや位置のばらつきを考慮した砥石モデルを考える必要がある．

砥粒切れ刃の高さがそろった砥石モデルでは，すべての切れ刃が切り屑を出す有効な切れ刃である．しかし，3.1.4項で述べたような三次元的な切れ刃分布を持った砥石モデルでは，直接工作物を切削して切り屑を出さない砥粒切れ刃が存在することになる．そこで，まずこのような砥石モデルを考えたとき，砥粒切れ刃が有効に作用するための条件について考えよう．

前述の場合と同様，砥粒切れ刃は先端角 2α の円すいであると仮定する．そして，

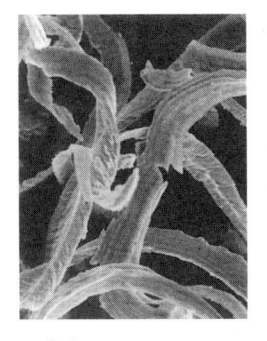

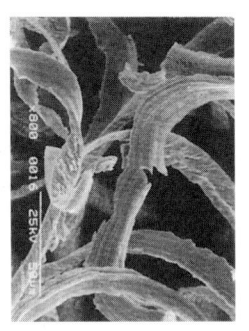

［砥石 WA 80 I 7 V, $V = 1\,800\,\mathrm{m/min}$, $v = 5\,\mathrm{m/min}$, $\varDelta = 10\,\mu\mathrm{m}$, 水溶性研削液（ソリューション型）］

図4.10 SS400鋼の切り屑の立体写真

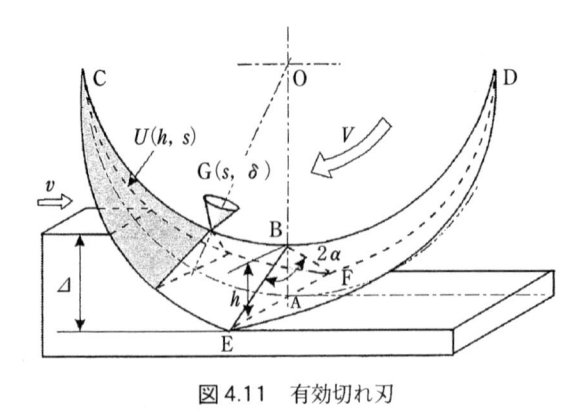

図3.11のように，基準断面からの円周長さ s，半径深さ δ にある砥粒切れ刃を $G(s,\delta)$ と定義する．このとき基準断面上の高さ h の点 B を通る全ての切れ刃は，式 (3.30) が描く曲線上にある．砥石内で描くこの曲線を，高さ h の等高切削曲線と呼ぶ．いま，図 4.11 の曲線 CBD を，高さ h の等高切削曲線であるとする．曲線 CBD を稜線とし，二つの曲面 CBDE，CBDF と砥石最外周面とに囲まれた三日月形の立体は，前述したように，基準断面上の点 B を頂点とした頂角 2α の二等辺三角形に対応している．したがって，曲線 CBD 上の任意の砥粒切れ刃 $G(s,\delta)$ が基準断面を有効に切削するための必要十分条件は，この三日月型の立体のうち砥粒切れ刃 $G(s,\delta)$ に先行する部分に砥粒切れ刃が全く存在しないことである．この部分の体積を $U(h,s)$ とすれば，

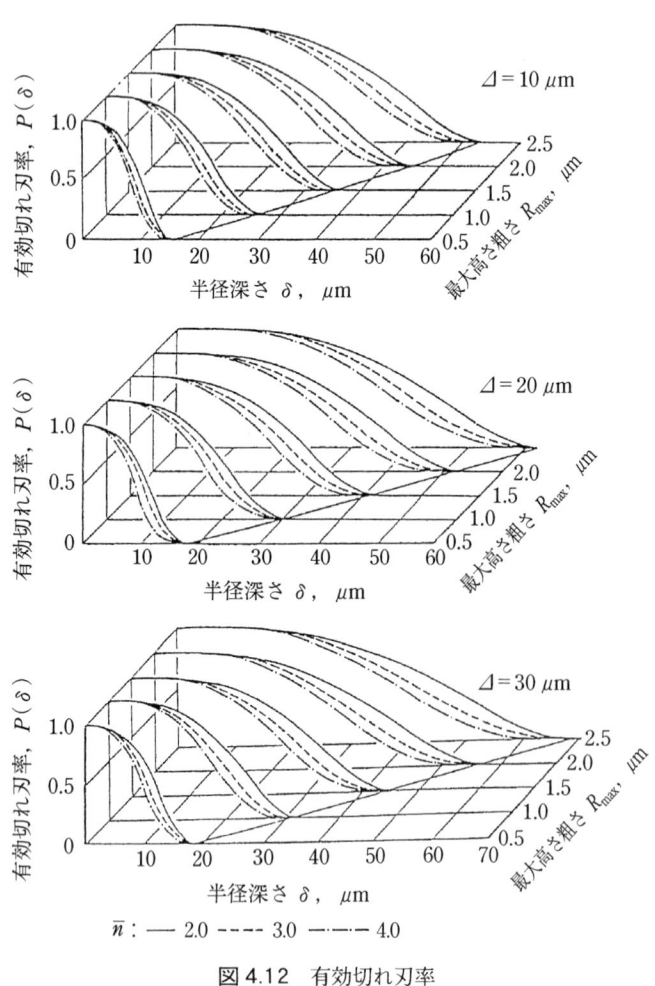

$$U(h,s) = \int_{-\frac{v}{V}\sqrt{Dh}}^{s} \delta^2 \tan\alpha \, ds$$

$$= \Bigl\{ h^2 s - \frac{2h}{3D}\Bigl(\frac{v}{V}\Bigr)^2 s^3 + \frac{1}{5D^2}\Bigl(\frac{v}{V}\Bigr) s^5 + \frac{8V}{15v}\sqrt{D}\, h^{2.5} \Bigr\} \tan\alpha$$

(4.19)

で与えられる．したがって，砥粒切れ刃 $G(s,\delta)$ が基準断面を有効に切削する確率を $P_e(s,\delta)$ とすれば，

$$P_e(s,\delta) = \Bigl(1 - \frac{U(h,s)}{W_m}\Bigr)^{\bar{n}}$$

(4.20)

である．

ところで，いま議論したのは，砥粒切れ刃 $G(s,\delta)$ が基準断面を有効に切削するかどうかであり，これは有効切れ刃であるための十分条件にすぎない．砥粒切れ刃は，いったん切削を開始したら途中で無効切れ刃に転ずることはなく，必ず工作物の表面まで切削が

図 4.11 有効切れ刃

図 4.12 有効切れ刃率

継続される．したがって，それぞれの砥粒切れ刃が工作物表面を突き抜ける地点に基準断面を設定し，式 (4.20) で有効か否かを判別すればよい．その場合，砥粒切れ刃 $G(s, \delta)$ の円周距離 s は，次式のようになる．

$$s = \frac{V}{v}\sqrt{D(\varDelta-\delta)} \qquad (4.21)$$

すなわち半径深さ δ にある砥粒切れ刃が有効である確率 $P(\delta)$（これを有効切れ刃率と呼ぶことにする）は全て等しく，式 (4.21) の s を式 (4.20) に代入して次のように得られる．

$$P(\delta) = P_e\left(-\frac{V}{v}\sqrt{D(\varDelta-\delta)}\,\delta\right) \qquad (4.22)$$

研削条件および砥石条件の代わりに $R_{\max}$, $\varDelta$, $\bar{n}$ をパラメータにして，式 (3.34)，式 (4.19)，式 (4.20)，式 (4.22) から $P(\delta)$ を計算した結果を図 4.12 に示す．

図 4.12 から明らかなように，砥石最外周面 ($\delta = 0$) にある砥粒切れ刃はすべて有効であるが，δ が大きくなるに従って有効切れ刃率 $P(\delta)$ は小さくなりある深さ以上では 0 になる．このときの砥石半径深さを有効砥石深さと名づけ，δ_m で表すことにする．δ_m は，図 4.12 で $P(\delta) = 0$ のときの δ として与えられる．図 4.13 は $\varDelta$ と $R_{\max}$ を変数にして δ_m を表したものである．

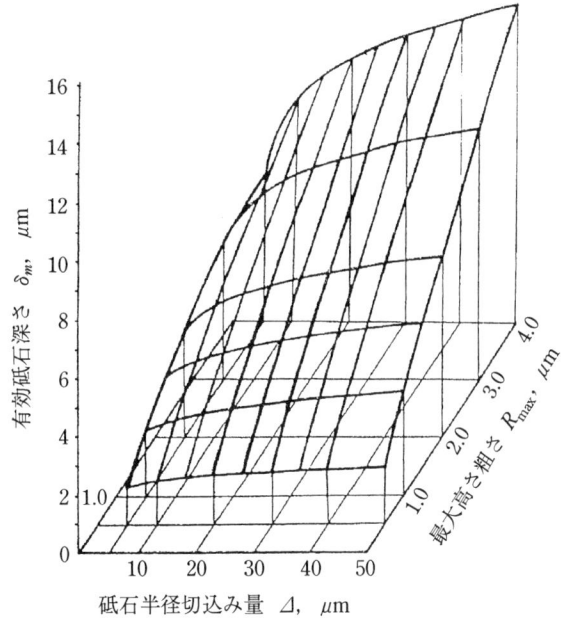

図 4.13 有効砥石深さ

4.2.2 砥粒切込み深さ[7]

図 4.14 は，基準断面上で砥粒切れ刃 $G(s, \delta)$ の切削位置 J とこれに先行する砥粒切れ刃による切削面を示したものである．ここで，h は砥粒切れ刃 $G(s, \delta)$ の理想的仕上がり面からの切削高さである．いま，切削点 J から理想的仕上がり面に垂線を立て，先行切れ刃による切削面と交わる点を Q とするとき，$\overline{JQ}$ を切れ刃 $G(s, \delta)$ の基準断面における砥粒切込み深さ G_1 と定義する．

図 4.14 に示したように，線分 JQ 上に任意に点 P をとり，$\overline{PJ} = g_1$ とする．さらに点 P を頂点とし底辺を理想仕上がり面とする頂角 2α の二等辺三角形 PMN を考える．このとき砥粒切れ刃 $G(s, \delta)$ の砥粒切込み深さ G_1 が $G_1 \geqq g_1$ である必要十分な条件は，△PMN を砥粒切れ刃 $G(s, \delta)$ に先行する切れ刃が通過しないことである．いま，砥石内で，基準断面上の △PMN に対応し砥粒

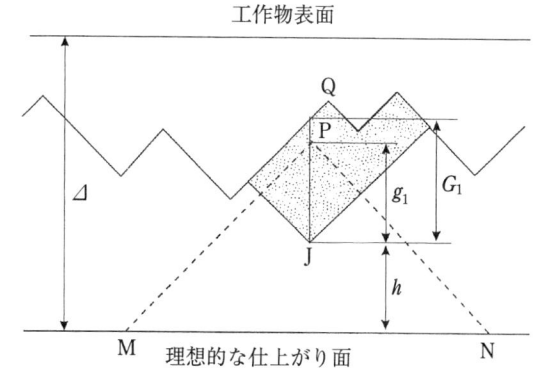

図 4.14 砥粒切込み深さ

切れ刃 $G(s,\delta)$ に先行する部分の体積を U_1 とすれば，U_1 は式 (4.19) で h を $h+g_1$ におき換えたものに等しい．したがって，

$$U_1(h,x) = \left\{(h+g_1)^2 x - \frac{2}{3}(h+g_1)x^3 + \frac{1}{5}x^5 + \frac{8}{15}(h+g_1)^{2.5}\right\}\frac{V}{v}\sqrt{D}\tan\alpha \tag{4.23}$$

である．ここで，x は

$$x \equiv \frac{v}{V}\frac{s}{\sqrt{D}}$$

である．したがって，h と x を固定し g_1 だけを変数と考え，切れ刃 $G(s,\delta)$ の砥粒切込み深さが $G_1 \geqq g_1$ である確率を $P(G_1 \geqq g_1 : h, x = \text{const.})$ と表せば，

$$P(G_1 \geqq g_1 : h, x = \text{const.}) = \left(1 - \frac{U_1}{W_m}\right)^{\bar{n}} \tag{4.24}$$

である．式 (4.24) より，切れ刃 $G(s,\delta)$ の砥粒切込み深さの確率密度関数 $f_0(g_1)$ は，

$$f_0(g_1) = \bar{n}\frac{1}{W_m}\frac{\partial U_1}{\partial g_1}\left(1 - \frac{U_1}{W_m}\right)^{\bar{n}-1} \tag{4.25}$$

で与えられる．

基準断面全体にわたる砥粒切込み深さの確率密度関数 $f_1(g_1)$ は，x，h それぞれの変域，$-\sqrt{h} \leqq x \leqq \sqrt{h}$，$0 \leqq h \leqq \Delta$ について $f_0(g_1)$ を積分することによって得られる．すなわち，

$$f_1(g_1) = \frac{1}{A_1}\int_0^\Delta dh \int_{-\sqrt{h}}^{\sqrt{h}} f_0(g_1)\,dx \tag{4.26}$$

ここで，A_1 は

$$A_1 = \int_0^\Delta dg_1 \int_0^\Delta dh \int_{-\sqrt{h}}^{\sqrt{h}} f_0(g_1)\,dx \tag{4.27}$$

である．

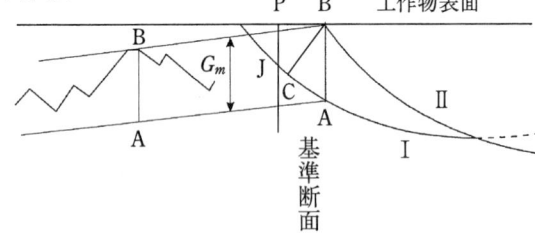

(a) 最大砥粒切込み深さ G_m

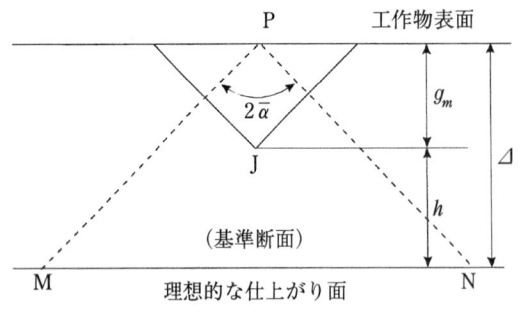

(b) 基準断面における $G(s,\delta)$ の切削位置

図 4.15 最大砥粒切込み深さ

以上は，研削方向に垂直な任意の断面を砥粒切れ刃が研削したときの砥粒切込み深さの分布である．次に，この考え方をもとにして最大砥粒切込み深さを考える．図 4.15 (a) で，円弧 I は砥粒切れ刃 $G(s,\delta)$ の先端が工作物に対して描く軌跡であり，円弧 II はこれと同一平面にある先行切れ刃の母面が描く軌跡を表す．このとき切れ刃 $G(s,\delta)$ の最大砥粒切込み深さ G_m は $\overline{BC}$ であるが，砥石直径に比べ砥石半径切込み量は極めて小さいから，十分な精度で垂直深さ $\overline{BA}$ で近似できる．

図 4.15 (b) で，点 J は任意に定めた基準断面における砥粒切れ刃 $G(s,\delta)$ の切削位置を示す．いま，点 J から工

作物表面に垂線を下ろし，その足をPとする．点Pを頂点とし2αを頂角，理想的仕上がり面を底辺とする二等辺三角形PMN内を砥粒切れ刃$G(s,\delta)$に先行する切れ刃が通過しなければ，図4.15(a)に示したように基準断面は$\overline{AB}$よりも左側にある．したがって，最大砥粒切込み深さG_mは$\overline{JP}=g_m$よりも大きい．ここで，g_mは基準断面上で工作物表面から砥粒切れ刃$G(s,\delta)$の切削点までの深さである．そこで，基準断面上の$\triangle$PMNに対応する砥石の体積のうち$G(s,\delta)$に先行する部分の体積をU_2とすれば，切れ刃の最大砥粒切込み深さG_mがg_mよりも大きい確率$P(G_m \geqq g_m)$は，

$$P(G_m \geqq g_m) = \left(1 - \frac{U_2}{W_m}\right) \tag{4.28}$$

で与えられる．ここで，U_2は式(4.23)の$h+g_1$を$\varDelta$でおき換えたものに等しいから，

$$U_2(x) = \left(\frac{8}{15}\varDelta^{2.5} + \varDelta^2 x - \frac{2}{3}\varDelta x^3 + \frac{1}{5}x^5\right)\frac{V}{v}\sqrt{D}\tan\alpha \tag{4.29}$$

である．さらに

$$g_m = \varDelta - h = \varDelta - x^2 - \delta$$

であるから，これをxについて書き直せば，

$$x = -\sqrt{\varDelta - g_m - \delta} \tag{4.30}$$

である．式(4.30)を式(4.29)に代入して，

$$U_2(g_m,\delta) = \left\{\frac{8}{15}\varDelta^{2.5} - \varDelta^2(\varDelta-g_m-\delta)^{0.5} + \frac{2}{3}\varDelta(\varDelta-g_m-\delta)^{1.5} - \frac{1}{5}(\varDelta-g_m-\delta)^{2.5}\right\}\frac{V}{v}\sqrt{D}\tan\alpha \tag{4.31}$$

が得られる．

最大砥粒切込み深さG_mの確率密度関数$f(g_m)$は，δの変域が$0 \leqq \delta \leqq \varDelta - g_m$であることを考慮して，式(4.28)，式(4.31)から

$$f(g_m) = \frac{1}{A_2}\int_0^{\varDelta-g_m}\frac{\bar{n}}{W_m}\frac{\partial U_2(g_m,\delta)}{\partial g_m}\left(1 - \frac{U_2(g_m,\delta)}{W_m}\right)^{\bar{n}-1}d\delta \tag{4.32}$$

で与えられる．ここで，g_mの最大値をg_{mm}とすれば，

$$A_2 = \int_0^{g_{mm}}dg_m\int_0^{\varDelta-g_m}\frac{\bar{n}}{W_m}\frac{\partial U_2(g_m,\delta)}{\partial g_m}\left(1 - \frac{U_2(g_m,\delta)}{W_m}\right)^{\bar{n}-1}d\delta$$

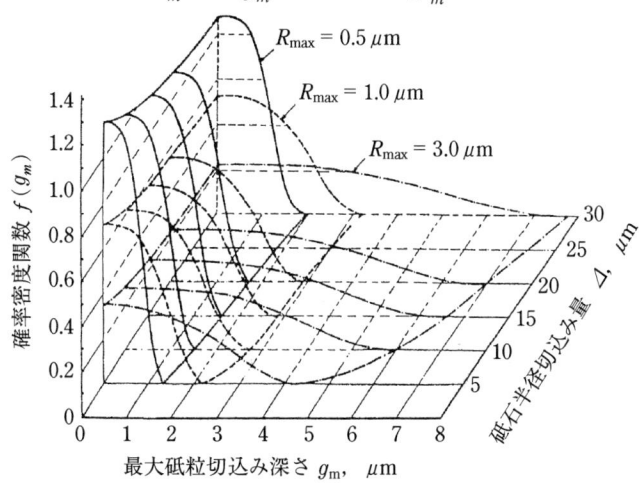

図4.16　最大砥粒切込み深さの確率密度関数$f(g_m)$

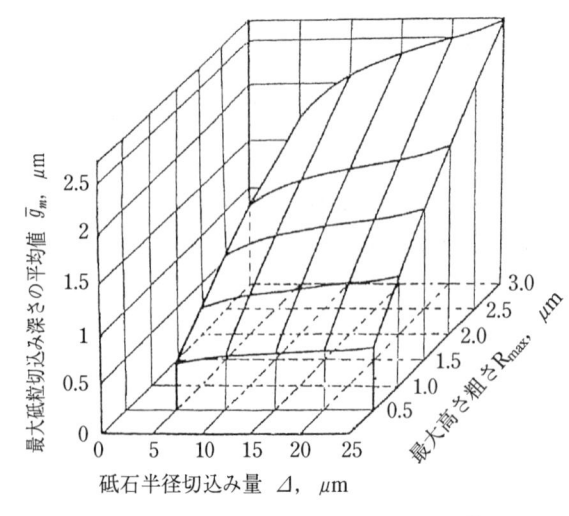

図4.17 最大砥粒切込み深さの平均値 $\bar{g}_m$

である．$R_{\max}$ を研削条件を表すパラメータと考え，$R_{\max}$ と Δ を変数にして式 (4.32) に従って計算した $f(g_m)$ の結果を図 4.16 に示す．さらに g_m の平均値 $\bar{g}_m$ は，

$$\bar{g}_m = \int_0^{g_{mm}} g_m f(g_m)\,dg_m \tag{4.33}$$

で与えられる．図 4.17 は，式 (4.33) に基づいて計算した $\bar{g}_m$ と $R_{\max}$ と Δ との関係を示す．

4.2.3 砥粒切削長さ [8]

図 4.18 で，軌跡 I は砥粒切れ刃 $G(s,\delta)$ の先端が工作物に対して描く軌跡であり，軌跡 II はこれと同一平面にある先行切れ刃の母面の 1 点が描く軌跡を表す．いま，砥粒切れ刃 $G(s,\delta)$ の先端が切削を開始する点を R とする．その後，切削は継続され，工作物の表面 Q に至って終了する．このとき $\overline{RQ}$ を砥粒切れ刃 $G(s,\delta)$ の**砥粒切削長さ** (grain cutting length) L_c と呼ぶ．

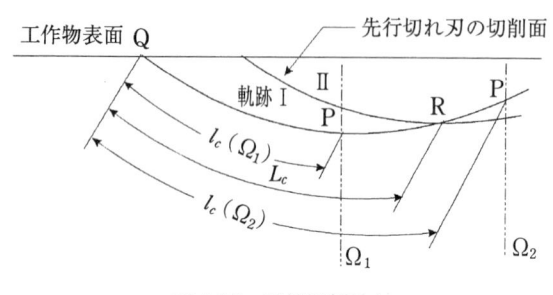

図 4.18 砥粒切削長さ

一方，基準断面における砥粒切れ刃 $G(s,\delta)$ の切削点を P とし，$\overline{PQ}=l_c$ とすれば，$V \gg v$ のとき，

$$l_c = \sqrt{D}(\sqrt{\Delta-\delta}+x) \tag{4.34}$$

で近似できる．ここで，x は

$$x \equiv \frac{v}{V}\frac{s}{\sqrt{D}} \tag{4.35}$$

である．この場合，基準断面は砥粒の位置とは無関係に決めることができる．たとえば，Ω_1 のように $\overline{RQ}$ の内側に基準断面をとれば砥粒切れ刃 $G(s,\delta)$ は基準断面を有効に切削するが，Ω_2 のように $\overline{RQ}$ の外側に基準断面をとれば砥粒切れ刃は基準断面を切削しない．すなわち，砥粒切れ刃 $G(s,\delta)$ が基準断面に対して有効であれば $L_c \geq l_c$ であり，この逆も成り立つ．したがって，砥粒切れ刃 $G(s,\delta)$ の砥粒切削長さ L_c が $L_c \geq l_c$ である確率を $P(L_c \geq l_c)$ で表せば，式 (4.20) から，

$$P(L_c \geq l_c) = \left(1 - \frac{U(x,\delta)}{W_m}\right)^{\bar{n}} \tag{4.36}$$

で与えられる．ここで，$U(x,\delta)$ は式 (4.29) の $U(h,s)$ に等しく，

$$U(x,\delta) = \left\{\frac{8}{15}(\delta+x^2)^{2.5} + \delta^2 x + \frac{4}{3}\delta x^3 + \frac{8}{15}x^5\right\}\frac{V}{v}\sqrt{D}\tan\alpha \tag{4.37}$$

である．ここで，l_c の確率密度関数を $f(l_c)$ とすれば，これまでと同じ考え方により

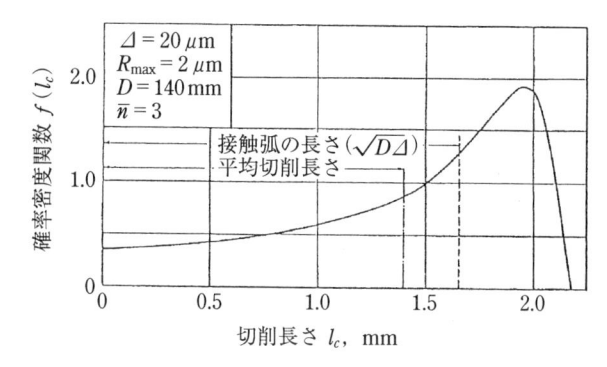

図 4.19 砥粒切削長さ l_c と確率密度関数 $f(l_c)$

$$f(l_c) = \frac{1}{A}\int_0^{\delta_m} \frac{\partial}{\partial l_c}\left\{1-\left(1-\frac{U(x,\delta)}{W_m}\right)^{\bar{n}}\right\}\mathrm{d}\delta \tag{4.38}$$

で与えられる.ここで,δ_m は有効砥石深さであり,A は

$$A = \int_0^{\infty} \mathrm{d}l_c \int_0^{\delta_m} \frac{\partial}{\partial l_c}\left\{1-\left(1-\frac{U(x,\delta)}{W_m}\right)^{\bar{n}}\right\}\mathrm{d}\delta$$

である.図 4.19 は,$\Delta = 20\,\mu\mathrm{m}$,$R_{\max} = 2\,\mu\mathrm{m}$,$\bar{n} = 3$,$D = 140\,\mathrm{mm}$ として,式 (4.37) に従って数値計算した結果である.図には,従来より切削長さとして用いられている式 (4.4) の値と式 (4.38) の平均値を示した.式 (4.4) の値は平均値よりやや大きく,また切削長さの最頻値は最大値に近い値になった.いずれにしてもその差は小さく,切削長さは式 (4.4) で十分代用できることがわかった.

問題 4.1 図 4.1 を用いて,平均砥粒切込み深さを求めよ.ここで,平均砥粒切込み深さとは時々刻々変わる砥粒切込み深さの平均値で,**未変形切り屑厚さ**(undeformed chip thickness)とも呼ばれる.

問題 4.2 砥石寿命の代表的な 3 形態を挙げて説明し,研削条件,砥石仕様との関係を述べよ.

問題 4.3 当初,直径が 255 mm であった砥石が摩耗により 200 mm になったとする.それが研削結果にどのような影響を及ぼすかについて述べよ.なお,砥石周速はインバータにより当初の値になるように調整するものとする.

問題 4.4 クリープフィード研削は,砥石半径切込み量を通常の研削の数百倍にし,その分,テーブル送りを遅くして溝などを 1 パスで加工する研削法である.砥石選定に当たってどのような注意を払ったらよいか.

問題 4.5 円筒研削におけるテーパ研削は,横送りテーブルと砥石軸は平行に保ちながら工作物軸を角度 α だけ傾けて行われる.砥石半径切込み量は,砥石軸に垂直に与えられ,1 回転当たり Δ であるとする.このとき,等価直径 D_e と g_m,l_c をそれぞれ計算する式を求めよ.

問題 4.6 切削軌跡に垂直な切り屑の断面を三角形と仮定し,連続の式の考え方で横軸平面研削の場合の最大砥粒切込み深さ g_m を求めるとどうなるか.その結果と,前述の式 (4.3) との違いを考えよ.

問題 4.7 砥石周速 $V = 1\,800\,\mathrm{m/min}$,工作物速度 $v = 5\,\mathrm{m/min}$,直径 $D = 205\,\mathrm{mm}$ の WA80I7V の砥石を用いて,砥石半径切込み量 $\Delta = 10\,\mu\mathrm{m}$ で平面研削したときの砥粒切込み深さ g_m を式 (4.3) を用いて計算せよ.また,4.2.2 項の考えに従って $\bar{g}_m$ を求め,結果を比較せよ.なお,連続切れ刃間隔は $a = 7\,\mathrm{mm}$,砥粒切れ刃 1 個の占める砥石体積は $W_0 = 1 \times 10^{-3}\,\mathrm{mm}^3$ とせよ.

参考文献

1) J. Verkerk : Manuf. Eng. Trans., (1980) 80.
2) W. Graham & A. T. Abdullahi : Int. J. Mach. Tool Des. Res. 15 (1976) 153.
3) S. Malkin : Grinding Technology, Ellis Horwood, (1989) p. 72.
4) R. Snoeys, J. Peter and A. Decneut : Annals of the CIRP, **23**, 2 (1074) 227.
5) R. Snoeys, A. Decneut : Annals of the CIRP, 19 (1971)
6) 松井正己, 庄司克雄 : 精密機械, **34**, 11 (1968) 743.
7) 松井正己, 庄司克雄 : 精密機械, **36**, 3 (1970) 196.
8) 松井正己, 庄司克雄 : 精密機械, **36**, 2 (1970) 115.

第5章 研削抵抗

5.1 研削抵抗の理論式

5.1.1 研削抵抗の2分力[1]

研削時に砥石が受ける力,あるいはその反力を**研削抵抗**(grinding force)と呼ぶ.研削抵抗は,砥石や砥粒切れ刃の研削状態を評価する上で非常に重要なファクタである.普通,横送りを与えた場合でも横送り方向の分力は無視できる程度に小さいので,主運動に沿った分力〔**接線分力**[注1](tangential force)〕とそれに垂直な,すなわち切込み運動に沿った分力〔**法線分力**(normal force)〕とに分けて考えることができる.これらのうち,砥石軸のモータの負荷に直接関係するのは接線分力である.そこで,工作物の材料定数や砥石の条件,研削条件から,これら二つの分力を求める理論式を考えることにする.

図5.1に示す横軸平面研削モデルにおいて**工作物速度**〔work speedまたは**テーブル速度**(table speed)〕をv,**砥石半径切込み量**(wheel depth of cut or infeed)を$\varDelta$,**研削幅**(grinding width)をbとすれば,単位時間当たりの**体積研削量**[注2](volume of material removed)は$v\varDelta b$である.一方,**砥石周速**(wheel surface speed)をV,単位砥石表面積当たりの有効切れ刃数をjとすれば,単位時間に研削に直接関与する有効切れ刃数はjbVである.したがって,個々の砥粒切れ刃によって生成される切り屑の平均体積は$\varDelta v/(jV)$で与えられる.いま,砥粒切削長さl_cを未変形切り屑長さと考えれば,4.1.4項で述べた未変形切り屑断面積は$\varDelta v/(jl_cV)$になる.

平均的な砥粒切れ刃を先端角2αの円すいと仮定し,切削中の切れ刃を図5.2に示すように考える.このとき,実際の切削断面積S_aは,工作物の盛上がりや脆性破壊(工作物が脆性材料の場

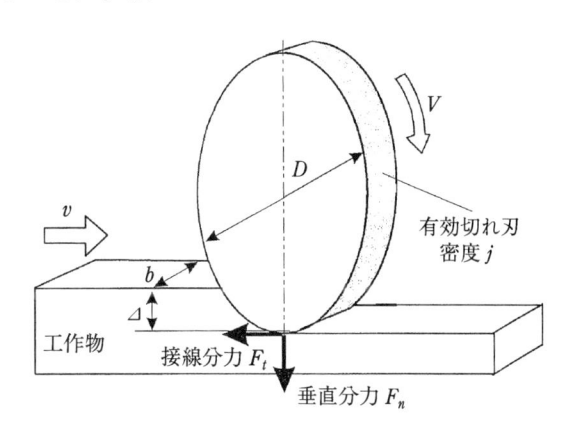

図5.1 横軸平面研削モデル

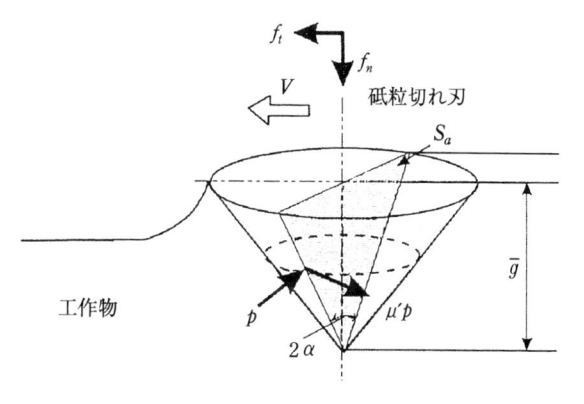

図5.2 砥粒切れ刃の研削モデル

[注1] 横軸平面研削で,通常の研削のように砥石半径切込み量が砥石半径に対して極めて小さい場合には,接線方向はほとんど水平になるので,**水平分力**(horizontal force)とも呼ばれる.同様に,法線分力は**垂直分力**(vertical force)とも呼ばれる.しかし,クリープフィード研削のような高切込み研削の場合,接線分力は研削抵抗全体の**合力**(resultant force)の作用点における接線方向になるので,接線分力と水平分力は一致しない.

[注2] 通常,ZまたはQ_wで表し,この二次元値,すなわち$v\varDelta$をZ'またはQ'_wで表す.

合）のために，未変形切り屑断面積に係数 C を掛けたものになると仮定する．いま，盛上がりを含めた平均の砥粒切込み深さを $\bar{g}$ とすれば，

$$S_a = \bar{g}^2 \tan\alpha = C\left(\frac{\varDelta v}{jl_c V}\right) \tag{5.1}$$

である．ここで，C を **盛上がり係数** と名づける．

ところで切削中の砥粒切れ刃は，円すい母面の前半面だけで工作物と接触し，面圧力 p の作用点を含む水平面内で工作物から摩擦力 $\mu' p$ を受けると仮定すれば（図 5.2 参照），砥粒切れ刃に作用する切削方向分力 f_t は，

$$f_t = p\bar{g}^2 \tan\alpha + \frac{2}{\pi}\text{cosec}\,\alpha \cdot \mu' f_n \tag{5.2}$$

である．ここで f_n は，砥粒切れ刃に作用する法線分力で，

$$f_n = \frac{\pi}{2} p\bar{g}^2 \tan^2\alpha \tag{5.3}$$

である．

研削抵抗の接線分力 F_t と法線分力 F_n は，式 (5.2)，式 (5.3) のそれぞれに砥石・工作物の接触弧内における有効切れ刃数（**同時研削切れ刃数** と呼ぶ）$jl_c b$ を掛けたものであるから，

$$F_t = Cp\left(\frac{v\varDelta b}{V}\right) + \mu F_n \tag{5.4}$$

$$F_n = Cp\left(\frac{\pi v\varDelta b}{2V}\right)\tan\alpha \tag{5.5}$$

である．ここで，μ は $\mu = (2/\pi)\text{cosec}\,\alpha\,\mu'$ である．

式 (5.4)，式 (5.5) は，研削抵抗と研削条件との関係を述べている．すなわち，法線分力 F_n だけを例にとれば，F_n は単位時間当たりの体積研削量〔**研削能率**（grinding stock removal rate）〕$Q_w = v\varDelta b$ に比例し，砥石周速 V に反比例する．

5.1.2　Cp 値

単位時間当たりの研削に消費されるエネルギー P は，接線分力と砥石周速の積であるから，式 (5.4) を使って

$$P = Cp(v\varDelta b) + \mu F_n V \tag{5.6}$$

である．式 (5.6) で，右辺の第 2 項は砥粒切れ刃と工作物の間の摩擦力に基づく動力損失で，直接工作物の除去には関与しない仕事量である．そこで，純粋に工作物の除去だけを考えれば，$v\varDelta b$ は単位時間当たりの体積研削量であるから，Cp は単位体積の工作物の除去に直接必要な研削エネルギーに相当する．そこで，これを **比研削エネルギー**（specific grinding energy）と呼ぶ．しかし，摩擦力も含めた研削エネルギーを体積研削量で割ったものを比研削エネルギーと呼ぶこともあるので，ここでは混乱を避けるために単に **Cp 値** と呼ぶことにする．

一方，$v\varDelta b/V$ は未変形切り屑断面積 $v\varDelta/jl_c V$ に同時研削切れ刃数 $jl_c b$ を掛けたものであり，未変形切り屑断面積の総和と考えることができる．したがって，式 (5.4) から Cp 値は工作物の除去に要する接線研削抵抗を未変形切り屑断面積の総和で割ったものであるから，**比研削抵抗**（specific grinding force）でもある．

Cp 値は，次のようにして求めることができる．すなわち，式 (5.4) から

$$\frac{F_t}{F_n} = Cp\left(\frac{vb}{V}\right)\left(\frac{\varDelta}{F_n}\right) + \mu \tag{5.7}$$

である．したがって，研削実験で得られた2分力比 F_t/F_n を $\varDelta/F_n$ についてプロットすれば，両者の関係は直線になり，その傾きは $Cp(vb/V)$ であるから，研削条件から Cp 値を求めることができる．**図5.3**はそのプロットの一例である．また**表5.1**は，このようにして求めた各種材料の Cp 値である．なお，砥石や研削条件を固定して研削実験を行う場合には，直線が書ける程度に実験点の分布が広がるまで，連続して行わなければならない[注3]．

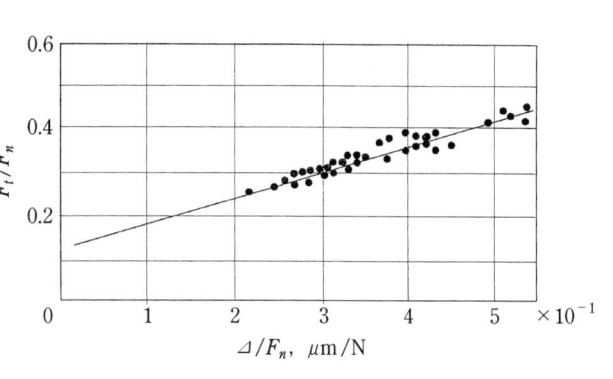

砥石 WA60HmV，直径 195 mm
砥石周速 $V = 1\,700$ m/min，砥石切込み量 $\varDelta = 15\,\mu$m
テーブル速度 $v = 5$ m/min，研削幅 $b = 10$ mm
工作物 高速度鋼 SKH4A，研削液 ソリューブルタイプ水溶液

図5.3 Cp 値の求め方

表5.1 各種材料の Cp 値

工作物	寸法, mm	Cp, N/mm²	p, N/mm²	備考
グラニット	6×30	4 300	7 000	(株)マツダ製 斑れい岩
シリコン	5.1×20	3 500	8 600	単結晶
フェライト	5.5×25	2 800	4 500	(株)NECトーキン製 NiO 20%, Fe₂O₃ 70%, ZnO 10%
鋳鉄	4.8×40	4 900	3 500	市販品 ねずみ鋳鉄
高速度鋼	3.2×40	18 000	7 300	(株)不二越製 SKH4A (JIS)

5.1.3 2分力比と研削性能

切削では，通常，**背分力**（thrust force）よりも**切削力**（cutting force）の方が大きくなるが，研削では法線分力の方が大きくなる．従来から経験的に**研削抵抗の2分力比**〔**研削抵抗比**（grinding force ratio）〕F_t/F_n の値は砥石の研削性能を表すこと，また鋼材の研削では通常 0.3〜0.5 で[注4]，砥石の研削性能が低下すると減少することが知られている．このことは，理論式を使って次のように説明できる．すなわち，式(5.4)，式(5.5)から

$$\frac{F_t}{F_n} = \frac{2}{\pi}\cot\alpha + \mu \tag{5.8}$$

[注3] F_t, F_n を実測し，式(5.4)，式(5.5)を未知数 Cp と μ の連立方程式として Cp を求めても意味がない．これは，次のように考えれば理解できよう．式(5.4)，式(5.5)から明らかなように，

$$\frac{F_t}{F_n} = \frac{2}{\pi\tan\alpha} + \mu \tag{5.8'}$$

であるから，本来，砥粒切れ刃の先端角 2α が一定であれば，$\varDelta/F_n$ に対する2分力比 F_t/F_n のプロットは1点に集中するはずである．すなわち，式(5.7)は砥石や研削条件を固定して研削実験を行う場合，砥粒切れ刃の摩耗により先端角 2α が変化することが前提になっている．α の変化が大きいほど，両者の関係を求める精度は向上する．このように，α が一定であるところでの分布は実験誤差によるものであるから注意しなければならない．

[注4] セラミックスなど硬脆材料の研削では，さらに，この値は小さくなり 0 に近づく．なお，2分力比をその逆数 F_n/F_t で表すこともあるので，注意すること．

が得られる．研削初期，すなわちドレッシング直後の状態では，砥粒切れ刃の先端角 2α は砥石の種類やドレッシング条件によって多少は異なるが，ほぼ同じであると考えられる．したがって，式(5.8)から F_t/F_n は砥石周速や工作物速度など研削条件には無関係にほぼ一定になり，砥粒切れ刃が鈍化して α が大きくなると減少することが理解できる．

このように，砥石の研削性能すなわち切れ味は，砥粒切れ刃の先端角 2α の大きさによって評価することができる．そこで，いま $\tan\alpha$ によって砥石の研削性能を表すことにする．$\tan\alpha$ は，式(5.5)から求められる次式

$$\tan\alpha = \frac{2}{\pi}\left(\frac{1}{Cp}\right)\left(\frac{V}{bv}\right)\frac{F_n}{\varDelta} \tag{5.9}$$

で計算できる．

図5.4は，各種材料をWA砥石とGC砥石で研削したときの F_n と $\varDelta$ の実測値から，表5.1の Cp 値を使って計算した $\tan\alpha$ の結果である．研削抵抗の増加に伴って，砥石軸および工作物テーブルからなる研削系の弾性変形のために切残し量が発生し，実質の砥石半径切込み量 $\varDelta$ が変化したため，横軸には研削回数でなく累積砥粒切削長さ l_g をとった．つまり，各パスの砥石半径切込み量 $\varDelta$ が変わると，同じ回数研削しても個々の砥粒切れ刃の累積砥粒切削長さが異なるので，砥粒切れ刃の摩耗過程を研削回数を基準にして比較するのは適当でない．累積砥粒切削長さ l_g は，

$$l_g = \sum l_c = \frac{nL}{\pi}\frac{V}{v}\sqrt{\frac{\varDelta}{D}} \tag{5.10}$$

で計算できる．ここで，L は工作物の長さであり，n は研削回数である．

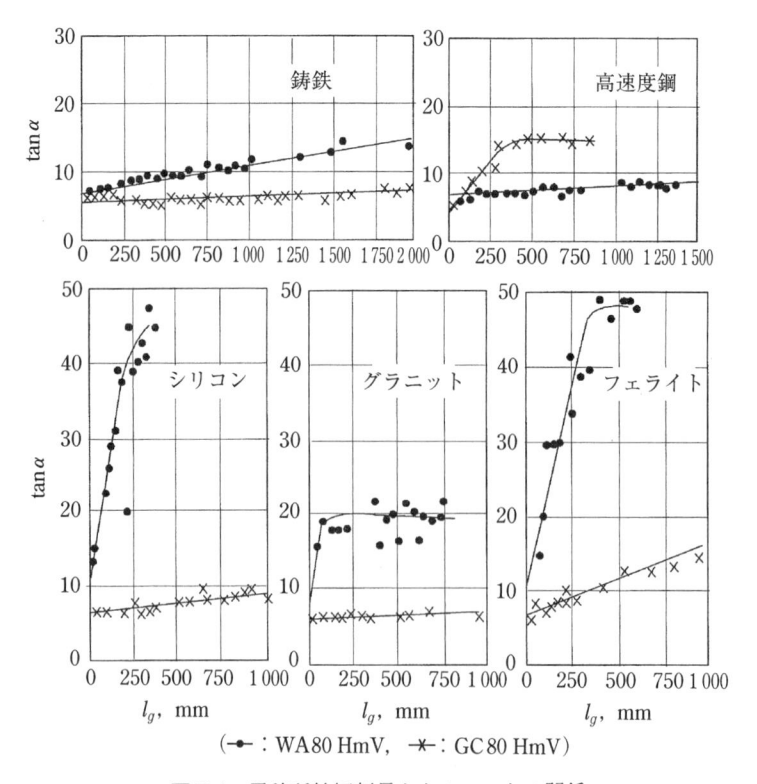

図5.4 累積砥粒切削長さと $\tan\alpha$ との関係

5.1.4 研削切断における研削抵抗

研削切断は，外周刃によるものと内周刃によるものに大別される（1.3.4参照）．このうち，内周刃はブレード厚が小さいにもかかわらず，たわみに対する剛性が比較的大きい．それに対して，外周刃は剛性が低く，ブレードの弾性たわみが無視できなくなる．特に高価な素材の切断の場合にはブレード厚の薄いものが使用されるので，弾性たわみが特に問題になる．したがって，外周刃切断における研削機構は，5.1.1項で議論した通常の研削と全く異なったものになる．

図5.5は，厚さ0.5 mmのフルブレードタイプの切断砥石（GC240RB）によるセンダスト〔磁気ヘッド（メタルヘッド）材の1種〕のスライシングを模式的に示したものである．センダストはカーボン台に加工用接着剤で接着し，カーボン台ごと切断した．カーボン台を含めた切断深さは，6 mmであった．このときの研削抵抗を八角弾性リング式動力計を用いて測定した．図5.6はその記録の一例で，図(a)はアップカット，図(b)はダウンカットのときである．垂直分力は下向きの力を正，水平分力は砥石周速ベクトルと逆向きの力を正にとっている．また①〜⑤の番号は，それぞれ，①研削切断開始時，②工作物の前端が砥石軸の真下に来たとき，③工作物の中央が砥石軸の真下に来たとき，④工作物の後端が砥石軸の真下に来たとき，⑤工作物の後端が砥石との干渉域から脱するとき，を示している[2]．

図から明らかなように，ダウンカットの場合，垂直分力は非常に特徴的な挙動を示した．すなわち，研削開始直後は(①)下向きで徐々に増加するが，②以後は漸減し，③を過ぎたところで逆転し上向きになった．その後，上向きのまま増加し続け，④の位置で最大になった後，減少する．他方，水平分力は，研削開始直後わずかながらテーブル送りと逆向きになるが，その後はテーブル送り方向（研削方向）と同じ向きになる．ただし，その大きさはアップカットの場合に比べて約1/2程度である．

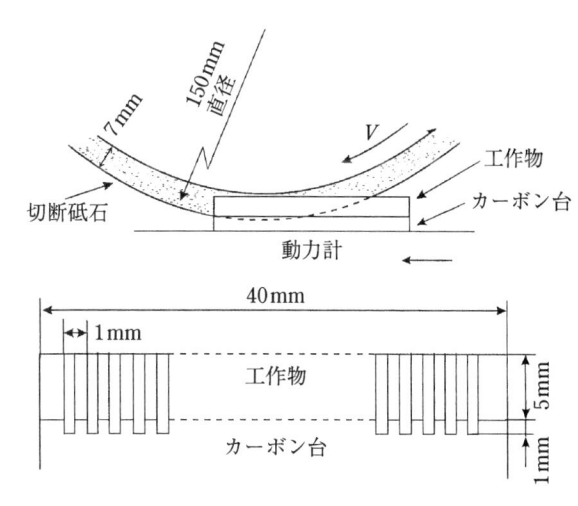

図5.5 センダストのスライシング

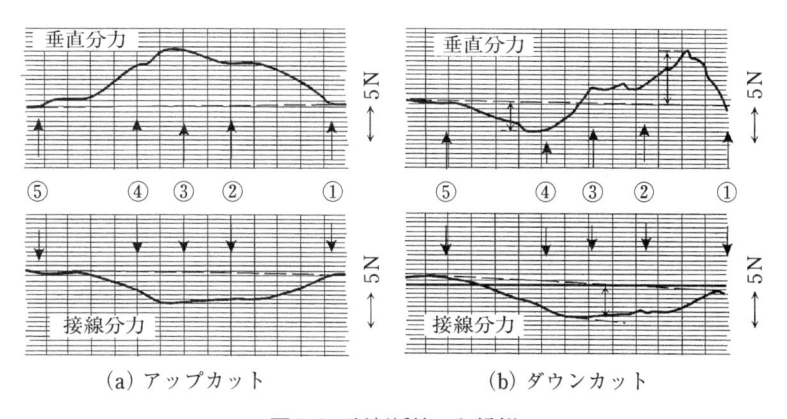

図5.6 研削抵抗の記録例

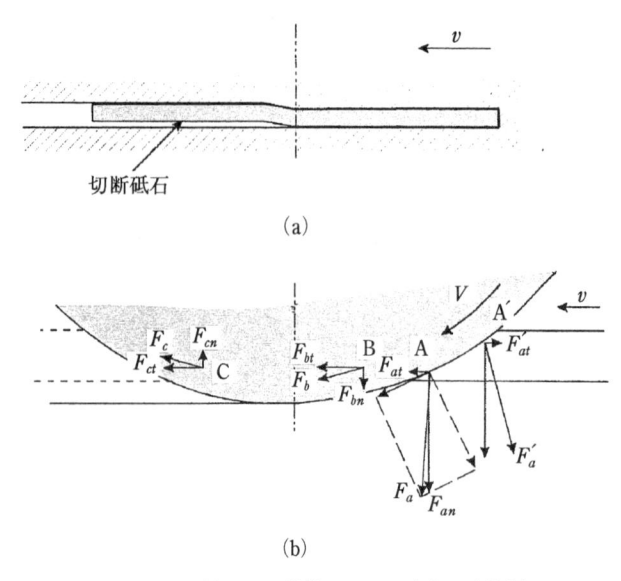

図5.7 切断砥石の弾性たわみと各部の研削力

外周刃研削切断のおけるこのような研削抵抗の挙動は，同じように高切込み研削であるクリープフィード研削に比べても特異的である．これは，次のように説明できる．すなわち，薄いブレードを用いた外周刃切断では，砥石断面が全く左右対称ということはなく，必ず偏摩耗が存在する．また砥石軸にも，工作物送り方向に対してわずかな垂直誤差が存在すると考えられる．そのため，図5.7に示すように，砥石はわずかにたわみながら進むと考えられる．その結果，砥石の側面と工作物が干渉し，研削抵抗が発生する．同図(b)は，砥石の外周部と側面の各部に発生する研削抵抗とその2分力を模式的に示したものである．ここで，点Aは砥石外周上，また点B，点Cは砥石側面上の点で，それぞれに作用する研削力を F_a, F_b, F_c とした．

図5.6(b)の①～②の状態では，図5.7(b)から明らかなように，砥石の右半分の外周面と側面が関与し，点A（外周）および点B（側面）に示したような研削力が作用する．したがって，2分力はそれぞれ F_{an} と F_{bn}，F_{at} と F_{bt} の和であるから，いずれも②の位置に近づくほど大きくなる．なお，切断開始直後にテーブル送りと逆向きの力が発生するのは，点A′のように切削位置の高い外周面では，工作物に作用する研削力 F'_a の水平分力 F'_{at} がテーブル送りと逆向きになるためである．さらに，切断が進行して砥石の左半分の側面が研削に関与し始めると，点Cに示したように上向きの成分 F_{cn} が発生する．この成分は，左側面の作用面積が増加するに従って増大する．そして，④の状態では工作物が砥石の左半分だけで接触することになり，それ以後は接触面積が減少する．したがって，④の状態で垂直研削分力は最小値（上向きの力の最大値）をとる．このように，研削切断では砥石の弾性たわみによって砥石側面が研削に関与していると考えなければ研削現象を理解できない．

図5.6は，フルブレードタイプの切断砥石で切断したときの結果である．しかし，通常のダイヤモンドブレードは金属コアでダイヤモンド層は外周から数mmだけであるから[注5]剛性が高く，また砥石側面と工作物との接触面積も小さいため，大きな上向き力の発生は少ない．しかし，このような場合でもブレードの弾性たわみが存在し，それによって砥石軸方向の研削抵抗（以下，これを側面力と呼ぶ）が発生する．図5.8は，ダイヤモンドブレード（SDCV75BW6, $125 \times 0.5 \times 38.1$, $x=3$）で，厚さ5mmのフェライト板（長さ75mm）をスライシング（切断深さ6mm）したときの研削抵抗の3分力の記録例である[3]．フランジからのブレードの突き出し量は10mmであった．図で，F_x, F_y, F_z は通常のダウンカット時の3分力，F_{px}, F_{py}, F_{pz} は弾性たわみが発生しないようにブレードと同径のディスクで側面をバックアップし擬似

[注5] ただし，電鋳ブレードはフルブレードタイプで，非常に剛性が高い（2.3.2参照）．

切断を行ったときの3分力の記録である．同じブレードを使用したが，弾性たわみが発生しやすいようにブレードにはあらかじめ偏摩耗を与えた．

弾性たわみが発生しないように側面を拘束したブレードでは，ブレードの外周だけで研削が行われるため，F_{px} はわずかに正（テーブル送りの向きと逆）になるが，ブレードの弾性たわみがある場合には，側面に作用する研削力が負の成分を持つために，F_x は負になる．垂直力は両者ほとんど変わらないが，側面力は弾性たわみがあると増大する．3分力における両者の差は，近似的にブレード側面に発生する研削力成分と考えることができる．

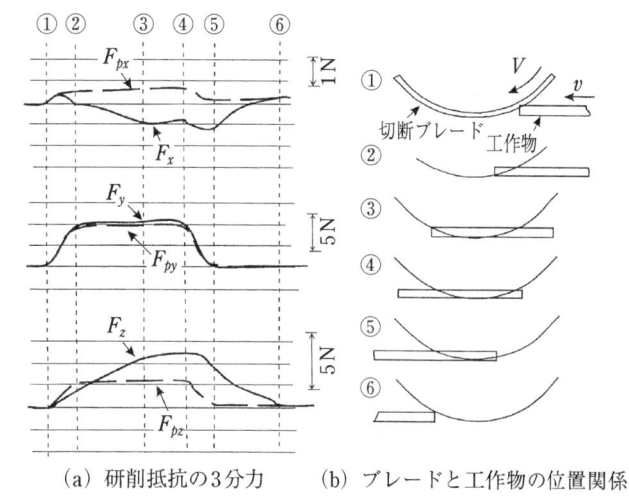

(a) 研削抵抗の3分力　　(b) ブレードと工作物の位置関係

図 5.8　ダイヤモンドブレードによる研削切断時の研削抵抗3分力の記録例

これらの結果に基づいて，5.1.1 と同じ考えで，切断砥石の外周面と側面に作用する研削抵抗を解析的に求めることができるが，その詳細は文献 4），5）に譲ることにする．

5.2　比研削抵抗の寸法効果

研削抵抗が研削幅 b に比例することは一般に受け容れられている．そこで混乱のない限り，単位研削幅当たりの研削抵抗についても単に研削抵抗と呼ぶことにする．したがって，単位時間当たりの体積研削量 $Q_w = bv\varDelta$ の代わりに単位時間・単位研削幅当たりの体積研削量 $Q'_w = v\varDelta$ を使えば，研削抵抗の理論式である式 (5.4)，式 (5.5) は，

$$\frac{F_t}{b} = Cp\left(\frac{v\varDelta}{V}\right) + \mu\left(\frac{F_n}{b}\right) = Cp\left(\frac{Q'_w}{V}\right) + \mu\left(\frac{F_n}{b}\right) \tag{5.4'}$$

$$\frac{F_n}{b} = Cp\left(\frac{\pi v\varDelta}{2V}\right)\tan\alpha = Cp\left(\frac{\pi Q'_w}{2V}\right)\tan\alpha \tag{5.5'}$$

と書くことができる．すなわち，Cp 値を材料定数とし，さらに $\tan\alpha$ が砥石の状態だけに依存し研削条件に無関係であるとすれば，研削抵抗は Q'_w に比例し砥石周速 V に反比例する．

図 5.9 は，他の条件を全て固定し，砥石半径切込み量 $\varDelta$ だけを変数にして研削抵抗への影響を調べたものである．この結果は，同一ドレッシング下における研削であり，砥粒切れ刃の径時変化の影響ができるだけ少なくなるよう注意して実験を行った．また，法線研削抵抗が大き

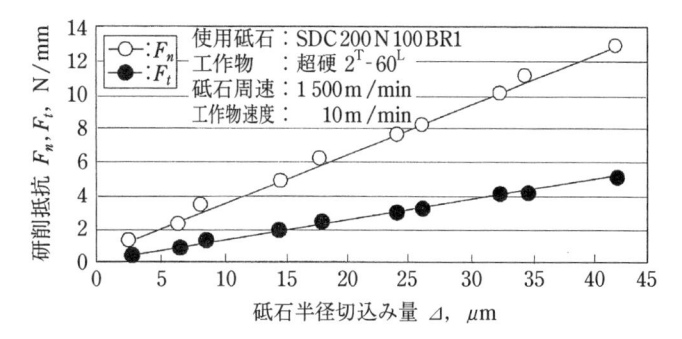

図 5.9　研削抵抗の砥石半径切込み量との関係

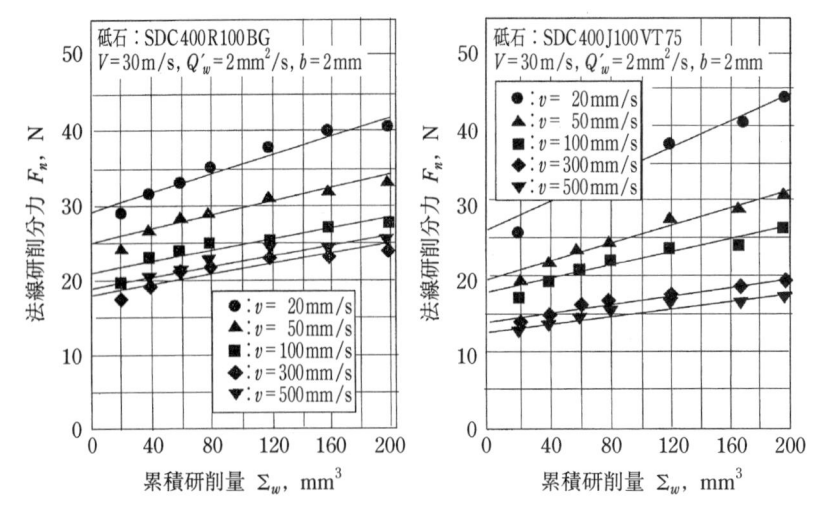

図5.10 累積研削量 Σ_w と法線研削分力 F_n の関係

くなると砥石軸や工作物テーブルなど研削系の弾性変形が増加し、切残し量が増加するため実質の砥石半径切込み量が減少する恐れがある．そこで，各パスごとに実質の砥石半径切込み量を測定し，それを Δ とした．この結果によれば，研削抵抗は砥石半径切込み量 Δ にほぼ比例することがわかる．すなわち，砥石半径切込み量 Δ がこの程度変わっても，Cp 値は定数とみなすことができるということである．

これに対して，図5.10は単位時間・単位研削幅当たりの体積研削量 Q'_w を一定（$2\,mm^2/s$）にして工作物速度 v を $20\,mm/s$ から $500\,mm/s$ の範囲で変え，超硬合金（KD20）を連続研削したときの法線分力 F_n の変化である．各条件ごとに砥石半径切込み量 Δ が異なるため，グラフの横軸は累積体積研削量 Σ_w とした．すなわち同じ累積体積研削量であっても，$v = 20\,mm/s$ と $500\,mm/s$ では，$v = 500\,mm/s$ の方は Δ が $1/25$ であるため，研削パス数が25倍になっている．累積体積研削量 Σ_w に伴って研削抵抗が直線的に増加するのは，砥粒切れ刃の先端角が摩耗鈍化し $\tan\alpha$ が増加するためである．

しかし，この結果を累積体積研削量 $\Sigma_w = 0$ に外挿したときの研削抵抗，すなわちドレッシング直後の研削抵抗 F_{n0} は，ドレッシングが全く同じ条件で行われ，砥石の状態が同じであるならば，本来，同じでなければならない．図5.11は，この値を F_{n0}/b とし，工作物速度 v についてまとめたものである．図の横軸には，v と共に，無次元砥粒切込み深さ g_m/a の値を付記した．この図から明らかなように，砥粒切込み深さが小さくなるほど研削抵抗が大きくなる傾向がある．なお，レジンボンドの3種類[注6)] の砥石に比

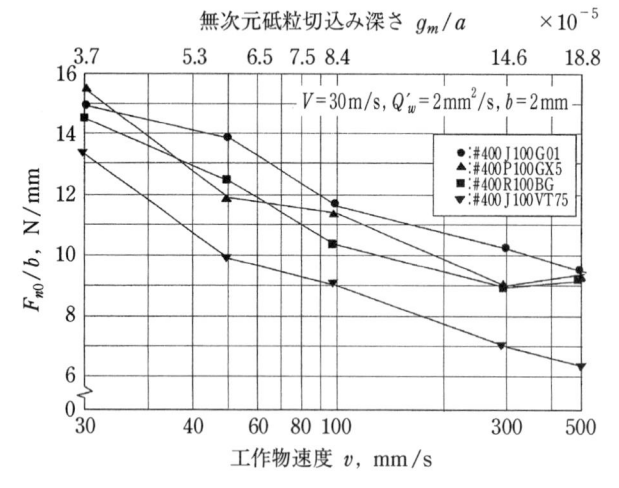

図5.11 工作物速度 v とドレッシング直後の研削抵抗との関係

[注6)] G01，GX5は，いずれもポリイミド系レジンボンド，BGはフェノール系のレジンボンドである．

ベビトリファイドボンド[注7]砥石の F_{n0}/b が全体的に低いのは，ビトリファイドボンド砥石の方がドレッシング直後の砥粒切れ刃がシャープで研削性能が優れていることを示している．

このように，比研削抵抗が切り屑サイズの減少と共に増大するという現象は，いわゆる「比研削抵抗の寸法効果（size effect）」として古くから知られており[6),7)]，切削抵抗についても全く同様の現象が認められている[8)]．M. C. Shaw[2)] は，その原因を切り屑サイズが小さくなるほど内在する転位の数が減少するためであるとしており，G. Boothroyd ら[4)] は切り屑サイズすなわち切取り厚さが小さくなると，切れ刃のエッジの丸みが無視できなくなるためであると説明している．これらの考えを式 (5.4′)，式 (5.5′) 式に当てはめれば，Cp 値や $\tan\alpha$ は砥粒切込み深さ g_m に対して独立ではなく，g_m が小さくなるほどが大きくなるということである．すなわち 5.1.1 項では，簡単のために砥粒切れ刃は平均的に先端角 2α の円すいであると仮定している．これは砥粒切込み深さ g_m が比較的大きいところでは正しいが，g_m が小さくなると砥粒切れ刃先端の丸みのために $\tan\alpha$ は大きくなるであろう．また，材料の降伏圧 p にも寸法効果があり，ダイヤモンド圧子の押込み量が小さくなれば降伏圧 p が大きくなることはよく知られている．盛上がり係数 C についても同様であり，さらに砥粒切込み深さ g_m が変われば，切り屑の除去機構そのものが変わることも考えられる．特に，硬脆材料ではその影響が大きい．次にその例を示す．

図 5.12 は，外周にダイヤモンド角すい工具を固定したアルミニウム製回転円板を砥石の代わりにして，平面研削と同様の砥粒切込み深さで研削[注8]を行ったときの盛上がり係数 C と g_m の関係である[9)]．このようにセラミックスのような硬脆材料でも，砥粒切込み深さを十分小さくすれば金属と同様に延性的な生成機構で切り屑が生成され，盛上がりが生じる．しかし，砥粒切込み深さが大きくなると，脆性破壊が発生し C が 1 以下になった．**図 5.13** は研削溝の SEM 写真で，図 (a) は延性域での研削溝，図 (b) は脆性域で研削溝の例である．

本来は，研削条件に独立な材料定数や砥石の特性係数を用いて研削抵抗

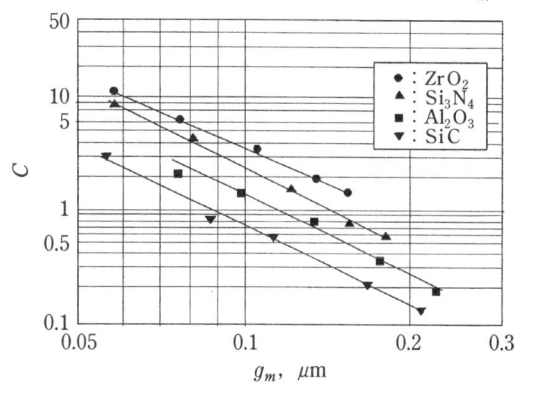

図 5.12 盛上がり係数 C と最大砥粒切込み深さ g_m との関係

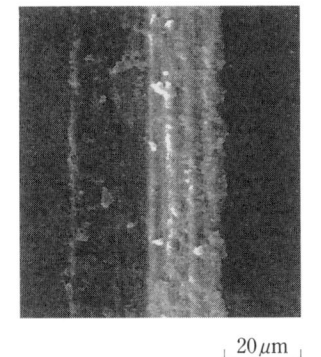

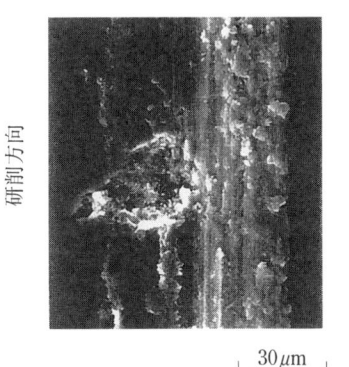

(a) 延性域での研削溝 (b) 脆性域での研削溝

図 5.13 延性域と脆性域における単粒研削溝の写真

[注7)] 図 5.11 の VT75 はビトリファイドボンドを表す．
[注8)] このような研削を**単粒研削**（single grain grinding）と呼んでいる．

の理論式を構成できることが理想である．その点，式(5.4)，式(5.5)あるいは式(5.4′)，式(5.5′)は不十分である．したがって，Cp 値に対する厳密な議論を行う場合には，砥粒切込み深さが変わらないような条件のもとで行わなければなければならない．その例については，8.2.4項で述べる．しかし，砥粒切込み深さの変域があまり大きくない範囲で研削抵抗に対する研削条件の影響を議論する場合には，これらの式で十分であろう．

5.3 研削抵抗の測定

5.3.1 砥石軸モータの正味消費動力

最も簡単な研削抵抗の測定法は，砥石軸モータの正味消費動力から求める方法である．いま主運動方向の研削抵抗，すなわち接線分力を F_t，砥石周速を V とすれば，単位時間当たりの研削仕事量は $F_t V$ である．したがって，モータの正味電力を P [kW] とし，モータの効率を η_e，砥石周速を V [m/min] とすると，1 kW = 1 000 N·m/s であるから，

$$F_t V = (60 \times 1\,000) \eta_e P \tag{5.11}$$

である．砥石直径を D [mm]，回転数を N [rpm] とすれば，式(5.11)から

$$F_t = \frac{6 \times 10^7 \eta_e P}{\pi D N} \quad [\text{N}] \tag{5.12}$$

が得られる．

この方法は，研削作業の種類を問わず利用でき，しかも研削系を乱すことなく研削抵抗を測定することができるので，現場的によく用いられる．しかし，測定精度が劣ること，応答速度が悪く研削抵抗の細かな変動の検出には不向きであること，研削抵抗の接線分力しか知ることができないことなどが欠点として挙げられる．したがって，実験室的には次に述べる弾性リング式動力計や圧電型動力計が用いられることが多い．

5.3.2 弾性リング式動力計

図5.14に示すように，下端を固定した厚さ t の薄肉のリングに半径方向の垂直力 F_n を作用させた場合，任意の点 (r, θ) における曲げモーメント M は，

$$M = \frac{F_n r}{2}\left(\sin\theta - \frac{2}{\pi}\right) \tag{5.13}$$

で与えられる．このとき，内・外面におけるひずみは，ヤング率を E，リングの断面係数を Z とすれば，

$$\varepsilon = \mp \frac{\sigma}{E} = \mp \frac{M}{EZ} \tag{5.14}$$

となる．リングの幅を B とすれば，リングの断面係数は $Z = Bt^2/6$ であるから，

$$\varepsilon = \mp \frac{3 F_n r}{E B t^2}\left(\sin\theta - \frac{2}{\pi}\right) \tag{5.15}$$

が得られる．式(5.15)によれば，$\sin\theta = 2/\pi$ すなわち $\theta = 39.5°$

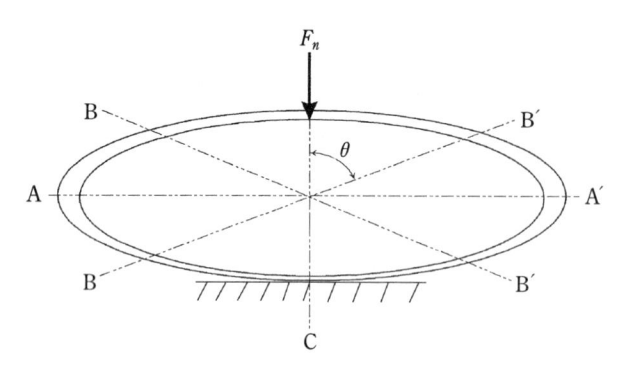

図5.14 垂直力 F_n の作用

なる点Bおよび点B′において$\varepsilon_B = 0$となり，$\theta = \pi/2$すなわち点Aで最大値

$$\varepsilon_A = \mp 1.09 \left(\frac{F_n r}{EBt^2} \right) \tag{5.16}$$

をとる．

一方，偶力F_tを作用させるとリングは図5.15に示すように変形し，ひずみは点Aにおいて$\varepsilon_A = 0$，点Bにおいて次のようになる．

$$\varepsilon_B = \pm 2.18 \left(\frac{F_t r}{EBt^2} \right) \tag{5.17}$$

したがって，式(5.16)，式(5.17)のε_A, ε_Bを測定することによって，互いに横干渉なしに2分力F_n, F_tを同時に求めることができる[10]．実際には，リングの転がりを防ぐために下端を固定する必要があり，また，ひずみゲージを貼る部分は曲率が小さい方が便利であるため，円環ではなく八角形のリングが使用される．この場合，点Bに対応する位置は垂直軸から45°の位置になる．また，研削抵抗の場合には力の作用点の範囲が広いので，図5.16のように二つのリングを剛体的に連結した形のものが便利である[注9]．

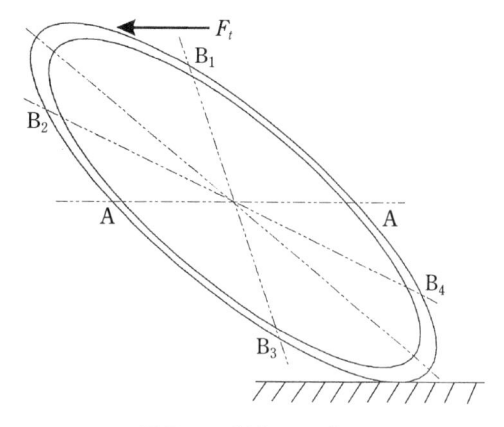

図5.15 偶力F_tの作用

弾性リングのもう一つ重要な特性は，動特性である．図5.14に示した弾性リングの垂直方向の固有振動数ϕ_nは，ばね質量をmとすれば，

$$\phi_n = \frac{1}{2\pi} \sqrt{\frac{k_r}{m}} \tag{5.18}$$

で与えられる[11]．ここで，k_rはばね定数で，$k_r = 1.39 EBt^3/r^3$である．したがって，B, tを大きくしてrを小さくすれば，動力計の固有振動数ϕ_nは増加するが，式(5.16)，式(5.17)から明らかなように，同時にひずみ量も減少するので，動力計の感度が低下することになる．そこで，ひずみ検出センサに半導体ゲージを用いたり，油圧減衰器を付設して動特性を向上させる試みもなされている[12]．

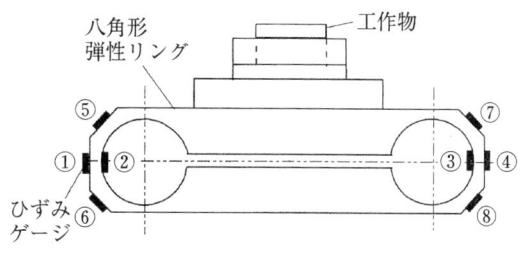

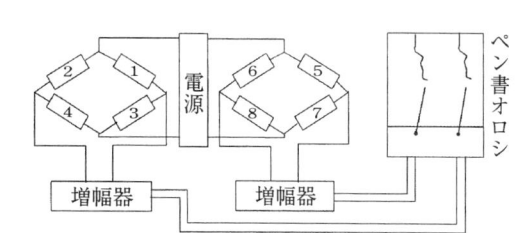

図5.16 八角形弾性リングとひずみゲージの接続

[注9] 弾性リング式動力計は，力を弾性ひずみにおき換えて測定しているので，リングに弾性ひずみを与える他の物理量，たとえば温度の存在に注意しなければならない．たとえば，図5.16の弾性リングで上面と下面に温度差がありその量が変動する場合，弾性リングはかなり感度のよい温度センサとなる．したがって，研削液を使用する場合にはリング内，特に上下面に温度こう配が発生しないような状態で使用しないと，出力のゼロ点がドリフトする原因となる．

5.3.3 圧電型動力計

　ある種の結晶に機械的な負荷を与えると結晶表面に電荷が発生する．この現象は圧電効果と呼ばれ，圧電効果を持つ材料を圧電材料と呼んでいる．圧電材料は，厚み方向，横方向，せん断方向の3種類の圧電効果を持つ．したがって，適当な結晶面で切り出すことによって，いろいろな変形モードの素子を作ることができる．図5.17は，計測に利用される主要な変形モードを示す．この性質を利用し，2組のせん断方向の**圧電素子**（piezoelectric element, piezoelectric transducer）と1組の厚み方向の素子を図5.18のように組み合わせることによって3成分動力計を作ることができる．

　いま，圧電素子に入力抵抗Rの電圧増幅器を接続したとすると，入力回路は時定数CRを持つことになる．ここで，Cは圧電素子の静電容量，ケーブルの浮遊容量，電圧増幅器の入力抵抗Rに並列に挿入された静電容量など電圧増幅器の入力段の全容量である．通常の研削抵抗を測定するためには，数十秒程度以上の時定数が必要である．しかし，時定数を大きくするために，電圧増幅器の入力抵抗Rに並列に挿入された静電容量を大きくすると，入力回路の増幅率が入力段の全容量Cに反比例するので，感度が劣化することになる．したがって，通常，Rを極端に大きくする方法が採られる．そのため，圧電素子の絶縁抵抗を大きくする必要があり，トラブルの原因になりやすい．また，圧電素子の内部容量は一般に非常に小さいので，ケーブルの浮遊容量の変動による影響も大きい[13]．

　このように，圧電素子により力を測定する場合，電圧増幅器に接続したのでは低域特性が悪く，準静的な力を精度よく測定することはできない．そこで現在は，ほとんどの場合，電荷増幅器が用いられる．電荷増幅器は，圧電素子の両端に発生するのが電圧でなく電荷であることに着目し，演算増幅器を用いて電荷を直接増幅するものである．図5.19に，圧電素子の等価回路と電荷増幅器の基本回路を示す．いま，圧電素子の電極間電圧e_sと電荷増幅器の出力e_0をそれぞれ独立の電源とみなせば，重畳の理によ

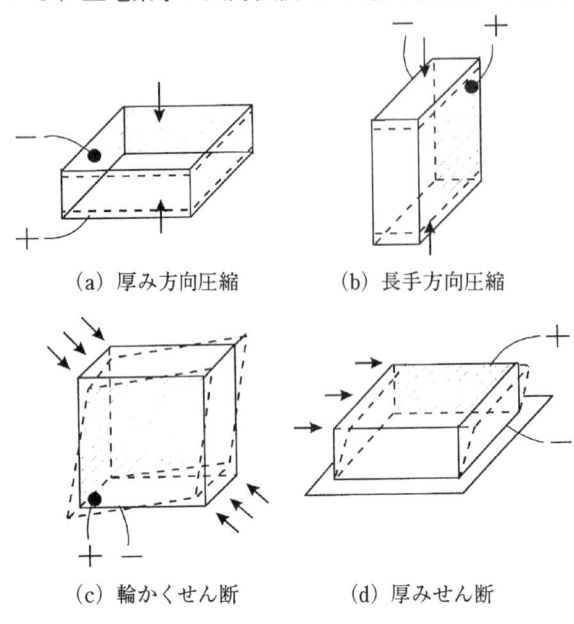

(a) 厚み方向圧縮　　(b) 長手方向圧縮
(c) 輪かくせん断　　(d) 厚みせん断

図5.17　圧電素子の主要モード

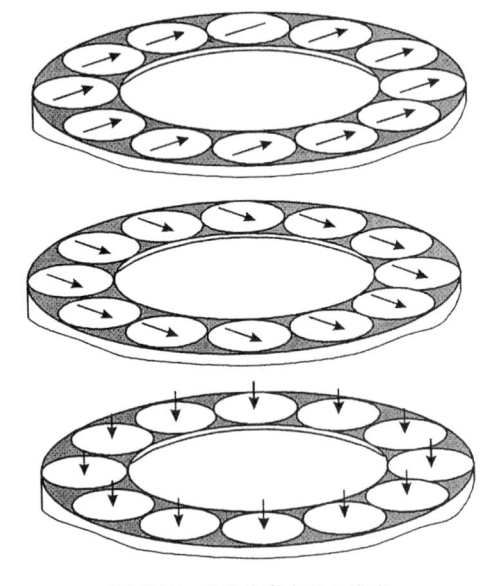

図5.18　3分力動力計の構成

り電荷増幅器の入力端子間電圧 e_{in} は，

$$e_{\text{in}} = \frac{e_s(z_f z_i)}{z_s(z_f + z_i) + z_f z_i} + \frac{e_0(z_i z_s)}{z_f(z_i + z_s) + z_i z_s} \tag{5.19}$$

で与えられる．ここで，z_i は，ケーブルの浮遊容量 C_c も含めた演算増幅器の入力インピーダンス，z_f はフィードバックインピーダンス，z_s は圧電素子のインピーダンスである．演算増幅器の利得を A とすれば，

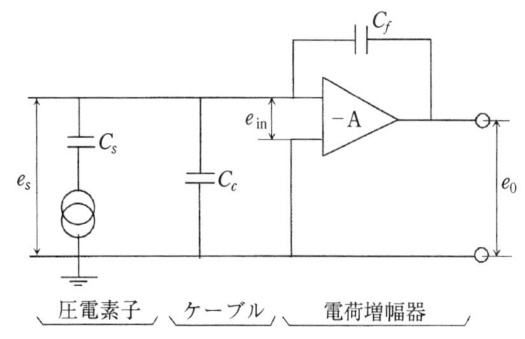

図5.19 圧電素子の等価回路と電荷増幅器

$$e_0 = -A e_{\text{in}} \tag{5.20}$$

である．式(5.20)を式(5.19)に代入し，A が非常に大きいことを考慮すれば，

$$\frac{e_0}{e_s} = -\frac{z_f}{z_s} \tag{5.21}$$

が得られる．ここで，$z_f = 1/j\omega C_f$，$z_s = 1/j\omega C_s$ であり，圧電素子に生じる電荷を Q_s とすれば，$Q_s = C_s e_s$ である．したがって，式(5.21)から

$$e_0 = -\frac{Q_s}{C_f} \tag{5.22}$$

である．すなわち，式(5.22)は演算増幅器の出力 e_0 が入力回路の容量に無関係に発生電荷 Q_s に比例することを示している[14]．

　実際には入力信号が0のときでも演算増幅器の入力側にはオフセット電流が流れる．図5.19の演算増幅器回路は基本的に積分回路であるから，この電流がフィードバック回路に流れ込んで積分演算され，ドリフトの原因となる．また，ジルコン酸チタン酸鉛など圧電磁器ではパイロ効果が大きいので，わずかな温度変化で出力が変動する．このような影響を除くため，フィードバック容量に並列に適当な抵抗 R_f が挿入される．その結果，電荷増幅器の低域特性はフィードバック回路の時定数 $C_f R_f$ に支配されることになる．

　弾性リング式動力計は，基本的に研削抵抗によって生じた弾性ひずみを測定するので時定数は無限大であるが，動力計の挿入による研削系への影響は避けることができない．また動力計自体の固有振動数を高くすることが難しいため，衝撃に近いような高周波数の力を測定するのには向いていない．この点，圧電型動力計は水晶や圧電磁器などがヤング率の高い材料を使用するので非常に剛性が高く，動力計の固有振動数も高くできるが，上述したように低域特性で難点がある．圧電型動力計でも，最近市販のものは低域特性がかなり改善され時定数を大きく取ることが可能になっている．しかし，ごく一般的にいえば，単粒研削など衝撃力の測定には，圧電型が適しており，クリープフィード研削や研削切断など準静的な研削抵抗の測定には，弾性リング式動力計のような抵抗ひずみ線型の動力計が向いているといえよう．

問題 5.1　式 (5.4), 式 (5.5) は横軸平面研削の場合である．円筒研削，内面研削についても同じような考えで研削抵抗の理論式を求めよ．

問題 5.2　図 5.10 で砥粒切れ刃の摩耗率を比較する場合，それぞれの条件で砥粒切削長さ l_c が異なるため，5.1.3 項で述べたように累積砥粒切削長さ l_g を基準にしなければならない．累積砥粒切削長さ l_g を基準にして図 5.10 を書き換えよ．l_g を基準にした F_n の増加率を Γ_c として，Γ_c と無次元砥粒切込み深さ g_m/a と関係を求めよ．Γ_c は単位砥粒切削長さ当たりの砥粒切れ刃の切れ味の変化，すなわち $\tan\alpha/l_g$ を表しており，無次元砥粒切込み深さ g_m/a は砥粒切れ刃に作用する研削力を表していると考えることができる．したがって，得られた結果は砥粒切れ刃の切れ味の変化に及ぼす研削力の影響を表している．Γ_c と g_m/a との関係は，砥石によって異なった結果となる．たとえば，結合度が低く自生作用が活性な砥石では g_m/a に対する Γ_c の増加率は緩やかになり，結合度の高い砥石では急峻になる．

問題 5.3　図 5.10 との結果から，総研削量 Σ_w に対する F_n の増加率を Γ として Γ と v との関係を求めよ．これは，F_n の増加率を砥石寿命（ドレッシング間寿命）の判定基準とした場合，その砥石に対してどの工作物速度 v が適しているかを示している．工作物速度 v を大きくとり，その分砥石半径切込み量を小さくして研削する方式（平面研削の場合）をハイレシプロ研削またはスピードストローク研削 (high speed stroke grinding) という．これは，クリープフィード研削のちょうど対極に位置する研削方式と言える．それぞれの研削にはそれぞれ最も適した結合度や組織を持った砥石があり，それは上のような評価法により判定することができる．

問題 5.4　2 分力あるいは 3 分力動力計で，それぞれが干渉する (cross talk) 場合の補正法について考えてみよう．

問題 5.5　ここでは，ひずみゲージを用いた動力計の代表例として，弾性リング式動力計を取り上げた．そのほか平行板ばね式など各種の動力計が考案されているので文献などで調べよ．

参考文献

1) 松井正己, 庄司克雄：精密機械, **35**, 4 (1969) 235.
2) 松井正己, 庄司克雄, 寺本仁：精密工学会誌, **53**, 7 (1987) 1051.
3) 水野雅裕, 庄司克雄, 井山俊郎, 森由喜男：精密工学会誌, **58**, 1 (1992) 105.
4) 庄司克雄, 水野雅裕, 井山俊郎, 森由喜男：精密工学会誌, **56**, 8 (1990) 1493.
5) 水野雅裕, 井山俊郎, 庄司克雄, 森由喜男：砥粒加工学会誌, **37**, 2 (1993) 90.
6) M. C. Shaw：Metal Cutting Principles, 3rd Ed. The Technoligy Press MIT, (1960), p. 18-19.
7) 佐藤健児：切削理論 (I), 誠文堂新光社, (1956), p. 71.
8) G. Boothroyd and W. A. Knight：Fundamentals of Machining and Machine Tool, 2nd Ed., Marcel Dekker, (1989), p. 83.
9) 吉田武司, 庄司克雄, 厨川常元：砥粒加工学会誌, **42**, 10 (1998) 430.
10) 益子正巳：機械の研究, **7**, 1 (1955) 6.
11) C. T. Yang：Trans. ASME, J. of Eng. Ind., (1998) 127.
12) 塩崎進, 宮下正和：精密機械, **35**, 7 (1969) 471.
13) 古川英一：振動および衝撃測定, 誠文堂新光社, (1966), p. 142.
14) 庄司克雄：精密工学会誌, **52**, 4 (1986) 595.

第6章 砥石のドレッシングとツルーイング

6.1 ドレッシングとツルーイングの意味

　精密な加工が要求される研削加工では，砥石外周の振れや形状誤差を極端に嫌うため，必ず砥石をスピンドルに取り付けたのち外周を削り直し振れ取りをする[注1]．この作業を**ツルーイング**〔あるいは**形直し**（truing）〕と呼ぶ．ツルーイングは，研削作業前の準備作業としてだけでなく，砥石の摩耗により砥石の形状誤差が許容範囲を超えた場合にも行われる．

　これに対して，ツルーイング直後にシャープな切れ刃が形成されていなかったり，あるいは研削作業によって砥粒切れ刃の先端が摩滅したり，切り屑が切れ刃やチップポケットに付着して砥石の切れ味が劣化した場合には，摩滅した砥粒切れ刃を脱落させたり適度の破砕を起こさせて，切れ味を再生させる．これは切削工具の場合の再研削に相当し，**ドレッシング**〔**目立て**，あるいは**目直し**（dressing）〕と呼んでいる．いずれも，研削加工においては加工精度や仕上げ面粗さを左右する重要な作業である．

　通常砥粒の場合は比較的破砕性が高いので，ダイヤモンド工具〔**ダイヤモンドドレッサ**（diamond dresser）〕を用いてツルーイングを行えば，同時にシャープな砥粒切れ刃が形成されるので，さらにドレッシングを行う必要がない．そこで，ツルーイング自体をドレッシングと呼ぶのが普通である．これに対して超砥粒砥石の場合はマトリックスタイプ（2.1節参照）の砥石が多く，たとえばダイヤモンド工具でツルーイングを行っただけでは砥粒は結合剤中に埋没しているので，適当な方法で砥粒の周りの結合剤を除去して目立てをしなければならない．また，有気孔タイプの砥石であっても超砥粒は靭性が高く破砕しにくいので，不適切なツルーイングを行うと切れ刃先端に平坦部〔**逃げ面摩耗**（flank wear）〕が形成されることがある．この状態では，砥石の切れ味が悪いので，さらに目立てを行わなければならない．このように，超砥粒砥石の場合には，ツルーイング技術が未発達の時代にツルーイング後にドレッシングを行っていたので，現在でもツルーイングとドレッシングを分けて考える習慣が残っている．

　このように，通常（一般）砥石と超砥粒砥石ではツルーイングやドレッシングの方法や砥粒の**被ドレス性**（dressability），すなわちドレッシングにおける切れ刃形成特性が異なるので，分けて考えることにする．

6.2 通常砥石のドレッシング

6.2.1 ドレッサとドレッシング法

　過去には，工具鋼でできた星形のドレッサ（ハンチントンドレッサ）が使われたこともあったが，現在では通常砥石のドレッシングにはほとんどダイヤモンド工具が使われる．

　通常砥石のドレッシングで最も一般的なダイヤモンド工具は，**単石ダイヤモンドドレッサ**（single point dresser）である．これは，0.5～数 ct（カラット）のダイヤモンド粒を鋼製のシャ

[注1] 同じような意味で，特に高精度が要求される研削の場合には，砥石の回転バランスをとることが重要である．砥石の回転バランスは静的なものだけでなく，研削時の回転数でのバランス，すなわち動バランスをとることが重要であり，そのための計測器や自動的に動バランスをとる装置も種々開発されている．

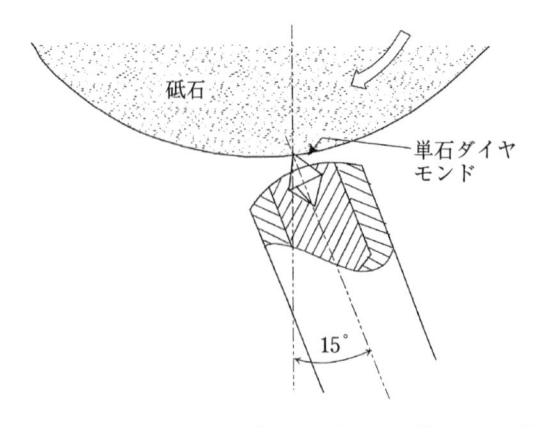

図6.1 単石ダイヤモンドドレッサによるドレッシング

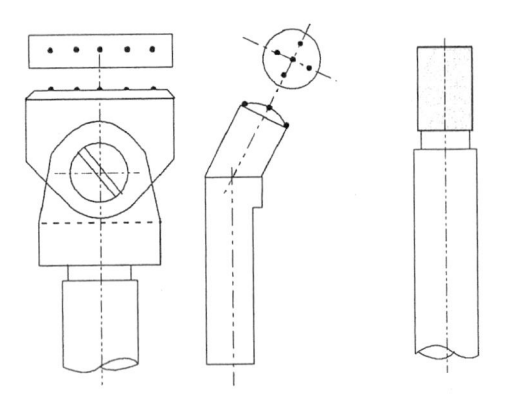

図6.2 多石ダイヤモンドドレッサ
(a) 多石ダイヤモンドドレッサ　(b) インプリドレッサ

図6.3 総型ロータリドレッサ

ンクにろう付けしたものである．これを図6.1に示すように高速回転する砥石に押し付けて横送りを与え，砥石を削り取る．ドレッサの粒径が小さいほどシャープな砥粒切れ刃が得られるが，大径の砥石では摩耗しやすいので大粒のドレッサを使用する．ドレッシング後の研削仕上げ面粗さに影響を及ぼすのは横送り速度で，横送り速度が小さいほど研削面の粗さは小さくなるが，砥石の切れ味は悪くなり研削抵抗は大きい．通常は，砥石1回転当たり砥粒径の数分の1程度の送りが適正値である．

これに対して多石のドレッサは，①ろう付け型のものと②焼結型のものに大別される．①は，単石ドレッサよりも粒の小さなダイヤを数個埋込んだもので，**多石ダイヤモンドドレッサ**（multi-point diamond dresser）と呼ばれる〔図6.2（a）参照〕．単石に比べ，ドレッサの寿命が長く，研削面の粗さも小さいが，砥石の切れ味は悪くなるので使用に当たっては注意が必要である．これに対して，より細粒のダイヤをWCなど耐摩耗性の高い金属で焼結したもので，**インプリドレッサ**（impregnated dresser）と呼ばれる〔図6.2（b）参照〕[注2]．インプリドレッサは，心無し研削など大型の砥石のドレッシングに用いられる．また，総型研削用の砥石のドレッシング用として**ブロックドレッサ**（block dresser）がある．これは，次に述べるロータリドレッサの固定型である．

以上のドレッサはいずれも固定型で，通常，工作物テーブルに固定して使用する．これに対して，回転型のドレッサを総称して，**ロータリドレッサ**（rotary diamond dresser）と呼んでいる．ロータリドレッサは，総型のものと横送りを与えて使用する，いわゆるトラバース型のものに分けられる．トラバース型ロータリドレッサは，より精度の高いドレッシングが要求される場合に使用されるが，一般には超砥粒砥石用である．また，トラバース型を総型研削用砥石のツルーイングに用いる場合には，NC装置が必要である．

図6.3は，総型ロータリドレッサの例である．総型ロータリドレッサは高価であるが，生産的である．したがって，多量生

[注2] 総型ドレッシング用も含め，焼結型を総称して，**ボンドドレッサ**（bond dresser）と呼ぶこともある．

産型の工場で使用されるが，トラバース型ものに比べて研削面の形状精度や粗さが悪い．

ロータリドレッサの製造法には，ダイヤモンド砥石の場合と同じように，(a)焼結法，(b)電鋳法，(c)電着法がある．その特性も，おおむね砥石の場合と同じで，それぞれ長短がある．図6.4は，各方式によるロータリドレッサの製作法を示したものである．図(a)はWやWCなどを主成分にした耐摩耗性の高い金属で焼結したもので，単層のものと多層のものがある．比較的大粒のダイヤを1層埋め込んだものは最も歴史が古く，現在でも広く使われている．クランクシャフトやボールジョイントの研削など自動車部品研削の多くがこの方式のドレッサを使用している．以下の図(b)，図(c)に比べ，高強度，長寿命である．また修理による再使用も可能である．図(b)は，雌型にダイヤモンド粒子を電気めっき層(一般にはNi)で固定した後，金属の溶湯を注湯し，裏打ちする．焼結法のように製造工程中に高温処理がないので，熱ひずみがなく，形状精度の高い研削やねじ研削など，精緻なドレッシングが必要とされる場合に適している．したがって，図(a)よりも細粒のダイヤモンドが一般的である．修理による再使用ができないのが欠点である．図(c)は電着砥石と全く同じで，台金にダイヤモンド粒子を1層だけ電気めっき(一般にはNi)で固定したものである．安価であるが，寿命は短い．

これまで述べたダイヤモンド工具を用いたドレッシング法とは全く異なり，高速度鋼や工具鋼を用いる方法がある．これは**クラッシング**(crushing)法と呼ばれ，砥石に鋼製のロール(クラッシングロールと呼ばれる)を押しつけて連れ回りさせる．その名のとおり砥粒に法線方向の力を加え押しつぶすことによってドレッシングする方法である．クラッシング法は，ねじ研削などで行われていたが，より高能率で精度の高い総型ロータリドレッサが使用されるようになり，現在ではあまり用いられなくなった．しかし，砥粒先端に後述するような逃げ面摩耗が形成されることがないので，ドレッシング後の砥石の切れ味は非常によい．特に，クリープフィード研削では低結合度の砥石が使用され，しかも切り屑長さが長いため大きなチップポケットが要求されるので，クラッシング法が適している．

クラッシング法では，ロールの摩耗による精度低下が問題になる．そこで，ワーキングロールとマスタロールを用意し，ワーキングロールが摩耗した場合には，マスタロールで砥石を成形し直し，その砥石でワーキングロールを修正する方法が採られる．

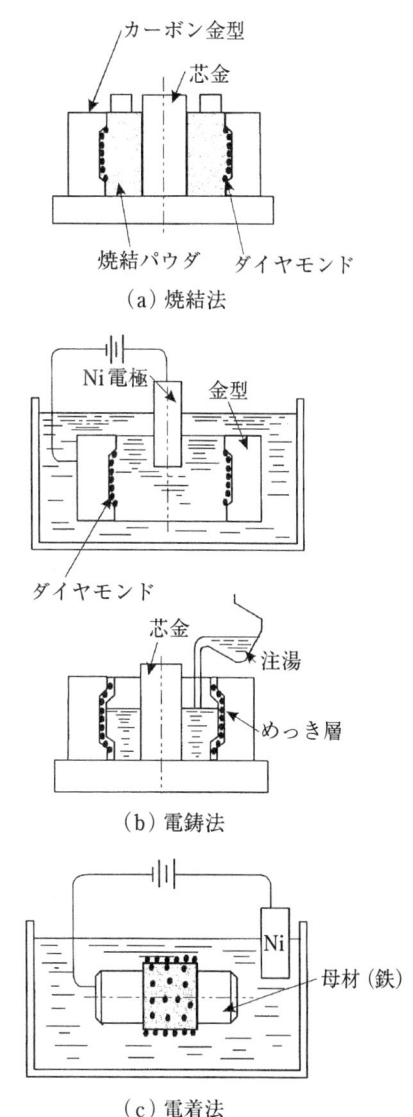

(a) 焼結法

(b) 電鋳法

(c) 電着法

図6.4 各方式によるロータリドレッサの製作法

6.2.2 砥粒の被ドレス性

ドレッシングは，砥石の研削性能を左右する重要なファクタでありながら，どのようなメカニズムで切れ刃が形成されるかについては，多分に推測的な部分が多かった．たとえば Pahlitschら[1]や Lindsay[2] は，ドレッシングリードが研削面に正しく転写されることを理由に，ドレッサの軌跡に沿って砥粒が切削されるとする「砥粒被削説（Grit machining[3]説）」を主張した．これに対して Bhatejaら[4] は，ドレッシング後の砥石表面を触針式粗さ計で測定し，山頂の分布が砥石外周面近くに集中することをつきとめ，ドレッサの軌跡どおりに切削されるとは考えにくいが，それに近い状態で切れ刃が形成されると結論した．一方，Malkinら[5],[6] は，ドレッシングの破砕粉を採集し，その粒度分布を測定した結果に基づき「破砕・脱落説」を主張した．また Vickerstaff[3] は，ドレッシングによって砥粒が大きく後退しても，ダイヤモンドドレッサと直接接触しなかった砥粒はドレッサの軌跡を包絡するような形で残るので，結局，研削面はドレッシングリードが創成されることを研削仕上げ面創成のシミュレーションを行って証明し，「破砕・脱落説」を支持した．

しかし，これらの説はいずれも推測もしくは間接的な証拠に基づいたもので，ドレッシングにおける砥粒の挙動を直接観察した結果によるものではない．そこで，著者らはアルミニウム製の回転円板の外周に砥粒（#16）を1個だけ接着して，これを通常の条件でドレッシングし，砥粒の被ドレス性を調べた[7]．

図6.5は，ドレッサ切込み量を30μmとしたときドレッシングによって形成される切れ刃の後退量を砥粒の種類によって比較したものである．図で，ROAはクロム変成アルミナ砥粒，Nは供試砥粒数を指す．いずれも精密研削に使用される砥粒であるが，破砕により先端が大きく後退したものはなく，ドレッサ切込み量にほぼ等しいか，わずかに大きくなる程度であった．これは，いずれも初回のドレッシングにおける結果で，さらに連続して2回，3回と行ったが，後退量の平均値はほとんど変わらなかった．しかし，この結果は「砥粒被削説」の裏付けにはならない．

本実験では，先端に約0.5mm幅の摩耗平坦部を持つ1/2ctの単石ダイヤモンドドレッサを

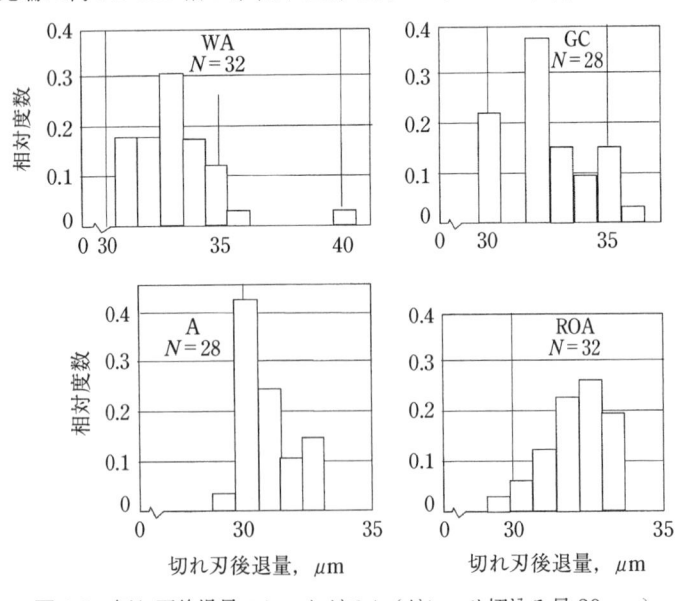

図6.5 切れ刃後退量のヒストグラム（ドレッサ切込み量30μm）

使用した．横送り（ドレッシングリード）を 0.1 mm/rev にしたので，砥粒がドレッサの軌跡どおりに切削されるならば，先端は平坦になるはずである．そこで，走査電子顕微鏡（SEM）を用いて，ドレッシングによって形成された砥粒切れ刃の観察を行った．

図 6.6 は，切込み量 30 μm で 9 回ドレッシングした直後の GC 砥粒先端の SEM 写真である．ドレッシングを受けた面（被ドレス面）は，非常に平坦な台地状になった．このように GC 砥粒の場合は，ドレッシングによって大きな破砕が起きることはなく，ドレッシングを重ねるごとに平坦な被ドレス面が広がっていくのが特徴である．したがって，GC 砥石を本実験のように先端の摩滅したドレッサや極端な精ドレッシング条件でドレッシングをすると，大きな逃げ面を持った切れ刃が形成されることになるので注意しなければならない．しかし，平坦部はさらに高倍率で観察すると，図 6.7 のように微小な凹凸から構成され，凹凸の先端に平滑部は認められなかった[注3]．すなわち，GC 砥粒の被ドレス面もダイヤモンドの切削によって形成されたものではなく，微小破砕によって形成されたものであると推測される．

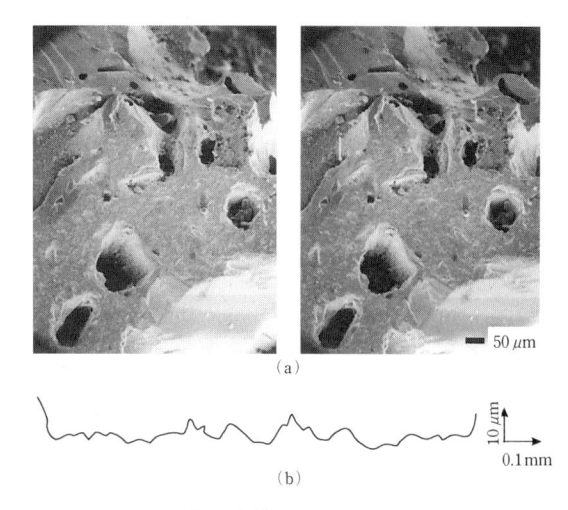

図 6.6　GC 砥粒の先端の（a）SEM ステレオ写真（×150）と（b）この砥粒で研削した切削溝の断面曲線

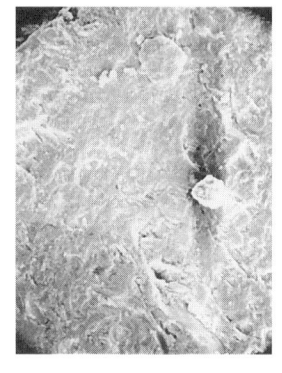

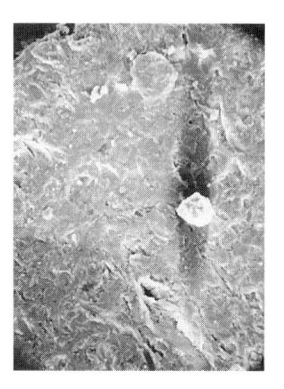

図 6.7　GC 砥粒先端の平坦部（図 6.6）の拡大写真（×700）

これに対して WA 砥粒の場合の SEM 写真を図 6.8（a）に示す．砥粒の被ドレス面は大きく広がっているが，起伏に富み，一つひとつの凹凸は鋭いエッジを持った破砕面で構成されている．これをさらに拡大して観察すると，GC 砥粒ではほとんど見られなかった鋭いき裂が多数認められた（後述）．また図 6.8（b）は，この砥粒で研削した切削溝の断面曲線であるが，SEM による観察結果と同様，砥粒先端が鋭い砥粒切れ刃からなる様子が推察される．

さらに連続的にドレッシングし，その砥粒先端の形状変化を切削溝の断面曲線によって追跡した．その結果を図 6.9 に示す．ドレッサ切込み量 $\varDelta_d$ は 30 μm とした．GC 砥粒では，ド

[注3]　通常，鋼類の研削に GC 砥石を使用することはほとんどないが，焼入鋼などの鏡面研削に GC 砥石を使用することがある．微小な砥石半径切込み量で研削したとき，図 6.7 に見られるような微小凹凸が砥粒切れ刃となり，鏡面研削を可能にしているものと考えられる．このような GC 砥石の性質を経験的にうまく利用している一例であろう．なお後述するように（6.2.4 項参照），WA 砥粒では砥粒切れ刃先端に平滑部が形成されるが，この場合は，図 6.7 のような微小凹凸はなく，plastic flow 状の平滑な面である．

レッシング回数と共に台地状の平坦部が増大するが，WA砥粒では大小の破砕によってドレッシングが進行する様子がわかる．

このように，精密研削に用いられる砥粒は破砕性が高く，破砕によって砥粒切れ刃が形成される[注4]が，切れ刃先端が大きく後退することは少なく，ほぼドレッサの軌跡に沿って切れ刃が存在することがわかった．また，WA砥粒とGC砥粒ではドレッシングによって形成される砥粒切れ刃の形態は大きく異なり，GC砥粒では非常に平坦な被ドレス面が形成されるのに対し，WA砥粒では起伏に富んだ鋭い切れ刃が形成され，しかも切れ刃には多数のき裂が認められた．後述するように，これが両者の自生作用の違いとなって現れる．

6.2.3 WA砥石の被ドレス性と結合度との関係[8]

さらに実際の砥石では，結合剤率を適度に変えることによって砥粒保持力（すなわち砥石結合度）を変え，それによって砥石の被ドレス性に変化を与えている．われわれは，通常，砥石結合度は研削における耐摩耗性，すなわち砥石の消耗しにくさを表していると考えがちである．砥石を積極的に消耗しながら，砥石の切れ味を確保する重研削では，これは正しい．しかし精密研削では，むしろ結合度が変わることによってドレッシング時に形成される砥粒切れ刃の形態が変わると考えた方が，研削現象を理解する上でより妥当であろう．

図6.10は，単石ダイヤモンドドレッサを用いて同一条件でドレッシングした結合度の大きく異なる3種のWA砥石(a) WA60P，(b) WA60J，(c) WA60Cの作業面のSEMステレオ写真である．結合度の低い(c)では，個々の砥粒の被ドレス面の面積が非常に小さく切れ刃はシャープである．これに対して，結合度の高い(a)では，被ドレス面の面積が大きく，ほとんど個々の砥粒を識別することはできない．これまで，結合度の低い砥石ほど研削抵抗が低く，仕上げ面粗さが大きくなることが経験的

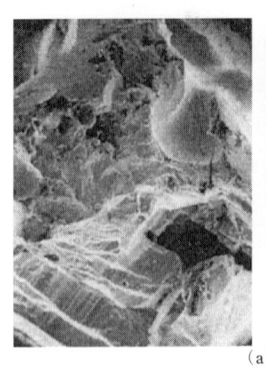

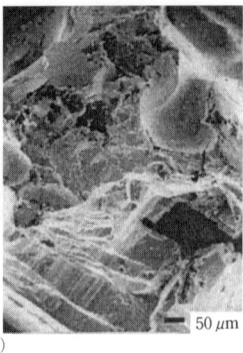

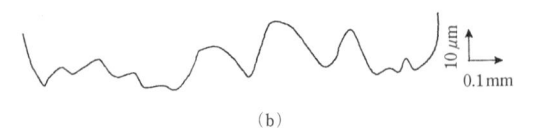

図6.8 WA砥粒の先端の(a) SEMステレオ写真(×150)と(b) この砥粒で研削した切削溝の断面曲線

$\Delta_d = 30\mu m$
$V_d = 30 m/min$

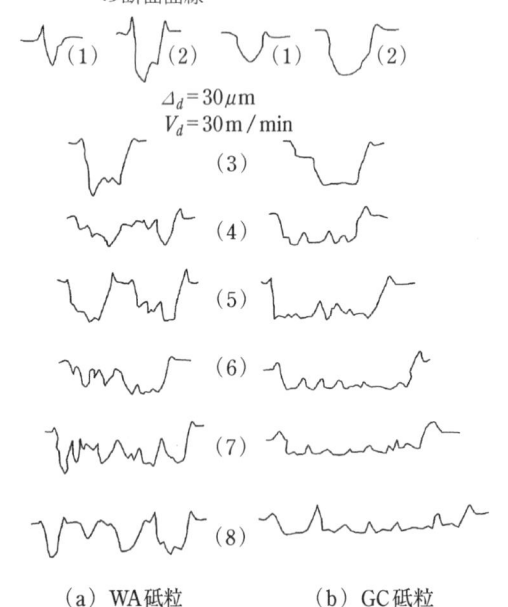

(a) WA砥粒　　(b) GC砥粒

図6.9 連続ドレッシングにおける先端形状の変化（ドレッサ切込み量 $30\mu m$）

[注4] ただし，通常，ドレッシングを行わない重研削用のジルコニア・アルミナ砥粒の場合には，ドレッサの軌跡どおりに非常に平滑な逃げ面が形成された．これは，比較的硬度が低く靭性に富む，この砥粒の特性によるものである．

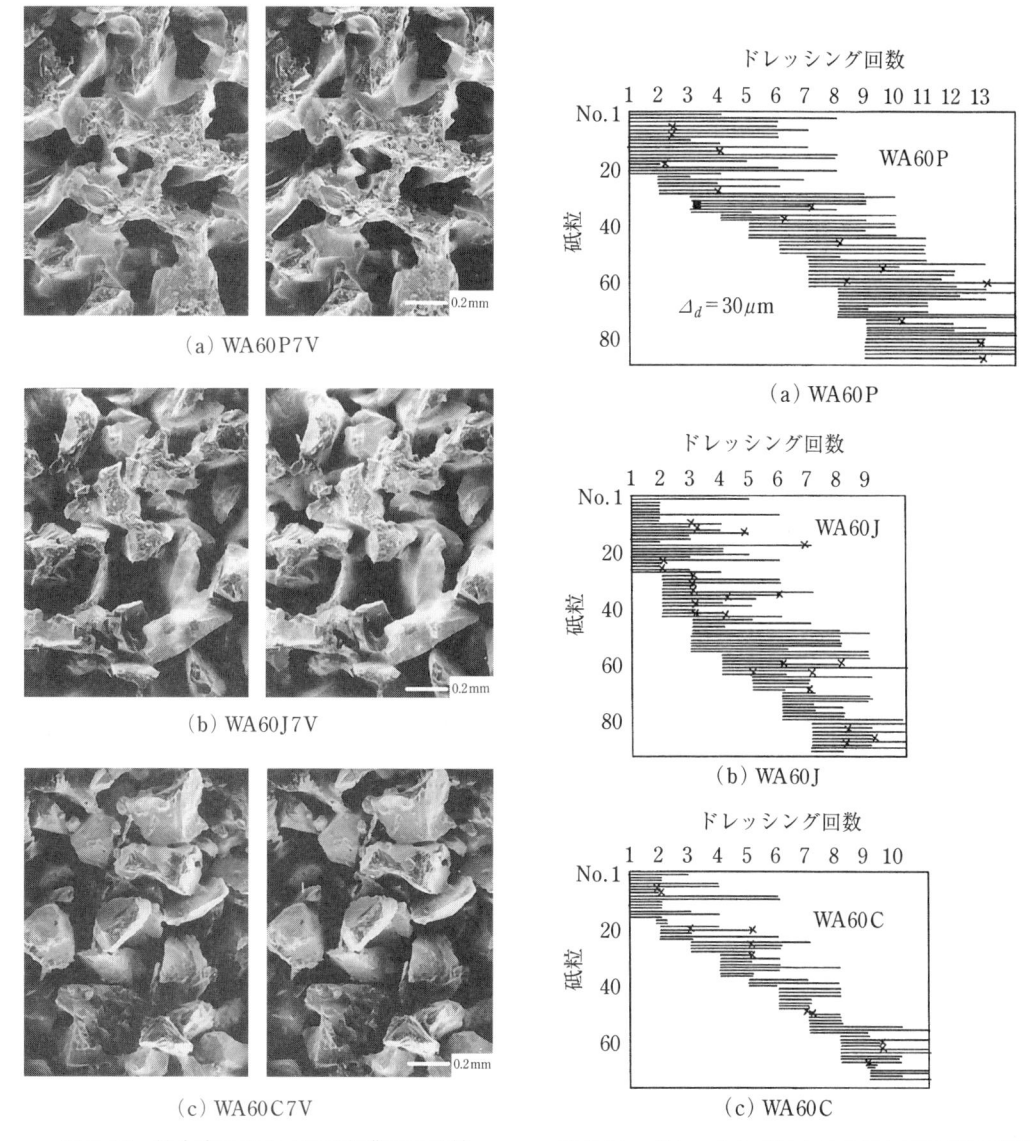

図 6.10　結合度の異なる砥石作業面の比較　　図 6.11　ドレッシングにおける切れ刃の消長過程

に知られていた．これは，結合度が低い砥石ほど砥粒が脱落しやすく，つねにシャープな切れ刃が維持されることが原因と考えられてきた．しかし，精密研削では砥石摩耗量は砥粒径に比べて非常に小さく，砥粒の脱落による自生作用はほとんど期待できない．したがって，ドレッシングによって研削特性が左右されると考えれば，ドレッシングによって形成される砥粒切れ刃がシャープで間隔が大きいことが主な理由であると考えるべきであろう．

　それではなぜ，このように砥石の被ドレス性が結合度に左右されるのであろうか．図 6.11 は，これらの砥石を繰り返しドレッシングしたときの個々の砥粒の消長過程を示したダイヤグラムである．すなわち，ドレッシングによって砥粒が砥石最外周面に現れてから脱落するまでの過程をドレッシング回数を横軸にして表したものである．図で×印は，破砕により先端が大きく後退してしまったものを示す．1個の砥粒を考えた場合，被ドレス回数が増えるに従って被ドレス面の面積が増大し，ドレッサから受ける抵抗は次第に大きくなる．そして，砥

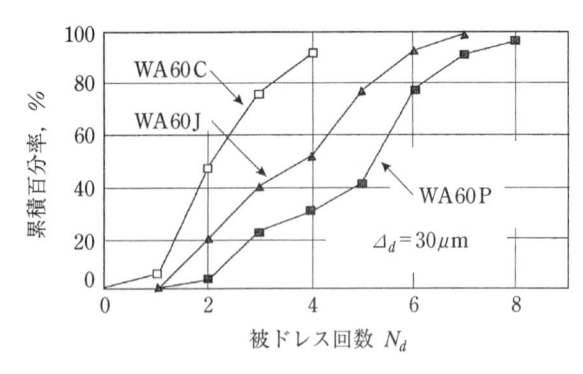

図6.12 砥石表面に現れて脱落するまでの被ドレス回数 N_d の比較

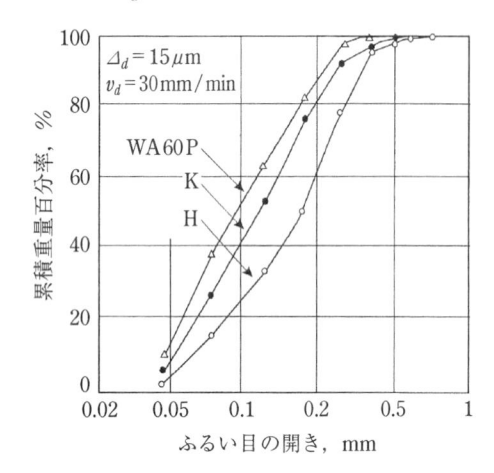

図6.13 結合度によるドレッシング粉の粒度分布の比較

粒を支える結合剤の保持力を超えたところで砥粒は脱落する．したがって，結合度の低い砥石ほど脱落するまでの被ドレス回数が小さくなる．

図6.12は，図6.11のダイヤグラムから2回目のドレッシング以後砥石表面に現れたそれぞれ約40個の砥粒について脱落消失するまでの被ドレス回数 N_d を調べ，比較したものである．図によれば，結合度がCからJになると被ドレス回数 N_d は約2倍に増加し，さらにJからPになると1.3倍に増加した．

このように，結合度が高くなるほど脱落するまでの被ドレス回数が大きくなるのであれば，当然，脱落粒の粒径は結合度が高くなるほど小さくなるはずである．図6.13はドレッシング粉を採取して結合度による粒度分布の違いを調べたものである．この実験では，結合度の差は図6.10や図6.11に比べて小さいにもかかわらず，結合度による明確な差が認められた．この実験ではドレッシング中砥石の周囲を密閉状態にして，できるだけ小さな粒径のドレッシング粉まで採集するよう努力した．しかし，微小なドレッシング粉は重量が小さいため，累積重量百分率にはほとんど現れなかった．したがって，この曲線はほとんど脱落粒の分布と考えてよい．この結果から明らかなように，ドレッサから受ける力に抗しきれなくなって脱落する砥粒の大きさは，結合度が低くなるほど大きく，前述の説明と符合する．

6.2.4 ドレッシングによって形成されたWA砥粒切れ刃のフラクトグラフィ

先に述べた単粒のドレッシングで，WA砥粒の被ドレス面は鋭いエッジを持った破砕面から構成されることが明らかになった．しかし，前述の実験は粒径の大きな砥粒を先端の摩滅したドレッサでドレッシングした，いわば特殊な条件下で行われたものである．そこで，実際の砥石のドレッシングによって形成された砥粒切れ刃についてSEMによる観察を行った．

図6.14は，砥石WA60Pの切れ刃である．前述したように個々の砥粒の被ドレス面は結合度が高くなるほど大きくなるが，その破面形態からドレッサによっ

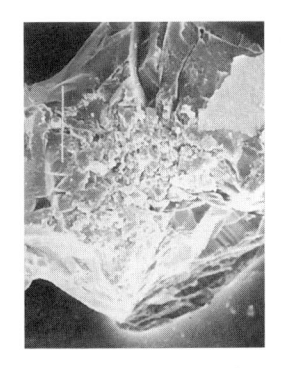

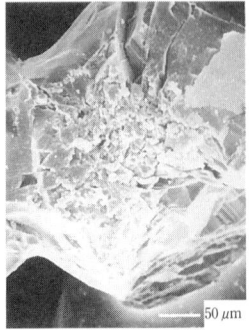

図6.14 ドレッシングによって形成された砥粒切れ刃（WA60P）（×500）

て削られてできたものではなく，適度の規模の破砕によって生じたものと推察される．その結果，砥粒には高さが不ぞろいの複数のサブ切れ刃が形成されることになる．また，へき開破砕を裏づけるような鋭いき裂が多数認められた．

しかし，被ドレス面の全てがへき開面からなるというわけではなく，特に後退量の少ない砥粒先端では擬切削的な破面も見られた．図6.15は，結合度Jの砥粒切れ刃の例である．大きなへき開破砕に

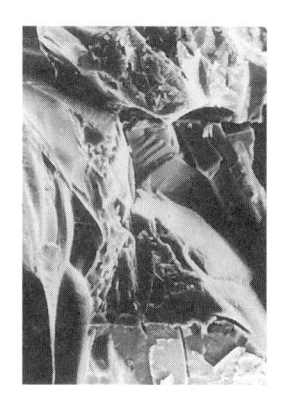

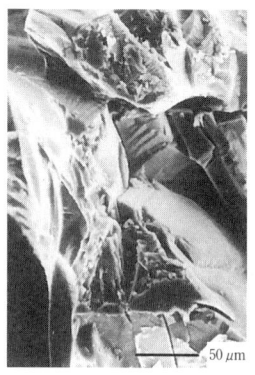

図6.15　WA60Jの砥粒切れ刃（×700）

よって被ドレス面が形成されているが，その先端にはいくつか平滑部が形成されているのが認められる．これらの表面には，ドレッシング方向（図で左右）に沿って摩擦痕が確認された．WA砥石では，このような平滑部は結合度に関係なく，結合度Cの砥石でも観察された．そして，摩耗したドレッサを用いて精ドレッシングをすると，非常に大きな平滑部が生じた．このような平滑部は，後述する砥粒切れ刃の目つぶれと全く同じであるから，研削焼けの原因となる．したがって，特に砥石半径切込み量を極端に小さくして精密研削を行う場合，このような平滑部を作らないようにドレッシングには十分注意しなければならない．

6.3　超砥粒砥石のツルーイングとドレッシング

6.3.1　超砥粒砥石のツルーイングとドレッシングの基本的な考え方

超砥粒砥石では，いわゆる砥石の3要素を備えた有気孔型の砥石と無気孔型（マトリックスタイプ）の砥石があり，それぞれツルーイングとドレッシング法に対する考え方が異なる．すなわち有気孔型の砥石の場合は，基本的には通常砥石と同様，ツルーイングを行えばドレッシングを行う必要がない．しかし，超砥粒の場合には破砕強度が高いので，通常砥石のように簡単ではない．特に，靭性が極めて高いダイヤモンド砥石の場合には，ツルーイング工具が摩耗しやすいことと，ツルーイングによって逃げ面摩耗が形成されやすいことが大きな問題である．

図6.16は，ビトリファイドボンドダイヤモンド砥石（SD270/325L75V）をインプリドレッサでツルーイングしたときの砥石表面の写真である．また図6.17は，図6.16の中央部にある砥粒を拡大したものである．このように，砥粒先端は摩滅して非常に平滑になっている．これは極端な例であるが，ダイヤモンド砥石をダイヤモンド工具でツルーイングした場合には，多かれ少なかれ砥粒切れ刃先端に逃げ面摩耗が形成されていると考えるべきであろう．このような砥石は，切れ味が悪く，研削抵抗が大きい．そこで「捨て研（すてけん）」

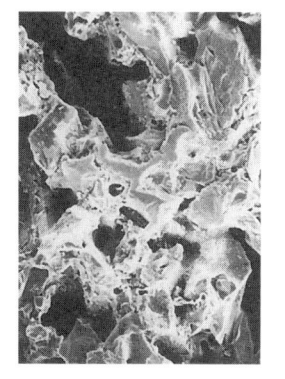

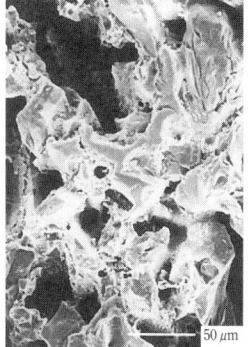

図6.16　インプリダイヤモンドドレッサでツルーイングしたダイヤモンド砥石の表面

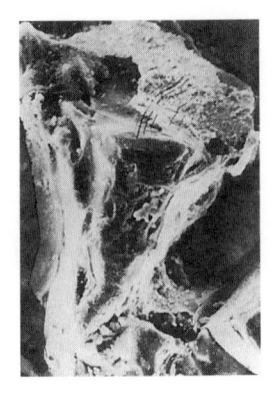

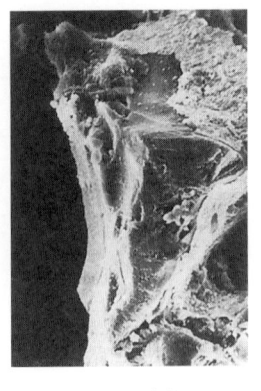

図6.17 図6.16の中央部の砥粒の拡大

と称して砥粒切込み深さが大きくなるような条件で研削を行うか，あるいはWAスティック砥石を研削して摩滅した砥粒を故意に脱落除去する，いわゆるドレッシングを行う必要がある．しかし，本来ツルーイングは砥石を正しい形に修正することを目的に行われる．したがって，摩滅砥粒の除去とはいえ，形状修正後作業面の砥粒を脱落させることは形状精度の劣化につながるので，合理的ではない．

6.3.2 ロータリドレッサによるツルーイング

超砥粒砥石，特にビトリファイドボンドのCBN砥石では，ロータリドレッサを用いたツルーイングが一般的である．特にトラバース型ロータリドレッサによるツルーイングは，ドレッサの摩耗を嫌うため，砥石周速度 V_1 に対してドレッサの周速度 V_2 を大きくし，しかもアップカットで行うのが普通である[注5]．

これに対して総型ロータリドレッサによるツルーイングは，クラッシングに近いツルーイング速度比 $\gamma (= V_2/V_1)$ の領域で行われる場合が多い．その場合，図6.18に示すように，周速ベクトルの向きを同じにする方法と逆にする方法が考えられる．

図6.19は，総型ロータリドレッサでビトリファイドボンドCBN砥石をツルーイング後，ドレッシングを全くせず，高速度鋼（SKH57：市販材）を研削したときの研削抵抗の法線分力 F_n と砥石半径摩耗量 W_r，研削仕上げ面粗さ R_a を，ツルーイング速度比 γ をパラメータにして比較したものである[9]．ツルーイング速度比 γ の値が $\gamma = +1$ から減少するに従って初期研削抵抗が増加し，アップカット方式（$\gamma<0$）では研削回数に伴う研削抵抗の増加率が負になった．通常砥石の場合でも同じであるが，砥石が正しくドレッシングされている場合には，最初，研削抵抗が低く研削回数と共に緩やかに増加するのが正常な研削状態である．これに対して，初期研削抵抗が高く研削回数と共に研削抵抗が減少するのは，ツルーイングによって砥粒先端に大きな逃げ面摩耗が形成されたことを示している．すなわち，大きな逃げ面摩耗が形成された結果，砥粒に大きな研削抵抗が作用し，これらが徐々に脱

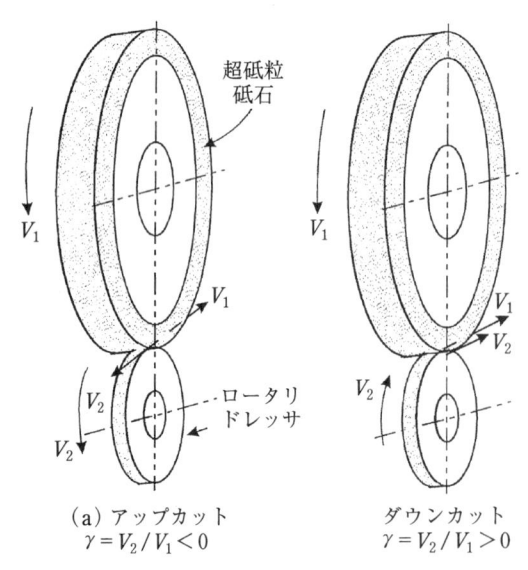

(a) アップカット　　　　ダウンカット
$\gamma = V_2/V_1 < 0$　　　$\gamma = V_2/V_1 > 0$

図6.18　総型ロータリドレッサによるツルーイング

[注5] この場合，必然的に初期研削抵抗が高くなる．後述するように，特にCBN砥石では切れ刃先端に逃げ面摩耗が形成されやすいので，この傾向が強い．したがって，ロータリドレッサの粒度をあまり小さくしないなど，砥粒に微小破砕を起こさせるような注意が必要である．

6.3 超砥粒砥石のツルーイングとドレッシング

落して研削抵抗が減少したものである.

一方, $\gamma = +1$（クラッシング状態）では, ツルーイング直後の研削抵抗は低いが, 大きな砥石半径摩耗を示し, 研削仕上げ面粗さも大きくなった. これは, 次のように説明できる. ダイヤモンドによるクラッシングでシャープな砥粒切れ刃が形成されるが, 多数のき裂が発生し破砕しやすい状態にある. 研削によりこれらが破砕し, 研削仕上げ面粗さは次第によくなるが, 砥石半径摩耗量は大きくなる.

いま, ロータリドレッサによるツルーイングをロータリドレッサによるCBN砥石の研削と考えれば, CBN砥石に対するダイヤモンド砥粒の進入角, すなわち砥石とロータリドレッサの干渉が始まる点で相対速度ベクトル V_r が砥石の接線に対してなす角 θ は, 次のようになる.

$$\theta = \arccos\left(\frac{1+\gamma A}{1+2\gamma A+\gamma^2}\right) \quad (6.1)$$

ここで A は,

$$A = \left\{\frac{(r_1+r_2)\Delta_t}{r_1 r_2}\right\} - 1 \quad (6.2)$$

であり, r_1, r_2 はそれぞれ砥石およびロータリドレッサの半径, Δ_t はロータリドレッサの半径切込み量である. 式(6.1)から, γ と θ および V_r との関係は図6.20のようになる. 図からわかるように, アップカット条件, すなわち $\gamma \leq 0$ では $\theta \fallingdotseq 0$ で, CBN砥粒に作用するのはせん断力だけである. したがって, CBN砥粒はダイヤモンド砥粒に"切削"

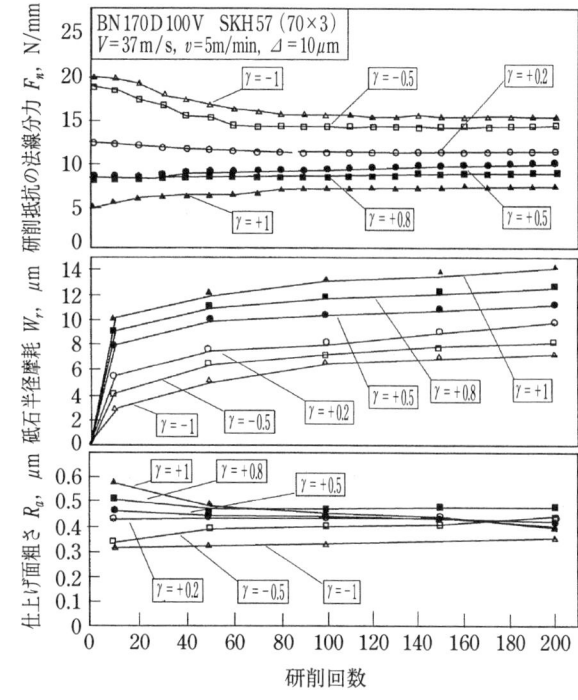

図6.19 ツルーイング後の砥石の研削特性

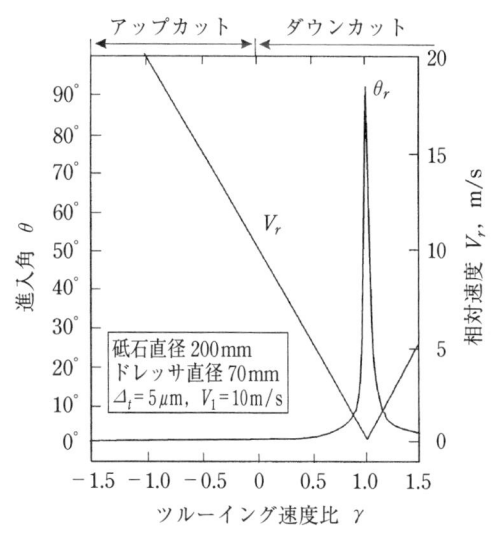

図6.20 ツルーイング速度比 γ と θ および V_r との関係

されて逃げ面摩耗が形成される. 一方, ダウンカット条件, 特に $\gamma \geq +0.5$ で θ は急激に増加し $\gamma = +1$ のとき $90°$になる. θ が小さくせん断力が支配的な領域では, V_r も大きくダイヤモンド砥粒は切削能力を維持するので, θ が増加してもCBN砥粒に作用する力は小さく, 砥粒先端だけの破砕に留まる. しかし θ が $90°$ 近くになると共に V_r も非常に小さくなり, ダイヤモンド砥粒は切削能力を失って力の作用時間が増大するので, CBN砥粒には大きな法線力が作用する. その結果, 砥粒の大破砕や結合剤橋（2.3.3項参照）の破壊が起きる. このような

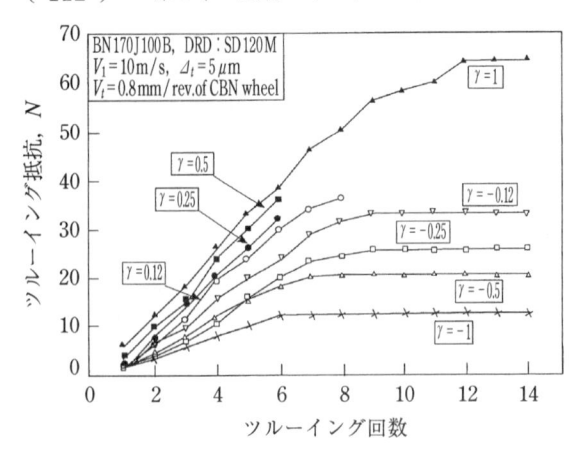

図 6.21 速度比γとツーイング抵抗の法線分力の関係

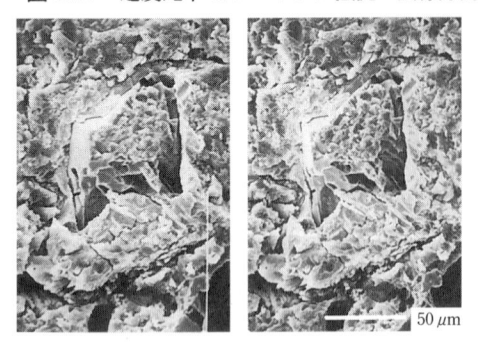

(a) ツルーイング前

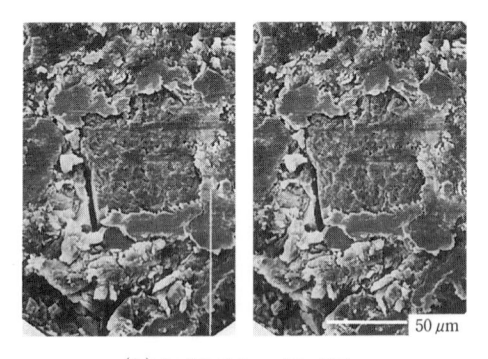

(b) 6パスツルーイング後

(c) 10パスツルーイング後

図 6.22 ツルーイングによる砥粒の変化

結果から，ビトリファイドボンド砥石にロータリドレッサを用いる場合には，$\gamma = +0.5 \sim 0.8$ 程度が適しているといえよう．

次に，マトリックス型超砥粒砥石のツルーイングに，トラバース型ロータリドレッサを使用した場合について述べる．図 6.21 は，ツルーイング速度比γをパラメータにして，ツルーイング抵抗の法線分力のツルーイング回数に伴う変化を調べたものである．砥石はレジンボンドのCBN砥石（BN170J100B）で＃120のロータリドレッサを使用した．1パス当たりのツルーイング切込み量は $5\mu m$ とし，ロータリドレッサにCBN砥石1回転当たり0.8 mmの横送り V_t を与えた．ツルーイング抵抗は，アップカット方式（$\gamma < 0$）ではツルーイング回数の増加と共に徐々に増加し，一定値に飽和するが，増加率，飽和値とも γ の増加（絶対値の減少）と共に大きくなった．ダウンカット（$\gamma > 0$）の場合もアップカットと同じ傾向を示したが，増加率，飽和値ともさらに大きくなった．そして $\gamma = +0.12 \sim 0.5$ では，ロータリドレッサを駆動するモータのトルク不足のため，ロータリドレッサが連れ回りし速度比が維持できなくなったので実験を中止した．

図 6.22 は，アップカット（$\gamma = -1$）でツルーイングしたときの代表的な砥粒の変化を示したもので，図(a)はツルーイング前，図(b)は6パスツルーイング後，図(c)は10パスツルーイング後である．当初，ボンド面から突出していた砥粒〔図(a)参照〕の先端がツルーイングによって削り取られて平滑化し〔図(b)参照〕，さらに図(c)では圧壊により縦破砕が生じ一部が欠落しているのが認められる．このような傾向は，アップカット方式ではγが小さい（絶対値が大きい）ほど，つまり相対速度 V_r が大きくなるほど強くなり，逆にγが大きくなるほど脱落や圧壊の割合が増加する傾向が見

られた.

図6.23は，γをパラメータにしてツルーイングを行い，引き続き，後述するカップツルア（砥石：WA120H7V）を用いてドレッシングを行った後，SKH57を研削したときの研削抵抗および砥石半径摩耗量，仕上げ面粗さの変化を調べた結果である．

SEM観測によれば，前述のγ＝－1でツルーイングした砥石の例では，ドレッシングにより砥粒の周りの結合剤や脱落しやすい状態にあった砥粒が除去され，砥粒突出し量は最大で約32μm（ステレオ写真法[10]による）になった．しかし，依然として先端が平坦化した砥粒が残存し，砥石最外周には，先端の鋭い切れ刃はほとんど存在しなかった．このような砥石で研削した場合，大きな研削抵抗を発生することになる．図6.23で初期研削抵抗が高いのはそのためである．図6.24はこのような砥粒切れ刃の例で，図(a)はドレッシング直後で研削前の状態，図(b)は高速度鋼を400回研削した後の状態である．図(b)では，切り屑による浸食作用により結合剤の一部が除去され切れ刃の一部が破砕・脱落しているが，逃げ面には切り屑が溶着し大きな研削抵抗が作用したことが推測される．なお，図6.24(b)で砥粒の周囲に認められるのはNi被服層で，砥粒との間に間隙が生じている．

以上は，アップカット条件でツルーイングしたものであるが，ダウンカット条件（γ≧0）では圧壊により脱落する砥粒の数が多くなった．そして残存している砥粒の大部分は，縦破砕により複数の破片に分塊されているか，先端が折損して基部だけが残されたものかのいずれかであった．図6.25はγ＝＋1でツルーイングしたもので，図(a)はロータリドレッサとの干渉量が小さかったために先端が押しつぶされただけで大部分が結合剤中に残存している砥粒の例で，すでに縦破砕しているためにドレッシングにより周

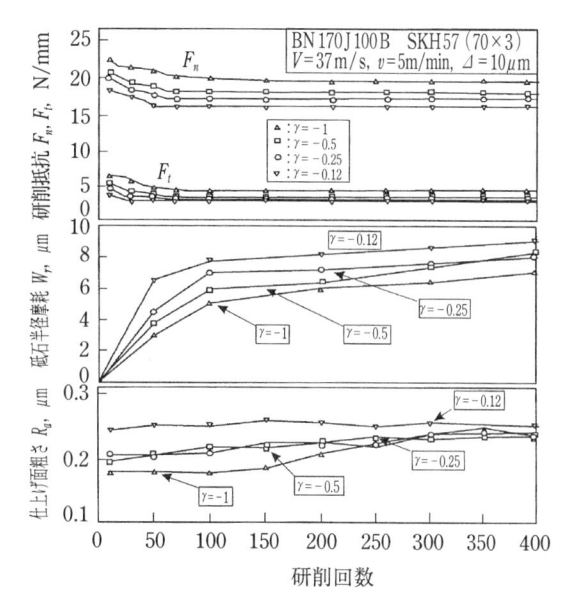

図6.23 ツルーイング後のレジンボンドCBN砥石の研削特性

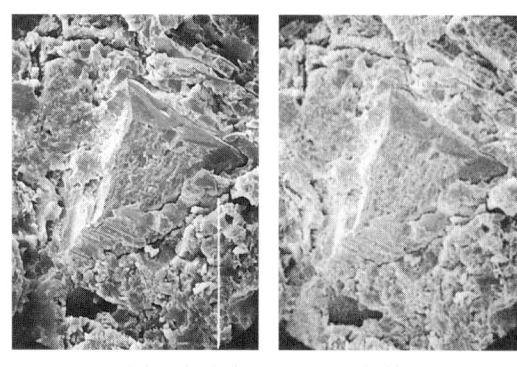

(a) 研削前（ドレッシング直後）

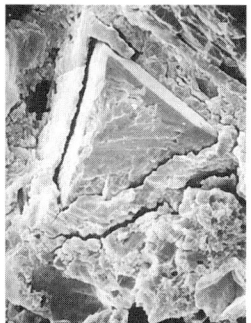

(b) 400回研削後

図6.24 研削によるCBN砥粒の変化

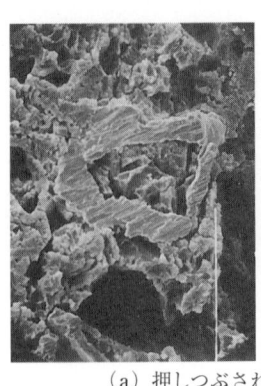

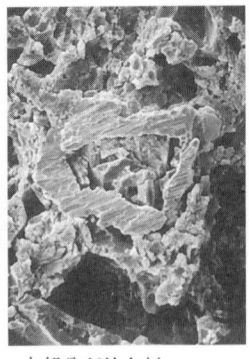

(a) 押しつぶされ，大部分が結合剤中に残存する砥粒

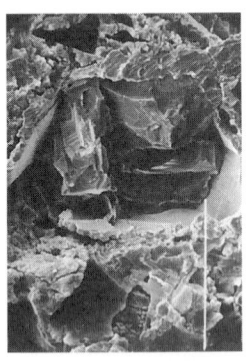

(b) 縦破砕を起こし，一部が結合剤中に残存する砥粒

図6.25 $\gamma=+1$でツルーイングした砥石面の砥粒の例

囲の結合剤を除去しても切れ刃として機能しない．図(b)は，ロータリドレッサとの干渉量が大きかったために圧壊され，破片のほとんどが脱落して基部の一部が残された例である．このようにダウンカット条件（$\gamma \geqq 0$）では，砥粒が圧壊により縦破砕を起こし，ドレッシングしてもほとんど砥粒切れ刃として機能しないものが多い．したがって，砥粒の粒径とほぼ同じ深さのドレッシングを行って，これらの砥粒を除去する必要がある．

これまでマトリックス型のCBN砥石では，ロータリドレッサでツルーイングを行った後，WAスティックを研削してドレッシングを行うという方法が採られてきた．これはツルーイングで鈍化した砥粒や把持の不完全な砥粒が作られても，ドレッシングによって除去してしまえば良いという考え方である．マトリックス型砥石におけるドレッシングの目的は，砥粒の周りの結合剤を除去することである．しかし，ツルーイングによって生じた研削能力を持たない砥粒を除去するとなると，砥粒径とほぼ同程度の砥石半径量をドレッシングによって除去しなければならないことになる．特に高精度が要求される研削の場合には，ドレッシングによる除去量を出来るだけ小さくして，形状精度の劣化を防がなければならない．したがってこのようなツルーイング法は不適切であるといわざるを得ない．

なお，以上は総型ロータリドレッサについて述べたものであるが，トラバース型ロータリドレッサも基本的に同じであり，また単石ドレッサやインプリドレッサは$\gamma=0$の場合に相当すると考えて良い．

6.3.3 カップツルア

(1) ツルーイング機構

超砥粒は，通常砥粒に比べて非常に靭性が高い．したがって，通常砥石のようにダイヤモンドドレッサでツルーイングすると，砥粒先端に逃げ面摩耗が形成されやすい．そこで，超砥粒砥石のツルーイングでは，砥粒に逃げ面摩耗を形成しないように注意しなければならない．しかも，たとえマトリックス型の砥石であっても，ツルーイング後にドレッシングの必要がないことが望ましい．

このような観点から，著者らはGCやWAのような通常砥石をツルーイング工具（ツルア）にしたツルーイング法を提案した．この方法ではカップ型砥石を用いるので，**カップツルア**（cup truer）と名づけた．図6.26に，カップツルアとその使用法を示す．

通常，総型ドレッサを除けば，砥石を成形するためにはドレッサに横送りを与えなければならない．通常砥石のドレッシングの場合，ドレッサの摩耗量はドレッサ切込み量に比べて非常に小さく無視できる．したがって，砥石断面は工作物テーブルに平行に成形されるが，超砥粒，特にダイヤモンド砥石の場合にはドレッサの摩耗量が大きくなる．したがって，1方向からだけ切込みを与えてツルーイングした場合，砥石断面は1パス当たりの摩耗量に相当する高さだけ傾いた斜面に成形され，両側で切込みを与えた場合には中凸状になる．これに対してカップツルアでは，図に示したようにツルアに縦送りを与えてツルーイングを行うので，砥石断面が中凸になることはなく高精度のツルーイングが可能である[11],[注6]．

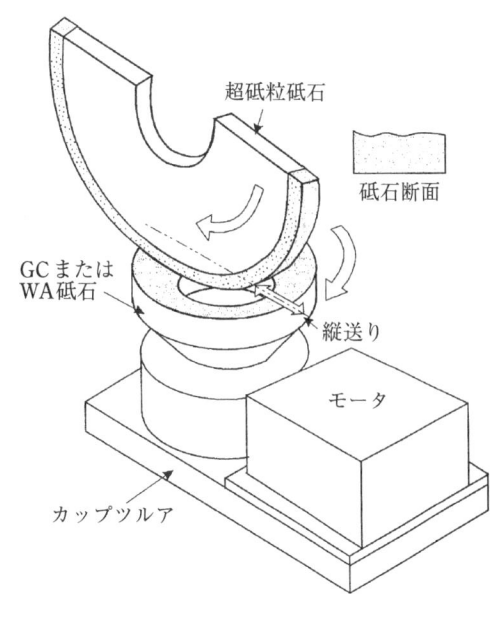

図6.26　カップツルアによるツルーイング

図6.27は，図6.16と同じダイヤモンド砥石をカップツルア（GC120J7V）でツルーイングした作業面のSEM写真である．図6.16に比べて，砥粒切れ刃のエッジがシャープに保たれている様子がわかる．これは，ダイヤモンド砥粒よりも硬度の低いGC砥石をツルアにしているので，砥粒先端に逃げ面摩耗が形成されないためである．そして図6.28は，この砥石で窒化けい素とチタン酸カルシウムを研削したときの研削抵抗の変化を

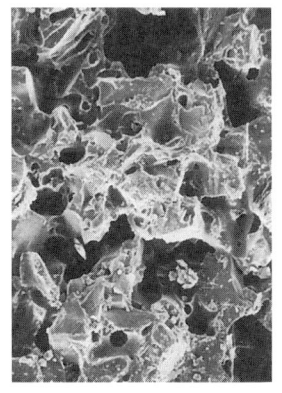

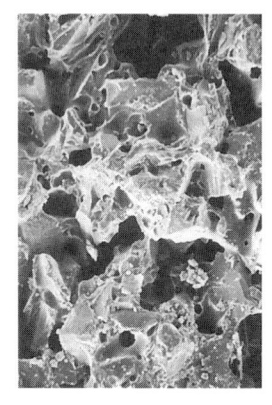

図6.27　カップツルアでツルーイングしたダイヤモンド砥石の表面

示したものである[12]．いずれもカップツルアによるツルーイングだけで，ドレッシングに類する処理は全く行っていないが，初期研削抵抗が低く，研削回数と共に研削抵抗が漸増する正常な研削が行われている．このように，ツルーイングが適切に行われれば，ダイヤモンド砥石であっても研削抵抗は通常砥石と同様の変化になる．

インプリダイヤモンド工具によるツルーイングでは，ツルアを研削することにより砥粒に大きな力を作用させて破砕，脱落させている．しかし，カップツルアによるツルーイングは，ツルアを研削することによって超砥粒砥石を摩耗させているのではない．この点で，インプリ

[注6]　しかし，ツルアの回転軸が傾いていると砥石断面は傾いてツルーイングされるので，微調整機構を設けて回転軸が正しく工作物テーブル面に垂直になるようにしなければならない．ツルアは一種の工作機械であるから，高精度のツルーイングを行うためには，ツルアの剛性や回転精度に十分配慮する必要がある．なお，ツルアの回転軸を砥石軸方向に故意に傾ければ，テーパツルーイングが出来るのも，カップツルアの特長の一つである．

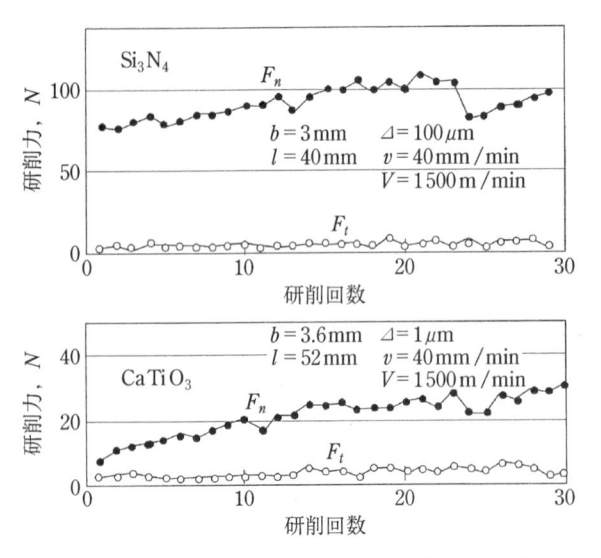

第6章 砥石のドレッシングとツルーイング

ダイヤモンド工具と基本的に異なる．すなわち，カップツルアでは超砥粒砥石によって削り落とされたGC（またはWA）砥粒粉が超砥粒砥石の結合剤を浸食し，砥粒を脱落させることによってツルーイングが進行する．図6.29(a)は，図6.16と同じダイヤモンド砥石をカップツルア（GC120J7V）でツルーイングしたときの砥粒の消長過程をダイヤグラムにしたものである[13]．横軸にツルーイング回数（切込み量10 μm で4パスのツルーイングを1回とした）をとり，実測したツルーイング深さも併記した．なお"砥粒D"はダイヤモンド砥粒を"砥粒C"は骨材砥粒のC砥粒を表す．SEMによるステレオ観察により，砥粒の分布を表層部，中層部，深層部に分類し，各砥粒についてツルアからの干渉を受けてから脱落するまでを太線で示した．図から明らかなように，カップツルアの場合には，ツルアと直接接触する可能性のある上層部の砥粒だけでなく，中層部や深層部の砥粒までが干渉を受け，しかもそのいくつかは脱落している．なおC砥粒は結合剤との濡れ性がよく，把持力が大きいので，脱落までの被ツルーイング回数がダイヤモンドに比べて大きくなった．

これに対して図(b)は，インプリダイヤモンドを用いてツルーイングしたときのダイヤグラムである．図(a)とは明らかに異なり，表層部の砥粒から次第にツルーイングが進行し，表層部や中層部の砥粒が残存する間は深層部の砥粒は全く干渉を受けなかった．また，前述したようにC砥粒はダイヤモンドで削り取られるように微小破砕するので，先端が後退するだけ

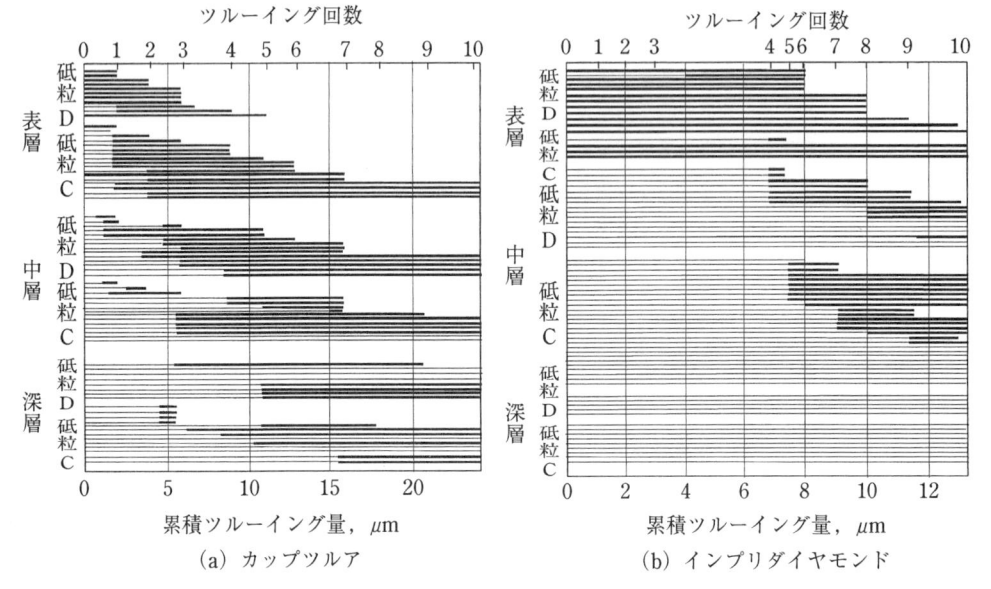

図6.28 セラミックス研削における研削抵抗の変化

(a) カップツルア
(b) インプリダイヤモンド

図6.29 ツルーイング時の砥粒の消長過程

で脱落するものが少なかった．

図6.30は，カップツルアでツルーイングした砥石の中層部にあったダイヤモンド砥粒の例である．このように，ツルアから脱落したGC砥粒の衝突により被覆した金の皮膜がはく離するので，ツルーイング時に干渉を受けたかどうかが容易に識別できる．もし，インプリダイヤモンド工具によるツルーイングのように，研削作用によるものであれば，砥粒はその先端だけが干渉を受けるはずであるが，この砥粒の場合は砥粒切れ刃のすくい面が干渉を受けている．これは，カップツルアによるツルーイングが砥石による研削作用ではなく，脱落粉による結合剤の浸食作用によって進行することを示唆している．

また，図6.31はツルア（GC砥石）の結合度とツルーイング比（ツルーイングによる砥石の除去体積とツルアの摩耗体積の比）およびツルーイング後の砥石を用いて研削したときの研削仕上げ面粗さ（最大高さR_y）との関係を示したもので

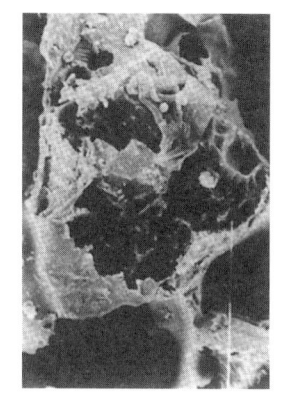

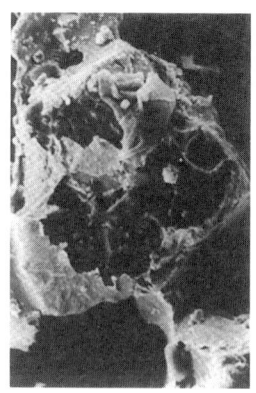

図6.30 カップツルアでツルーイングした砥石の中層部の砥粒

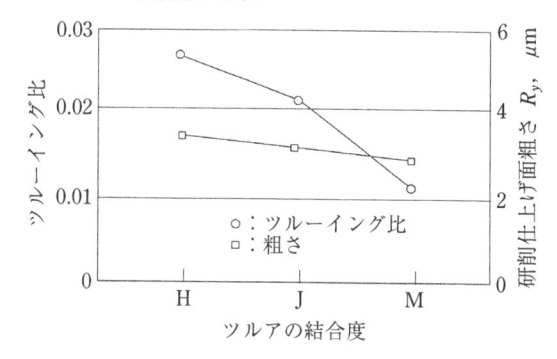

図6.31 ツルアの結合度とツルーイング比および研削仕上げ面粗さR_yとの関係

ある．もし，砥石による研削であるならば，被削材であるツルアの硬度（結合度）が高いほどツルーイング比は大きくなるはずであるが，結果は逆になっている．これは立場を逆にして，ツルア（GC砥石）のドレッシングと考えれば，結合度が低いほどツルアからの脱落粉の粒径は大きくなるから（6.2.3項，図6.13参照），ツルーイング比が大きくなることが理解できよう．

ツルーイング条件，すなわちツルアの粒度や回転速度，切込み量の選択についても同様の考えが成り立ち，ツルアからの脱落粉が大きくなるような条件ほどツルーイング比は大きく，砥石表面の砥粒切れ刃密度は低くなる[注7]．また，ツルア上の脱落粉を洗い流さないように，研削液は滴下程度にするのが肝要である．

（2）マトリックス型砥石のツルーイング

これまでは，主として有気孔のビトリファイドボンド超砥粒砥石のツルーイングについて述べた．しかし，脱落した砥粒粉の浸食作用によってツルーイングが進行するのであれば，マトリックス型の砥石でもツルーイングが可能であろう．しかも，同時にドレッシングが行われるので，ドレッシング作業が省略できる．

[注7] ツルアの結合度を硬く，粒度を大きく，さらに研削液を多量に供給して脱落粉の効果を消すと，超砥粒の先端に逃げ面摩耗が形成されるので，注意しなければならない．逆に，ダイヤモンド砥石によりラビング効果を期待して先端のフラットな切れ刃を作りたい場合には，このような条件を選べばよい．

第6章 砥石のドレッシングとツルーイング

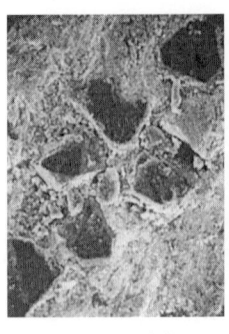

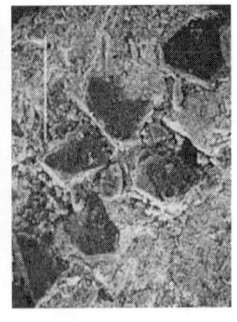

(a) ツルーイング前

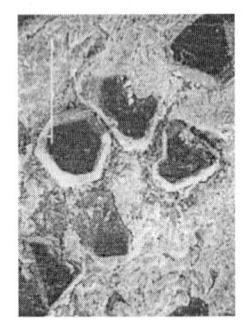

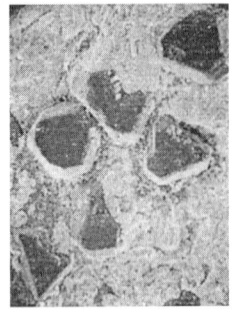

(b) 100パスツーリング後

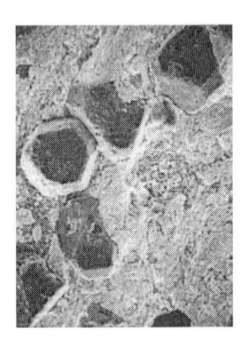

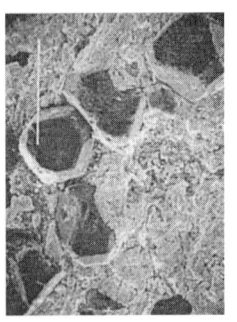

(c) 400パスツルーイング後

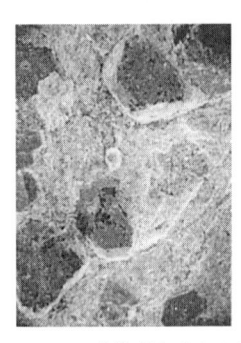

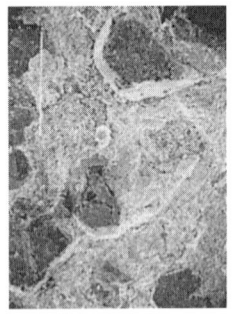

(d) 600パスツルーイング後

図6.32 メタルボンドダイヤモンド砥石のツルーイング過程

図6.32(a)は，メタルボンドダイヤモンド砥石SD270/325100MS3（Bronze系）の作業面のSEM写真である[14]．窒化けい素を研削した後のもので，砥粒先端はやや摩耗し，切り屑の目づまりがある．この砥石をカップツルア（GC120J7V）でツルーイングした．同図(b)は，1パス当たりの切込み量10μmで100パスツルーイングした後の砥石作業面のSEM写真である．立体視により，目づまりが除去され砥粒突き出し量が増加していることがわかる．ツルーイング方向は，左下から約60°の角度で上方を向いている．早くもこの方向にボンドテールが形成されているのが確認できる．同図(c)は，さらに300パスツルーイング後の様子である．砥粒の周りの結合剤が除去され，砥粒突き出し量がさらに増加し，中央右の砥粒が脱落した．図(d)は，図(c)の状態からさらに200パスツルーイングしたときの砥石作業面の様子である．さらに，中央左の砥粒が脱落した．一方，写真の右下では，新しい砥粒が結合剤面より頭を出し始めている．

これは，特に砥粒が集中した箇所を定点観測しているため，砥粒の脱落によって一時的に砥粒密度が低下したかに見える．しかし，他の箇所では結合剤面下にあった砥粒が新たに結合剤面上に頭を出しており，ツルーイングによって全体の砥粒密度はほとんど変わらない．

マトリックス型砥石では，図6.32(b)，(c)，(d)のようにツルーイングの際に砥粒の陰になって除去されない結合剤が残る．これを**ボンドテール**（bond tail）と呼ぶ．ボンドテールは，砥粒を後方から支える働きをするので研削時にはプラスに作用すると考えられるが，一方，工作物に接触すると大きな研削抵抗を発生する．したがって，砥石の使用回転方向を指示して，研削方向が逆向きにならないようにしなければならない．しかし，ボンドテールが研削方向に対して平行でない場合には，たとえ正回転であってもボンドテールと工作物が摩擦し合い，目づまりと同じ作用をすることになる．特にカップツルアでは，ツルアが砥石の周速ベクトル

に垂直な速度ベクトルを持つため，ボンドテールの方向が研削方向と一致しない[15]．

図 6.33 は，ボンドテールの方向と研削方向を故意に大きく設定して研削を行ったときの砥石作業面の様子である．ボンドテールが長く延びており，研削時に工作物と摩擦した痕跡が観察される．このようなボンドテールと工作物の干渉を避けるためには，ボンドテールを研削方向，すなわち砥石の軸に垂直な方向に形成させなければならない．カップツルアでそのようにするには，次のようにすればよい．

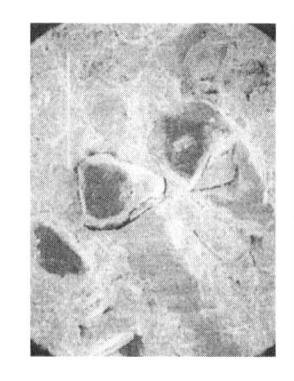

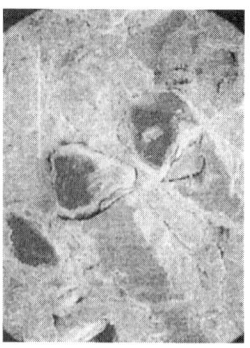

図 6.33 長く伸びたボンドテールの例

図 6.34 は，カップツルアによるツルーイングを模式的に示したものである．図の A 側または B 側の片側だけを使ってツルーイングした場合には，前述のようにボンドテールが研削方向

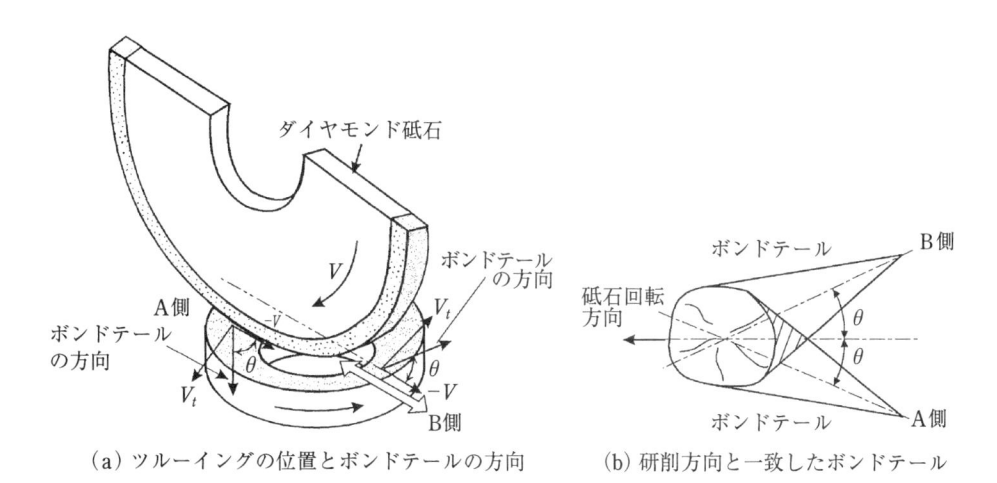

(a) ツルーイングの位置とボンドテールの方向 (b) 研削方向と一致したボンドテール

図 6.34 ボンドテール形成の説明

と並行にならない．しかし，A 側と B 側ではツルアの速度ベクトル V_t の方向が 180°異なるから，A 側と B 側でツルーイングを行えば，それぞれのボンドテールの重なる部分だけが残る．その結果，ボンドテールを研削方向に並行にすることができる．**図 6.35** は，このようにしてツルーイングした砥石作業面を示す．ボンドテールの方向が砥石の回転方向（図の左から右）に一致している様子がわかるであろう．

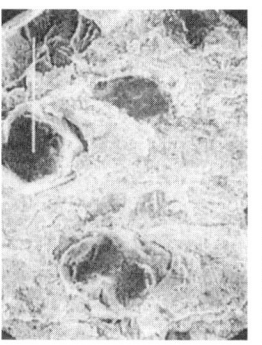

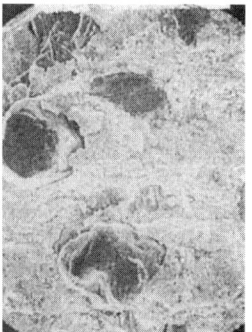

図 6.35 研削方向と平行なボンドテール

(3) CBN砥石のツルーイング[16]

これまで述べたように，ダイヤモンド工具を用いたドレッシングでは，A系やC系の通常砥粒は主に破砕によって切れ刃が形成される．しかし，ダイヤモンド砥粒では砥粒と結合剤の接着力が十分でないために，砥粒がほとんど原型のままで切れ刃になることが多い．特に微粒の砥石ではその傾向が強く，破砕によるサブ切れ刃の形成はほとんど期待できない．いい換えれば，通常砥石の場合は，ドレッシングの方法や条件により砥粒切れ刃密度や砥粒先端角をある程度自在に変えることができるが，ダイヤモンド砥石ではこれらは砥粒の粒度や集中度でほとんど決定づけられてしまうということである．したがってダイヤモンド砥石の場合は，研削仕上げ面粗さをより小さくするには，必然的に粒度を小さく（粒度番号を大きく）する必要がある．砥粒率が低い[注8]上にサブ切れ刃の形成が期待できないので，同粒度の通常砥石に比べて仕上げ面粗さは大きくなる．

これに対して，CBN砥粒は通常砥粒とダイヤモンド砥粒の中間的な性質を持っている．したがって，適当なツルーイング法やツルーイング条件を選択することにより，サブ切れ刃の数や先端角を操作し，仕上げ面粗さや砥石の切れ味をコントロールすることができる．ただし，通常砥粒よりも靭性が非常に高い（すなわち破砕性が低い）ので，ツルーイングの際には砥粒先端に逃げ面摩耗が形成されやすい．

まず，インプリダイヤモンド工具を用いてCBN170L100VN1E砥石をツルーイングした（砥石周速400 m/min）．砥石表面をSEMで立体視すると，砥粒とビトリファイド結合剤がほぼ同じ高さに切りそろえられ，砥石表面全体が非常に平坦になっているのが認められた．図6.36は，そのときの代表的な砥粒である．このようにCBN砥石は，たとえビトリファイドボンドであっても，ダイヤモンド工具を用いて大きな周速差でツルーイングすると，非常に平坦な逃げ面摩耗が形成される．したがって，ロータリドレッサを用いてクラッシングに近い条件でツルーイングする方法が推奨される．しかし，砥粒の破砕強度よりも結合剤橋の破壊強度の方が小さいと[注9]ツルーイングは結合剤橋の破壊によって進行するので，砥粒自体の破砕はほとんど期待できない．したがって，CBN砥粒の特性を生かしてサブ切れ刃の数や先端角を操作することはできない．その点，カップツルアは，ツルアの硬度がCBN砥粒よりも低いので，ツルアの結合度や粒度を適当に選択することによって仕上げ面粗さや砥石の切れ味をコントロールすることができる．次に，ツルアの粒度を操作した場合の例を紹介する．

カップツルアによるツルーイングでは，ツルアの結合度と同様に粒度の選択が非常に重要である．ツルアの粒度が大きく（粒度番号が小さく）なれば，ツルアからの脱落粉の粒度は大きくなるから，上述したようにツルーイング比は増大す

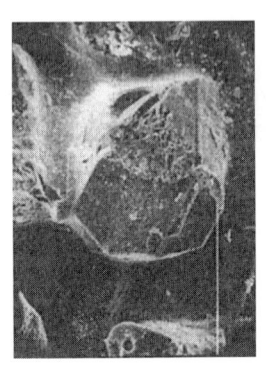

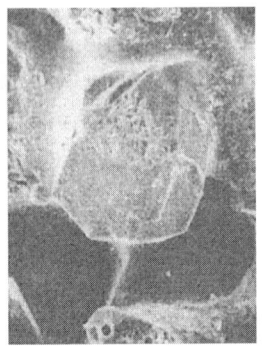

図6.36 インプリダイヤモンド工具でツルーイングした砥石面のCBN砥粒の例

[注8] ダイヤモンド砥石の集中度は，通常75～125であるから，通常砥石に比べ砥粒率が低い．
[注9] CBN砥石では，結合剤橋の破壊強度を大きくしすぎると，自生作用が起きにくいので，あまり結合剤率を高くできない．

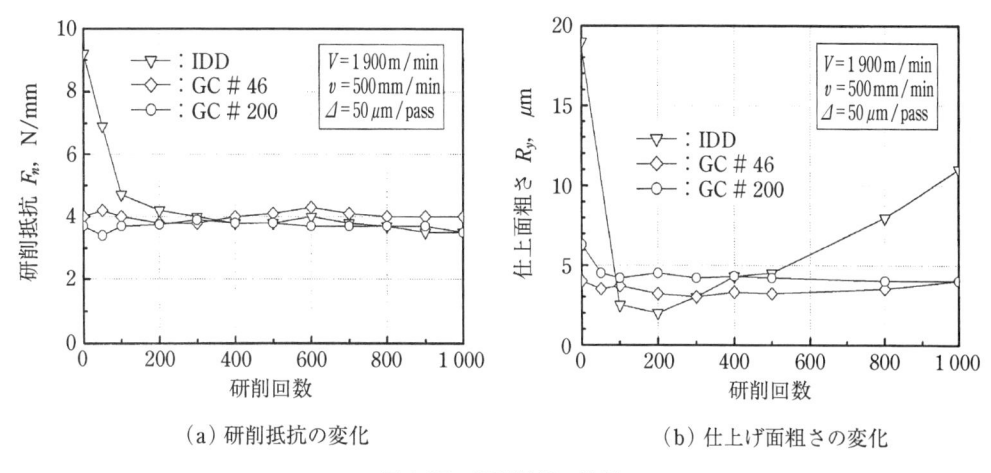

図6.37 研削性能の比較

(a) 研削抵抗の変化 　　　(b) 仕上げ面粗さの変化

る．しかし，砥石の粒度に比べてツルアの粒度が極端に大きくなると，炭化けい素（GCツルアの場合）の研削という側面が支配的になり，CBN砥粒先端の摩滅・摩耗や破砕が無視できなくなる．この特性を利用して，CBN砥石の切れ刃先端角をコントロールすることができる．すなわちダイヤモンド砥石のツルーイングでは，ツルーイングされる砥石と同程度の粒度のツルアが適している[注10]が，CBN砥石の場合はより粗粒のツルアを使用することによってCBN砥粒に適度の破砕を起こさせ，切れ刃の先端角を大きくすることができる．そこで，粒度#170のCBN砥石（CBN170L100VN1E）に対して，前述のインプリダイヤモンド工具を用いてツルーイングしたものとカップツルアでツルアの粒度をGC200とGC46にしたものについて，研削性能を比較した．

図6.37は，アルニコ〔AlNiCo（TMK-1B，試片長さ53 mm）〕を研削したときのそれぞれ(a)は研削抵抗，(b)は研削仕上げ面粗さに関する結果である．図でIDDは前述のインプリダイヤモンド工具を指す．図から明らかなように，大きな逃げ面摩耗が形成されるIDDの場合には，ツルーイング直後に大きな研削抵抗が発生し，これに抗しきれなくなった砥粒が脱落するので，研削抵抗は急速に減少する．それに伴って仕上げ面粗さも減少するが，さらに砥粒の脱落が進むと砥粒切れ刃密度が低下するので，仕上げ面粗さは増加する．一方，カップツルアの場合には，ツルアの粒度を大きくすると（GC46J7V），研削抵抗はやや大きくなるが，仕上げ面粗さはよくなる．図6.38は，GC46J7Vのツルアでツルーイング

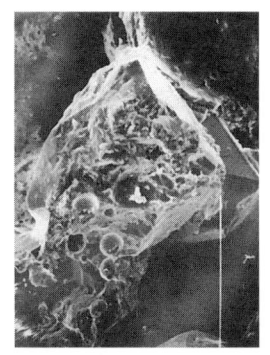

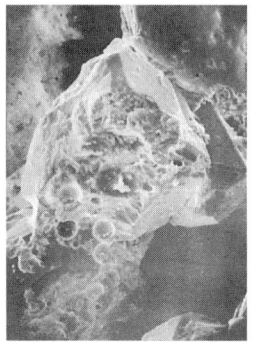

図6.38 GC46のツルアでツルーイングした砥石面のCBN砥粒の例

注10) ビトリファイドボンドGC砥石のツルアを使用する場合，またツルーイングされるダイヤモンド砥石がレジンボンドのときは，ツルアの粒度は砥石と同程度，ビトリファイドボンドのときはやや大きめの粒度，さらにメタルボンドのときはさらに大きめの粒度のツルアが適している．さらに，超精密研削用に使用される粒度#1500以上のレジンボンド極微粒ダイヤモンド砥石の場合は，大きめの粒度のツルアを使用するとダイヤモンド砥粒が脱落しやすいので，砥石よりもやや細い粒度のツルアを使用するとよい．なお，ツルアの結合度（ビトリファイドボンド）は，H～J程度が望ましい．

(4) 円弧ツルーイング（アークツルーイング）[17]

カップツルアでは，極めて真直度の高い砥石断面が得られる．この特長を生かせば，直線包絡によって任意の凸型断面を創成することが可能であろう．次に，そのツルーイング法について述べる．

図6.39(a)に示すように，カップツルアを紙面に垂直に往復させながら中心Oの周りに左から右に旋回させてツルーイングを行う場合を考える．この場合，ツルアに切込みを与えなければ，砥石断面の曲率半径はツルアの摩耗分だけ大きくなり，図(b)の曲線cのようになる．一方，ストロークごとに切込みを与えると，切込み量 Δ_t からツルアの摩耗量 δ_t を差し引いた $\Delta_t-\delta_t$ だけツルアが前進するので，砥石断面は曲線aのようになる．しかし，ツルアの摩耗量が大きく $\Delta_t \fallingdotseq \delta_t$ であれば，砥石断面は限りなく曲線bに近づくであろう．

カップツルアでは，脱落した遊離砥粒のラッピング作用によってツルーイングが進行するため，結合度の低いGC砥石がツルアとして使用される．したがって，1パスのツルーイングで切込み量の大部分が消耗され，$\Delta_t-\delta_t$ は十分小さくなる．このため，旋回中心からツルア工具表面までの距離はほぼ一定に保持され，砥石断面は曲線bに漸近する．

以上は，簡単のために円弧断面のツルーイングについて考えたが，NC装置によって旋回と同期して旋回中心を変えれば，任意の凸型断面がツルーイングできる．そこで，ここでは最も単純な円弧断面のツルーイングだけを考え，これをアークツルアと名づけることにする．

この原理に基づいて，円筒研削用の円弧断面砥石用のツルーイング装置を試作した．図6.40に，装置および制御系統の概略図を示す．カップツルア

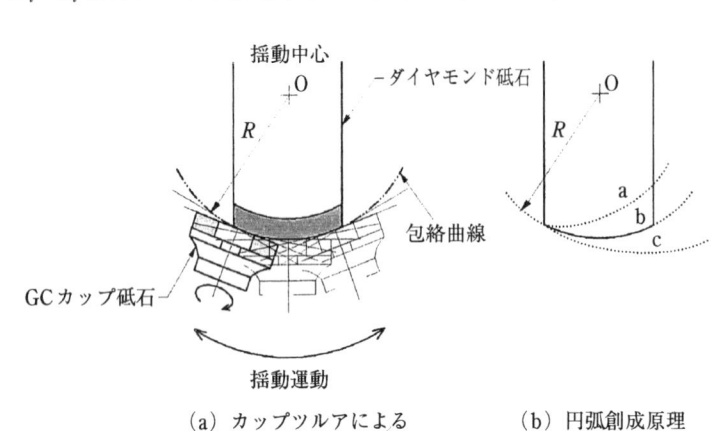

図6.39　カップツルアによるアークツルーイング

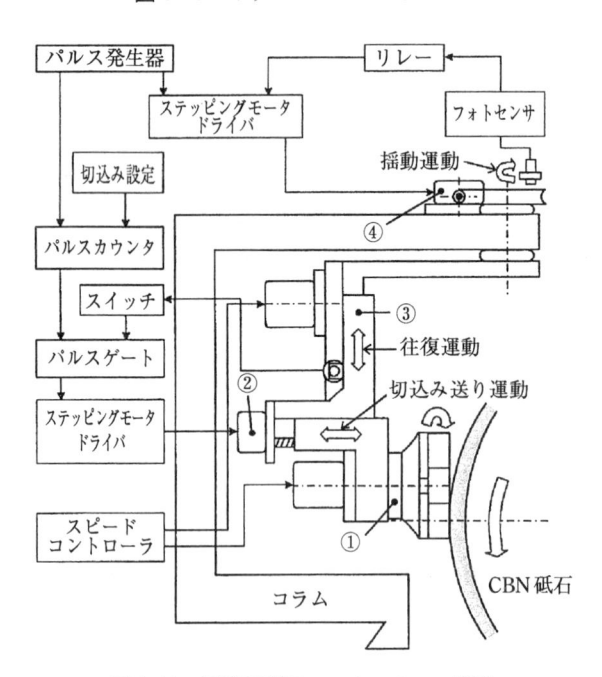

図6.40　円筒研削用アークツルアの概略

を上下に往復運動させ，ストロークごとに一定量の切込み Δ_t を与えながら，ツルア全体を旋回させるのが，本装置の基本動作である．

ツルア①の回転は，スピードコントロールモータによって，50～500 rpm の範囲で変えられるようにした．ツルア回転軸は，砥石軸およびツルア上下往復運動方向に対して，正しく垂直である必要がある．そこで，これら直交2方向に対してツルア回転軸の傾きを微調節可能な機構を設けた．またツルアの切込みは，ステッピングモータ②とボールねじによって与えている．ストロークごとの切込み量は，パルスカウンタの設定値を変えることによって 0.56～56 μm の範囲で自由に与えることが可能である．この場合，切込み送りは常に同一方向であるから，バックラッシュは問題にならない．

ツルアの上下往復運動は，ツルーイング能率の点からは速い方が望ましい．そこで，往復テーブル③の駆動にはクランク機構を用いた．往復運動のストロークは 40 mm で，往復速度は最大 5.0 m/min まで可変である．ツルアの旋回は，減速比 1/100 のウォームギヤを介してステッピングモータ④で駆動した．

図 6.41 は，超精密円筒研削盤上でのアークツルーイングの様子を示す．このようにして円弧断面のツルーイングとドレッシングを行った砥石（SD 5000 P 150 B）を用いて，窒化けい素セラミックス製のボールベアリングインナレース面の総形研削を行い，±1 μm の形状精度を得た[18]．

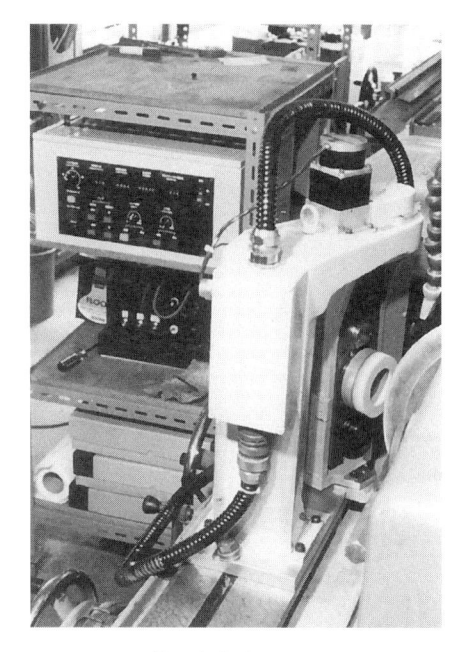

図 6.41 円筒研削盤上でのアークツルーイング

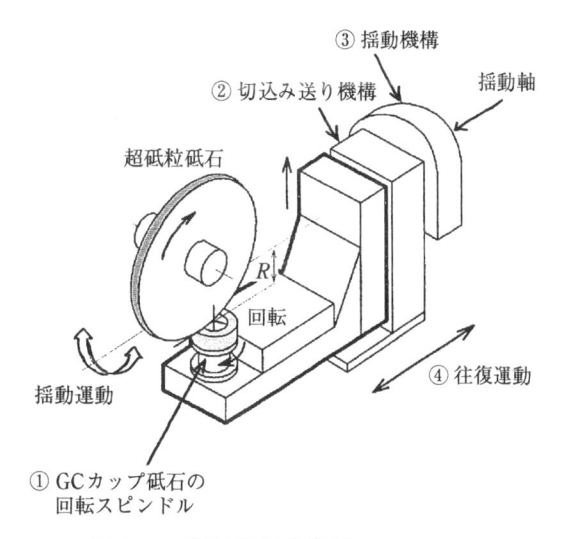

図 6.42 横軸平面研削盤用アークツルア

以上は，円筒研削盤用のアークツルアであるが，横軸平面研削盤の場合は研削盤のテーブルの縦送りを利用することが可能であるから，図 6.40 の③の機能は不要になる．**図 6.42** に，試作した横軸平面研削盤用のアークツルアの模式図を示す[19]．図で，②はコラムに設けた案内面に沿った切込み送り機能を示す．④の往復運動は，研削盤のテーブル縦送りである．

(5) 総形ツルーイング

凸型の断面の場合には，基本的には NC 研削盤とアークツルーイング法の組合せで成形可能であるが，凹型断面を含むさらに複雑な断面の総形砥石の場合は，ロータリドレッサに因らざるを得ない．しかし，ダイヤモンド工具を用いて超砥粒砥石をツルーイングした場合，

(a) 切れ刃先端に逃げ面摩耗が形成され切れ味が著しく阻害されるおそれがある
(b) ドレッサの摩耗に伴って超砥粒砥石の切れ味がさらに低下するので，ドレッサの寿命が短くなる
(c) マトリックス型の超砥粒砥石ではさらにドレッシングが必要であり，成形精度が劣化するなど，問題が多い．

そこで，GC砥石を介してロータリドレッサの断面形状を転写する超砥粒総型砥石のツルーイング法を新たに開発した[20]ので，次に紹介する．図6.43に，基本原理を示す．このように目的の砥石断面と同じ断面のロータリドレッサを用意し，まずこれをGC砥石に反転して転写し，さらに超砥粒砥石に転写する．GC砥石による超砥粒砥石のツルーイングは，カップツルアと全く同じ原理で脱落粉のラッピング効果によりツルーイングが進行するので，マトリックス型の超砥粒砥石であってもドレッシングが不要である．ロータリドレッサは超砥粒砥石を直接ツルーイングするわけではないので，摩耗は少なく，たとえダイヤモンドが摩滅しても超砥粒砥石の切れ味にはほとんど影響を及ぼさない．したがって，ロータリドレッサの寿命を飛躍的に改善することができる．

図6.43から明らかなように，GC砥石は，ロータリドレッサと超砥粒砥石の両者から削り取られるので，それぞれを定切込み送りで実現することは非常に難しい．そこで，定圧切込みにした．図6.44は，試作したツルーイング装置の概念図である．すなわち，超砥粒砥石とGC砥石，GC砥石とロータリドレッサのそれぞれの接触圧を平行平板型の動力計で検出し，接触圧がつねに一定になるように，ステッピングモータで切込みを与えた．図6.45は，試作したツルーイング装置の外観で，ねじ研削用CBN砥石のツルーイングを行ったものである．

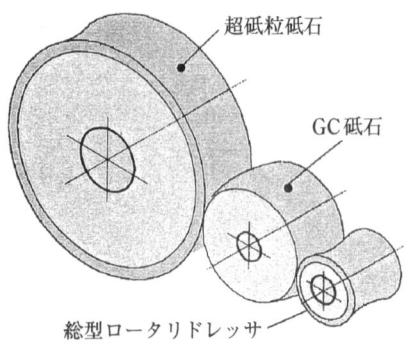

図6.43 総型ツルーイングの原理

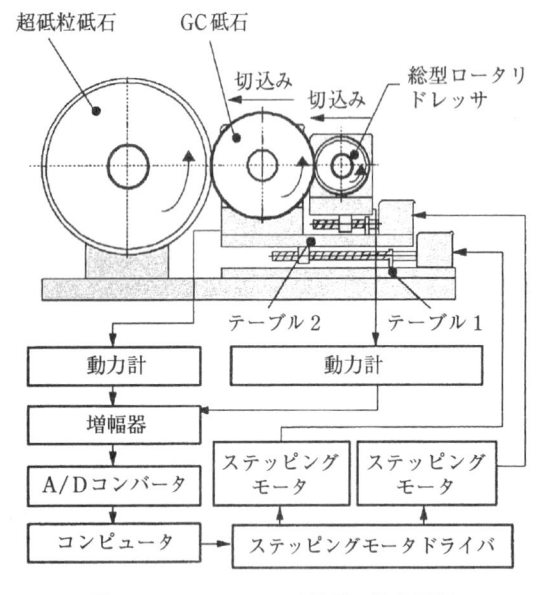

図6.44 ツルーイング装置の基本設計

図6.45 ツルーイング装置の外観写真

6.3.4 特殊ツルーイング法

金属は，放電加工や電解加工が可能である．この性質を利用して，メタルボンドの超砥粒砥石については，放電加工や電解加工がツルーイングやドレッシングに応用されている．次に，その主なものを紹介する．

(1) 放電ツルーイング/ドレッシング

放電ツルーイングは，ダイヤモンド砥石メーカーでも砥石を成形するために広く用いられている方法である．基本的には，図6.46に示すように砥石と電極間の放電を利用して結合剤を除去する方法で，通常は砥石を負極，工具電極を正極にする．また工具電極として，回転工具やワイヤを用いることもある．これを研削盤の機上で行う場合には，給電ブラシの設置や研削盤の絶縁対策が必要である．

そこで，このような煩雑さを避けるために，工具電極を2個備えたツイン電極法[21]が考案された．これは，極性の異なる1対の電極をメタルボンドの超砥粒砥石に近接させ，それぞれの電極と砥石間で放電を起こさせることによって結合剤を除去しようとするものである．しかし，極性を固定すると，正極と負極で電極消耗量が異なり，放電の持続が困難になる．したがって，両極の極性を交互に切り換えるなどの工夫が必要である．また，安定した放電を持続させるには，電極と砥石間の間隙を常に一定に保たせる設備が必要になる．

これに対して，ツルーイングされる砥石で電極を研削しながら，導電性の切り屑と砥石結合剤との間で放電を起こさせることによって結合剤を除去し，チップポケットを形成させようとする方法がある．これは，ツルーイングというより，むしろドレッシング的な性格が強い．そして上述のツイン電極法を応用した方法[22]も提案されている．

このようないわゆる接触型放電ツルーイング/ドレッシングは，メタルボンド砥石に対して非常に高能率の方法であるが，放電が周期的に行われるため，砥石面に周期的な放電むらが形成されるのが欠点である[23]．このような欠点を改善するために，次のような方法が提案されている[24),25)]．これは，カップツルアのGC砥石の代わりに，図6.47に示すようなレジンボンドのGC砥石に多数のツイン電極を半周ごとに傾きを変えて配置したツルーイング工具を使用するものである．図で，足の長い電極と短い電極は黄銅製で1対のツイン電極を構成しており，これらが放電電源に並列に接続されている．GC砥粒の脱落粉にはカップツルアと同様のツルーイング効果と同時に，放電分散効果があるので，放電むらのない良好なドレッシン

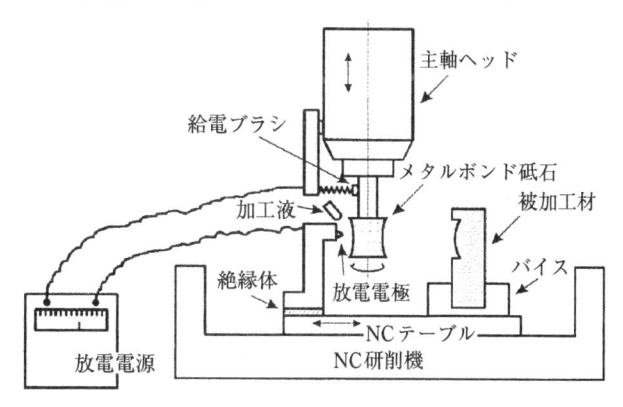

図6.46 放電ツルーイング

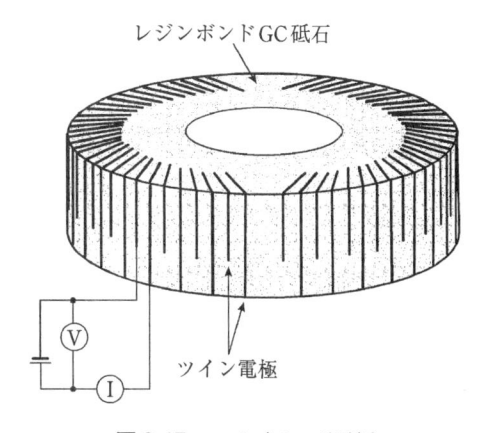

図6.47 ハイブリッド電極

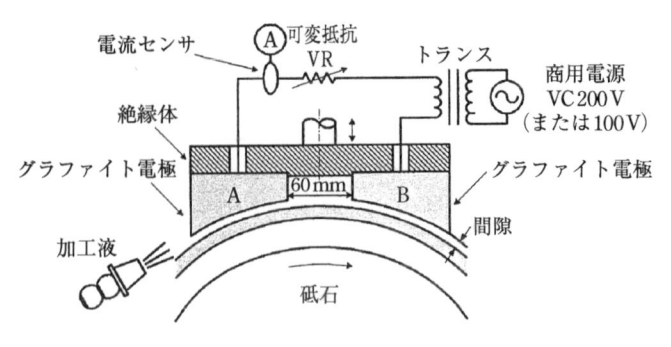

図 6.48 ツイン電極電解ドレッシング

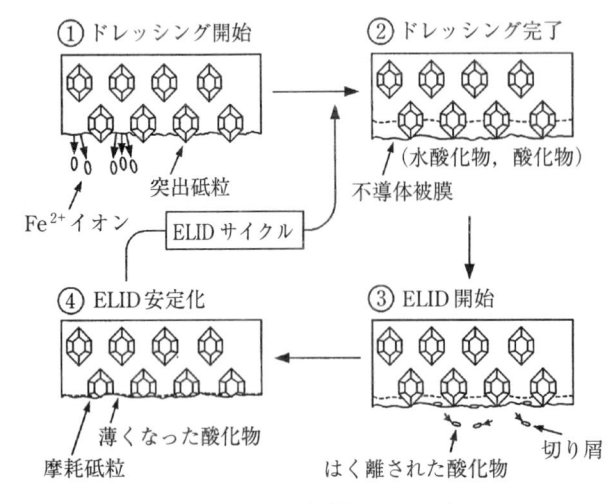

図 6.49 ELID 研削のメカニズム

(2) 電解ドレッシング

電解現象を応用してメタルボンドを熔解除去する方法で，給電ブラシを用いて砥石を正（＋）極にし，砥石に対向させた位置に負（－）の工具電極をおいてその間に研削液を供給して電解を行う[26]．ツルーイングには不向きで，通常はインプロセスドレッシングの形で用いられる．以上は，シングル電極法について述べたものであるが，放電ツルーイングの場合と同様，図 6.48 に示すようなツイン電極法[27]が行われている．

電解ドレッシングの特殊な例として，ELID（Electrolytic in-process Dressing）研削法がある[28]．これは，鋳鉄ファイバボンドなど鉄系ボンドの微粒もしくは極微粒砥石を用い，インプロセスで電解ドレッシングを行いながら研削を行う方法である．図 6.49 は，そのメカニズムを模式的に説明したものである．鉄系ボンド砥石を導電性の低い電解液（研削液）で電解ドレッシングすると（①参照），鉄が溶出しその大部分が Fe^{2+} にイオン化する．これが水の電気分解によって生じた OH^- と結合し，$Fe(OH)_2$ や $Fe(OH)_3$ に変化した後，さらに Fe_2O_3 など酸化物に変化し，砥石表面に不導体被膜を形成する（②参照）．不導体被膜が形成されると，砥石表面の電気伝導度が低下し，やがて電解作用が停止する．この状態で研削を行うと，被削材や切り屑の摩擦によりその不導体被膜がはく離し（③），その部分だけ電解が再開される（④）．従来の銅やコバルト系のボンドの砥石では，不導体被膜が形成されないため，電解が研削と独立に進行してしまい，砥石の摩耗やそれに伴う砥石の形くずれが大きな問題であった．しかし，ELID 研削では不導体皮膜のために，この欠陥が解消した．

問題 6.1 横送りを与えるツルーイング法でドレッサの摩耗量が無視できない程度に大きい場合，一方向からだけツルーイングすると砥石断面が斜面にツルーイングされ，両側で切込みを与えると中凸になる理由を説明せよ．

問題 6.2 カップツルアを円筒研削に応用した場合，ツルアの送りはどのようになるか．

問題 6.3 カップツルアで，砥石断面がなぜ直線にツルーイングされるのか，その理由と必要条件を考えよ．

問題 6.4 図 6.27 の砥石では，骨材砥粒として ＃180 の C 砥粒が使われている．SEM による観察では，ダイヤモンド砥粒（＃270/325）と粒径がほぼ同じに見えるがなぜか．

参考文献

1) G. Pahlitsch and Appun : Ind. Diamond Rev., **14**, 166 (1954) 185.
2) R. P. Lindsay : ASTME Tech. Paper, Mr69-568 (1969) 1.
3) T. J. Vickerstoff : Int. J. Mech. Tool Des. Res., 16 (1976) 145.
4) C. B. Bhateja, A. W. J. Chisholm and E. J. Pattinson : Proc, Int. Grinding Conf., Pittsburgh, (1972) 121.
5) S. Malkin and N. H. Cook : Trans. ASME, Ser. B, **93**, 4 (1971) 1129.
6) S. Malkin and R. B. Anderson : Proc. Int. Grinding Conf., Pittsburgh, (1972) 121.
7) 松井正己, 庄司克雄 : 精密機械, **49**, 9 (1983) 1229.
8) 松井正己, 庄司克雄 : 精密機械, **49**, 10 (1983) 1410.
9) 趙学曉, 庄司克雄, 厨川常元, 周立波 : 日本機械学会論文集 (C), **62**, 601 (1996) 3725.
10) 庄司克雄, 周立波, 松井正己 : 精密工学会誌, **55**, 5 (1989) 865.
11) 松井正己, 庄司克雄, 朴承鎬 : 精密工学会誌, **53**, 3 (1987) 486.
12) 松井正己, 庄司克雄, 山尾昌道 : 精密工学会誌, **52**, 2 (1986) 291.
13) 庄司克雄, 朴承鎬, 松井正己 : 精密工学会誌, **54**, 10 (1988) 1981.
14) 庄司克雄, 周立波 : 精密工学会誌, **55**, 12 (1989) 2267.
15) 庄司克雄, 周立波 : 精密工学会誌, **56**, 7 (1990) 1247.
16) 庄司克雄, 周立波, 西田賢一 : 日本機械学会論文集 (C), **60**, 574 (1994) 250.
17) 庄司克雄, 厨川常元, 周立波, 鈴木英俊, 相原秀雄 : 精密工学会誌, **59**, 3 (1993) 117.
18) 周立波, 立花 亨, 庄司克雄, 厨川常元, 羽賀 務, 海野邦彦, 大下秀男 : 日本機械学会論文集 (C), **62**, 612 (1997) 2905.
19) 厨川常元, 立花 亨, 庄司克雄, 森由喜男 : 日本機械学会論文集 (C), **63**, 611 (1997) 2532.
20) L. Zhou, K. Syoji and K. Yamazaki : Proceedings of ICPE'95, (1995) 25. (特許第 2961504 号)
21) 鈴木 清, 毛利尚武, 植松哲太郎, 中川威雄 : 昭和 60 年度精密工学会秋季大会講演論文集, (1985) 575.
22) 久保田護, 田村祐二, 沖田高敏 : 昭和 63 年度精密工学会春季大会講演論文集, (1988) 653.
23) J. Tamaki and T. Kitagawa : Int. J. Japan Soc. Prec. Eng., **26**, 4 (1992) 284.
24) 田牧純一, 近藤和久, 井山俊郎 : 精密工学会誌, **65**, 11 (1999) 1628.
25) 謝晋, 田牧純一, 久保明彦, 井山俊郎 : 精密工学会誌, **67**, 1 (2001) 1844.
26) 岡野啓作, 堤 千里, 村田良司, 伊藤 哲, 田中善衛 : 昭和 58 年度精機学会春季大会講演会論文集, (1983) 371.
27) 鈴木 清, 植松哲太郎, 柳瀬辰仁, 浅野修司, 飴井充弘 : 1989 年度精密工学会春季大会講演論文集, (1989) 711.
28) 大森 整 : 精密工学会誌, **59**, 9 (1993) 43.

第7章　砥石の摩耗と自生作用

7.1　砥石の摩耗と寿命

7.1.1　砥石摩耗の3態

バイトやフライスのような切削工具では，切れ刃が摩耗して切削抵抗が増大したり仕上げ面が劣化したりすると，再研削を行って工具の切れ味を再生させる必要がある．このような再研削から再研削までの時間が**寿命**（tool life）である．切削工具では，通常，逃げ面およびすくい面の摩耗量によって寿命が判定される．

砥石の場合にも，耐摩耗性は砥石の性能を評価する重要な要素である．しかし，砥石の場合，砥粒切れ刃の自生作用のために，摩耗は必ずしも研削抵抗の増加を伴うとは限らないので，**砥石摩耗**（wheel wear）と**砥石寿命**（wheel life）は対応しない．たとえば，砥粒切れ刃の適度の破砕は切れ味を再生することになるので，正常な研削を行う上でむしろ好ましいともいえる[注1]．このように，研削では砥石の摩耗の持つ意味は複雑である．したがって，研削における寿命の判定は，それぞれの目的によって異なる．たとえば，精密研削では砥石は研削によるよりも目立てによって消費されることが多く，研削抵抗の増加あるいは仕上げ面粗さや形状精度の劣化などが寿命判定の基準になる場合が多い．これに対して，重研削では自生作用を利用しほとんど目立てを行わずに（ノードレスで）作業を行うことが多い．この場合は砥石の摩耗がコストの点で問題になる．寿命に達した砥石は，**目立て**〔**ドレッシング**（dressing）〕によって再生されるので，これを特に**ドレッシング**（あるいは**ドレス**）**間寿命**（dressing interval）と呼ぶこともある．

一般に砥石の摩耗は，図7.1に示したように三つの代表的な形態に分けられる．すなわち①砥粒もしくは砥粒切れ刃の**摩滅摩耗**（attritious wear）（図のA），②**砥粒の破砕**（grain fracture）（図のB），③**結合剤の破壊**（bond fracture）による**砥粒の脱落**（grain releasing *or* grain dislodgement）（図のC）である．摩滅摩耗は，工作物との摩擦によって生じる摩耗で，切れ刃先端に**摩耗平坦部**（wear flat）を作り，研削抵抗の増加の原因となる．特に，靭性の高い砥粒や結合度の高い砥石で発生しやすい．この状態が極端な場合，**目つぶれ**（grazing）という．目つぶれ状態に至った砥石は，大きな研削抵抗を発生しびびりや研削焼けの原因となるので，目立てを施し，切れ味を再生しなければならない．

一方，砥粒の破砕は，摩滅・鈍化した切れ刃を再生する働きがある．適度の破砕により砥粒切れ刃の摩滅鈍化が緩やかに進行する状態を**正常研削**（normal grinding）という．正常研削になるように，砥粒の靭性や砥石の結合度，あるいは研

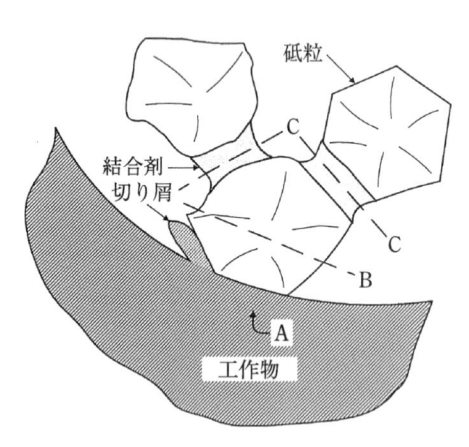

図7.1　砥石摩耗の3態

[注1]　そこで，切削工具における「摩耗」の負のイメージと区別するため，特に砥石の場合には「減耗」あるいは「損耗」と呼ぶこともある．

削条件を適当に選択することが大切である．これについては，すでに4.1.2項で述べた．砥粒の脱落は，砥粒切れ刃の摩滅が進行し砥粒に過大な研削力が作用した場合，もしくは研削条件に対して砥石結合度が極端に低い場合に起きる．砥粒の脱落は，大きな砥石摩耗を伴うことになるので避けなければならない．この極端な場合を**目こぼれ**（shedding）という．

また，砥石の摩耗とは直接関係ないが寿命の形態の一つとして，**目づまり**（loading）がある．これは，砥粒切れ刃間のチップポケットに凝着した切り屑が堆積して工作物と摩擦し合い，研削抵抗の法線分力が増加する現象である．目づまり状態になると，非常に大きな研削抵抗が発生し，極端な場合には研削不能になる．アルミニウムやオーステナイト系ステンレス鋼，チタン合金などが，特に目づまりしやすい材料として知られている．

7.1.2 研削比

研削における砥石の耐摩耗性を表す指標として**研削比**（grinding ratio）がよく知られている．これは，被削材の除去体積をその研削において消耗した砥石の摩耗体積で割ったものである．砥石の摩耗体積は，砥石消耗の激しい重研削では，砥石の半径減を直接測定して求めることができるが，砥石摩耗が比較的小さい精密研削では次のようにして求められる．すなわち，図7.2に示すように横軸平面研削の場合を例にとれば，砥石幅よりも幅の狭い工作物を砥石の中央部で研削すると，その部分だけ砥石が摩耗するので段差ができる．これを，砥石幅とほぼ等しい幅の工作物（転写片と呼ぶ）を研削することによって写し取る．転写片の材質は，できるだけ研削条痕を忠実に転写できるもので，しかも砥石の摩耗に影響を及ぼさないもの[注2]が望ましい．転写片に写し取られた砥石の断面形状を表面粗さ計などで測定し，研削に使用しなかった両端を基準にして砥石の半径減 δ_r を求める．一方，砥石の総切込み量は，砥石半径切込み量 $\varDelta$ と研削回数 n の積で与えられる．したがって研削比 G は，

$$G = \frac{\varDelta nl}{\pi D \delta_r} \tag{7.1}$$

で求められる．ここで，l は工作物の長さ，D は砥石の直径である．

研削比は，しばしば砥石選定の適否や被削材の易削性を表す指標として用いられることがある．しかし，研削比が大きいからといって必ずしも良好な研削が行われているとは限らないので，注意しなければならない．たとえば砥石の結合度が過度に高く，目つぶれや目づまり状態になっても，研削抵抗が増加するだけで砥粒は脱落しないので研削比は減少しない．したがって，研削比が意味を持つのは，適度の破砕が起きて正常な研削が持続されている場合か，もしくは積極的に砥粒の脱落を起こさせて砥石の切れ味を維持する重研削の場合だけである．

また，当然のことながら研削比は研削条件によっても左右されるので，他の研究者のデータを引用する場合には特に注意が必要であろう．

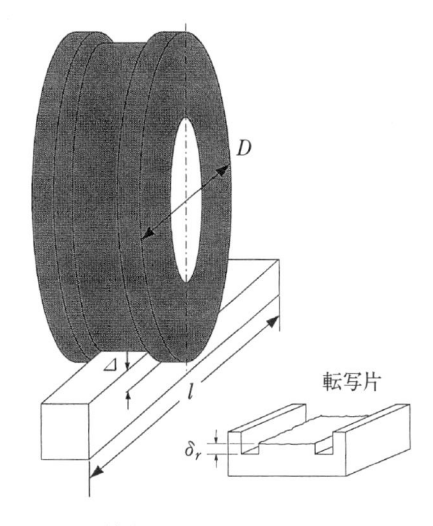

図7.2 精密研削における研削比の求め方

[注2] 著者らは微粒子の炭素板などを使用している．

7.1.3 軟鋼研削におけるCBN砥石の異常摩耗 [1]

CBN砥石は，焼入鋼や特殊鋼の研削には砥石摩耗が非常に少なく威力を発揮するが，本来，易削材であるはずの軟鋼に対しては摩耗が大きく使用できないといわれてきた [2]．その理由として，軟鋼は靱性に富み，大きな切り屑が生成されるので，結合剤が切り屑によって破壊もしくは削り取られると考えられてきた．しかし，その後，著者らの研究で，レジンボンドのCBN砥石では，それほど顕著な異常摩耗は確認できず，ビトリファイドのCBN砥石では非常に顕著な異常摩耗が起きることが確認された．

図7.3は，高速度鋼（SKH57），構造用炭素鋼（S45C）とその焼入れ材（S45CHと表記），ねずみ鋳鉄（FC200），そして軟鋼である一般構造用圧延鋼（SS400，以下，軟鋼と呼ぶ）の5種を被削材として，ビトリファイドCBN砥石（BN170100V）で平面研削したときの研削抵抗の垂直成分 F_n と砥石半径摩耗量 W_r を比較したものである．このようにSS400の研削では，F_n は他の材料に比べて大差がないにもかかわらず，W_r は非常に大きな値を示した．図は，砥粒切削長さ $l_c = 2.83$ mm（$\Delta = 40$ μm, $v = 2.5$ m/min）の結果であるが，この傾向は砥粒切削長さ（砥石・工作物接触長さ）l_c が大きくなるほど顕著であった．

これは次のように説明できる．すなわち，図7.4に示すように，砥石空孔が作るチップポケットに付着した切り屑が，次々に堆積成長する．これがやがて工作物の新生面と摩擦し合うようになり，高温になって溶着すると，ロック状態になり，後続の砥粒を雪崩的に脱落させる．図7.5は，チップポケットに堆積した切り屑の例である．このような切り屑の堆積は，活性に富んだ軟鋼の切り屑だけに見られ，実験を行った他の材料では見られなかった．切り屑長さが長

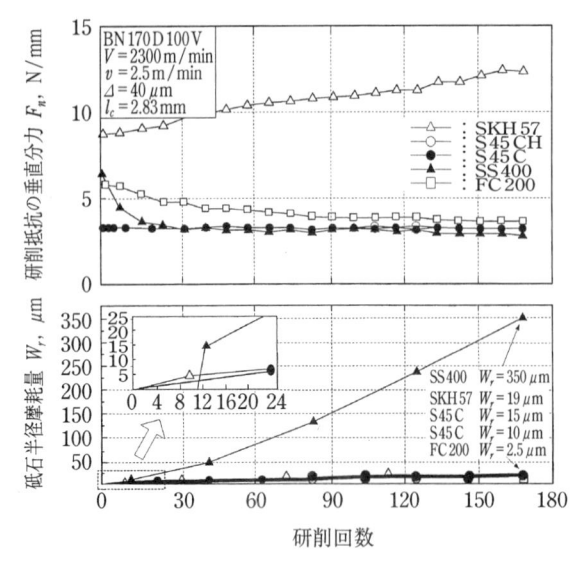

図7.3 各種被削材の研削抵抗と砥石半径摩耗量の比較

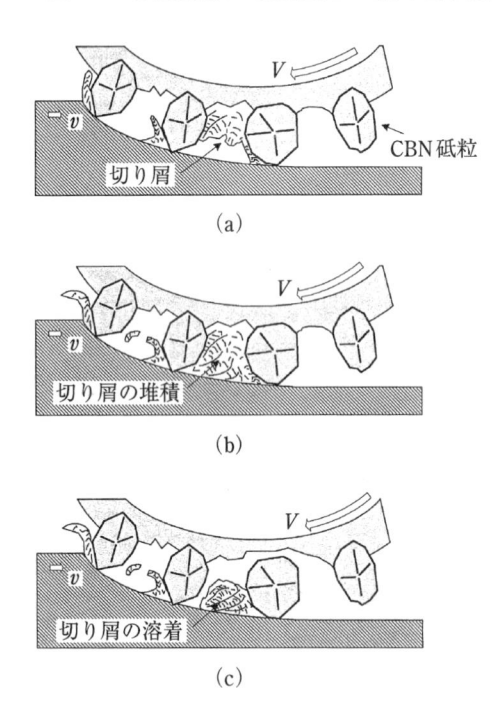

図7.4 軟鋼研削におけるCBN砥石の異常摩耗のメカニズム

---

[3] 通常の目づまりでは，切り屑の付着が砥石作業面全体で起こり，研削抵抗が非常に大きくなる．そして，極端な場合には研削不能になる．しかしこの「異常摩耗」の場合には，ほとんど研削抵抗の増加を伴わないのが特徴である（図7.3参照）．

いほど付着しやすく堆積もしやすいと考えられる．砥粒切削長さが大きいほど異常摩耗が顕著なのはそのためであろう．なお，このような切り屑の堆積は，通常の"目づまり"とは異なり[注3]，砥石作業面全体に起きるのではなく，発生頻度が非常に小さい．しかし，ひとたび起きると雪崩的な砥粒の脱落を引き起こすため，結果的に異常摩耗に結びつくのである．

図7.5 チップポケットに堆積した切り屑

このような軟鋼の研削における CBN 砥石の異常摩耗は，通常砥石に比べ，CBN 砥石は結合剤率が低く，チップポケットが大きいことが原因である．すなわち，チップポケットが大きいために，堆積した切り屑が工作物新生面に再溶着すると，その砥粒の全体に切削力が作用することになり脱落に至る．しかし，もしチップポケットが小さければ，堆積した切り屑が新生面に再溶着してもその砥粒が切削してしまうので，砥粒の脱落にまで至らないであろう．したがって，砥粒の保持力に影響を及ぼさないで，しかも切り屑と親和性の低い材料を充填することによってチップポケットを小さくすることができれば，このような異常摩耗が防止できるのではないかと考えられる．

7.2 砥粒切れ刃の自生作用

7.2.1 単粒研削試験

1.2節でも述べたように砥粒は鉱物質の結晶であるため，砥粒切れ刃先端が摩滅して過大な力が作用すると破砕して鋭利な切れ刃が再生される．これがいわゆる砥粒切れ刃の**自生作用**〔または**自己再生作用**（self dressing）〕である．砥石の自生作用は研削では重要な現象で，特に重研削や研削切断では自生作用を利用することによりドレッシングをほとんど行わずに継続して研削を行うことができる．この場合，研削条件に合った砥石の仕様，特に結合度の選択が重要である．

しかし，通常の精密研削では自生作用だけで，ドレッシングを全くせずに研削を継続することはほとんど不可能である[注4]．図7.6(a)は，粒度#16のWA砥粒を1個だけアルミニウ

[注4] 前項で述べたCBN砥石の異常摩耗も見方を変えれば，自生作用とも言える．通常砥石で自生作用という場合には砥粒切れ刃の微小破砕によるものを指すが，超砥粒砥石では摩滅して切れ味が低下した砥粒を脱落させることによって良好な切れ味を継続させるということがしばしば行われる．その代表的な例が，各種の研削切断や単結晶シリコンウェハの裏面研削（バックグラインディング）であろう．この場合，砥粒保持力が小さいレジンボンドが使われる．また砥粒の脱落後に結合剤だけが残留し目づまり状態にならないよう，フィラーを添加する．なお被削材にもドレス性の高いものとそうでないものがある．たとえば軟鋼や超硬合金などはドレス性が高いが，セラミックスはドレス性が低い．また研削方式の影響も大きく，研削切断や正面研削のように切り屑長さが大きくなるものほど，ドレス性が高いといえよう．

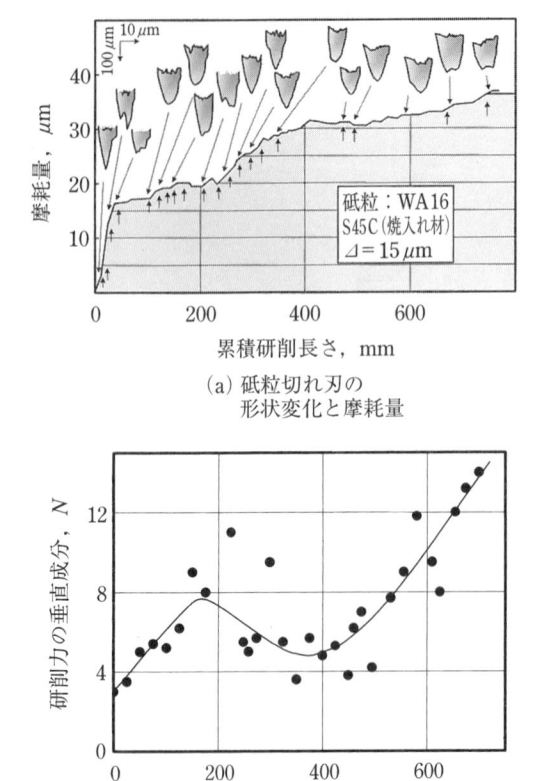

図7.6 単粒研削における砥粒の摩耗（WA ♯ 16，被削材：S46C 焼入れ材）

ム製の回転円板の外周に固定して，S45C 焼入れ材をいわゆる単粒研削（5.2節参照）したときの研削条痕の断面曲線から求めた砥粒切れ刃の形状変化と摩耗による先端の後退量を示したものである[3]．周速 $V = 1500$ m/min，回転直径 $D = 152$ mm，工作物速度 $v = 0.15$ mm/min，砥石半径切込み量 $\varDelta = 15$ μm としたので，式（4.3）で与えられる砥粒切込み深さ g_m は 0.94 μm になる．横軸は工作物の累積研削長さである．また摩耗量を表す折れ線の下に示した小さな矢印は，砥粒切れ刃の形状に不連続な変化があったことを示しており，砥粒切れ刃に微小な破砕が生じたことを示唆している．さらに図（b）は，圧電型動力計で測定した研削力の垂直成分の変化である．

これまでいくつかの例で示したように，精密研削では研削抵抗は研削時間と共にほぼ直線的に増加する．しかし，個々の砥粒切れ刃について見れば，図7.6 の結果から明らかなように単調に摩滅鈍化するわけではなく，砥粒切れ刃の微小破砕によって切れ味が回復する現象が起きている．ただ，この場合でも，全体的傾向として見れば，砥粒切れ刃は微小破砕を繰り返しながら鈍化し，研削抵抗は次第に増大する．

このような砥粒切れ刃の自生作用は，砥粒の種類や砥粒と被削材の組合せによって著しく差がある．たとえば，図7.7（a）は GC 砥粒で S45C 焼入れ材を単粒研削したときの摩耗曲線と研削力の垂直成分の変化である．このように GC 砥粒では，砥粒切れ刃の微小破砕による明確な自生作用は認められなかった．これは，GC 砥粒の特性であって，他の被削材，たとえば鋳鉄や単結晶シリコン，フェライトについても実験を行ったが，WA 砥粒のように効果的な自生作用はほとんど見出すことができなかった．GC 砥粒は，WA 砥粒のように潜在き裂がほとんどなく，しかも破砕エネルギーが低い（2.2.5項参照）ために，より微細な破砕によって摩耗が進行するためであろう．これは，ドレッシングにおける GC 砥石の切れ刃形成特性と類似している（6.2.2項参照）．

これに対して，図7.7（b）は WA 砥粒で単結晶シリコンを研削した場合である．このように WA 砥粒であっても，図7.6 のような自生作用は全く示さず，図7.7（a）と同じように単調な摩耗を示した．これは，WA 砥粒でフェライトを研削したときも同じであった．これらの材料は，焼入鋼に比べて Cp 値が小さい（表5.1参照）．それにもかかわらず，大きな摩耗を示す原因として GC 砥粒に比べて熱き裂が発生しやすいという WA 砥粒の性質[4] や，砥粒と被削材との相互拡散効果などが考えられるが，詳細は明らかでない．

7.2.2 砥粒切れ刃の破砕抵抗

砥石の摩耗や自生作用を考える上で，砥粒切れ刃がどの程度の力で破砕するのかを知ることは，重要であろう．

砥粒の強度や破砕性については，すでに2.2.5項，2.2.6項で述べた．しかし，これらは砥粒単体の特性である．ドレッシングによって砥石作業面に形成される砥粒切れ刃は，第6章で見てきたように砥粒の種類だけでなく結合度によっても，またドレッシング条件によっても変わる．したがって，砥粒切れ刃の破砕強さは実際にドレッシングされた砥石作業面について考えるべきであろう．そこで，図7.8に示すように砥石作業面を直接ダイヤモンドチゼルで引っかいて，そのときの砥粒切れ刃の破砕抵抗を圧電動力計で測定した[5]．

図7.9は，破砕抵抗の垂直分力と水平分力の記録例である．図7.8の実験は，砥粒切れ刃のせん断を行っているように見えるが，実際にはチゼルの切込み量が非常に小さいので，研削時と同様に垂直分力（背分力）の方が倍以上大きく，ほとんど圧壊に近い状況下で破砕が行われていることがわかる．そこで，これらの2分力のベクトル和をとり，これをそれぞれの砥粒切れ刃の破砕抵抗とした．

この種の実験で問題になるのは，チゼル幅である．チゼル幅が小さ過ぎるとチゼルが破損するおそれがあり，逆に砥粒切れ刃間隔に対して大き過ぎると破砕抵抗のパルスを分離測定することが困難になる．本実験では，粒度#46の砥石を中心に実験を行

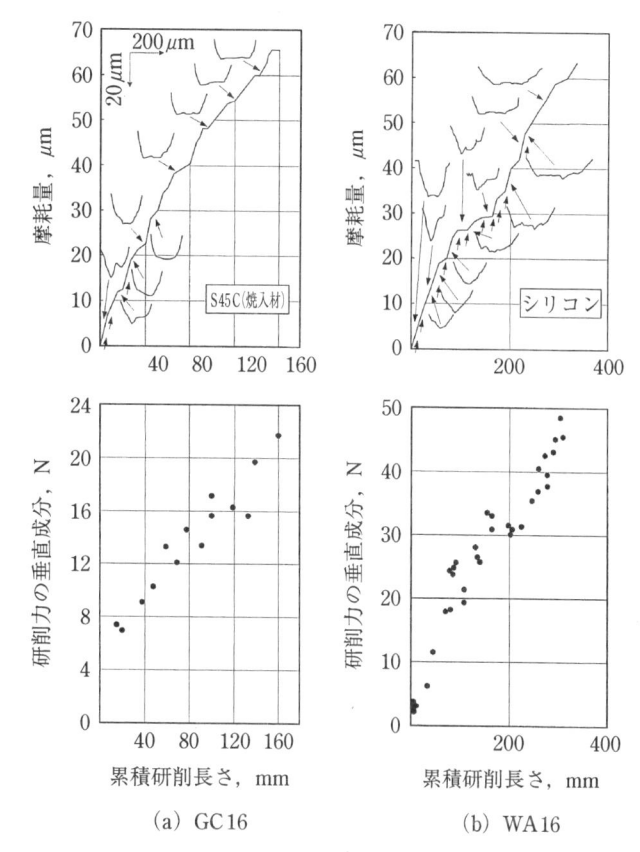

図7.7 自生作用を示さない砥粒と被削材の組合せ

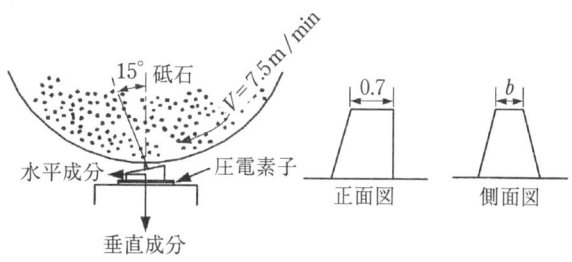

(a) GC16　　(b) WA16

図7.8 砥粒切れ刃の被砕抵抗の測定

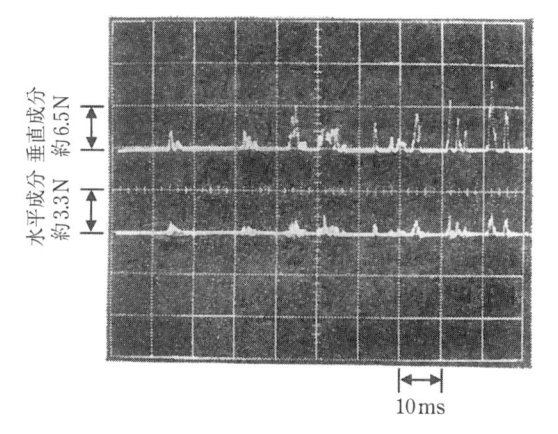

図7.9 被砕抵抗の記録例

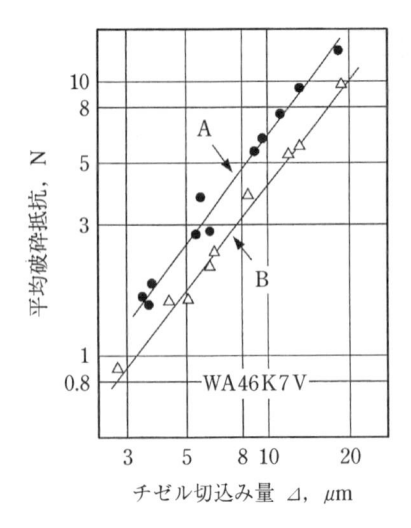

図7.10 ドレッサの摩耗状態の影響

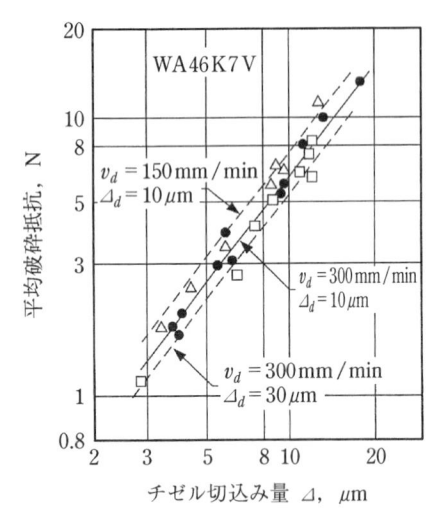

図7.11 ドレッシング条件の影響

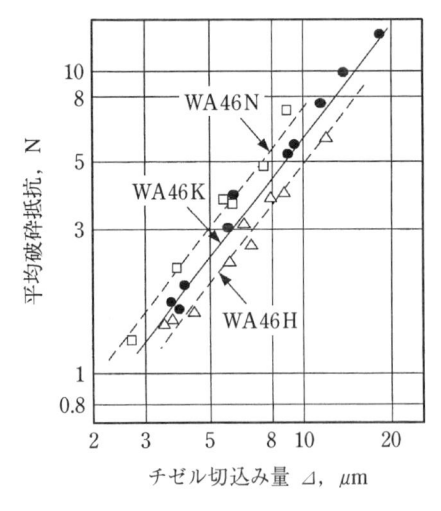

図7.12 砥石結合度の影響

ったので，チゼル幅は 0.3 mm とした．

まず，チゼル切込み量 $\varDelta$ を変数にして，ドレッサの摩耗状態の影響を調べた．図7.10 は，市販の 1/2 ct の新しいドレッサ A と使い古してかなり摩耗・鈍化したドレッサ B でドレッシングした砥石面について，破砕抵抗を比較したものである．砥粒切れ刃の破砕抵抗は，チゼル切込み量が小さいときには 0 値に近いところにピークを持つ分布になったが，チゼル切込み量が大きくなるに従ってピークが右に移動した．これはチゼル切込み量が大きくなると，破砕抵抗のパルス間隔が小さくなり，小さいパルスを分離検出できなくなるためである．このような問題はあるが，以下では，破砕抵抗の平均値で議論することにする．図7.10 の結果によれば，摩滅・鈍化したドレッサほど破砕抵抗が低くなった．したがって，先端が大きく鈍化したドレッサをドレッシングに使用することは，不必要に砥石の摩耗を増加させるだけなので，できるだけ避けた方がよい．

次にドレッシング条件の影響について調べた．図7.11 にその結果を示す．ドレッサ切込み量 $\varDelta_d$，送り速度 v_d のいずれについても大きくなるほど，砥粒切れ刃の破砕抵抗は小さくなった．WA 砥粒の場合，ドレッシング時の衝撃値によってき裂が発生しやすい（6.2.4 項参照）．砥粒は，$\varDelta_d$ や v_d が大きいほどドレッサから大きな衝撃を受けるから，それが破砕抵抗の低下に寄与しているのであろう．前述の鈍化したドレッサを使用した場合（図7.10 参照）も同じである．

それでは，図7.11 の結果から，ドレッシングはつねにドレッサ切込み量 $\varDelta_d$ や送り速度 v_d を小さくしたらよいかというと，必ずしもそうではない．特に A 系の砥石では，不用意に $\varDelta_d$ や v_d を小さくすると，切れ刃先端に擬切削的な平滑部が形成されるので注意しなければならない（6.2.4 項参照）．

図7.12 は，結合度の異なる 3 種の砥石について破砕抵抗を比較したものである．破砕抵抗は結合度の高い砥石ほど大きくなったが，これは，すでに 6.2.3 項で述べたことからも予想できる結果である．すなわち，結合度の低い砥石ほど被ドレス面は小さく，シャープな切れ刃が形成されるので，当

然，破砕抵抗は小さくなるであろう．

GC，C，WAの3種の砥石について，砥粒切れ刃の破砕抵抗比較した結果を図7.13に示す．この結果によれば，3種の内ではC砥石が最も高く，次いでGC砥石，WA砥石の順であった．これは，砥粒の硬度（2.2.4項参照）や砥粒の靭性（2.2.5項参照）の結果とはやや異なる結果となった．大きな理由は，砥粒単体の場合と異なり，砥粒切れ刃の場合は，切れ刃形態が砥粒の被ドレス性によって大きく異なるためである．6.2.2項での述べたように，C系の砥粒ではドレッシングによって先端が非常に平坦な切れ刃が形成される．GC砥石と比較した場合，靭性の高いC砥石の方がその傾向は強い．したがって，シャープな切れ刃が形成されるWA砥石よりも破砕抵抗が大きくなるのは，当然であろう．また砥粒自体の硬度も，A系よりもC系の方が高いといわれており，それも理由の一つである．

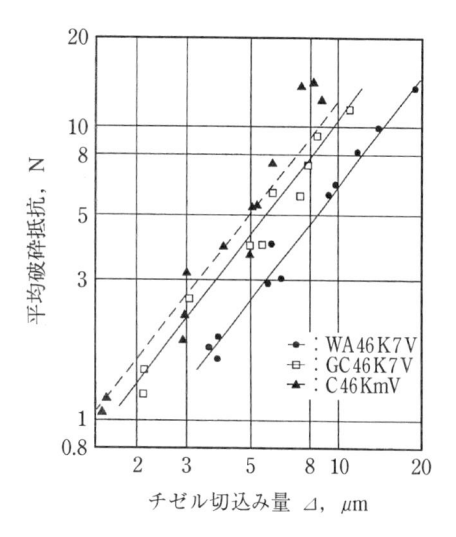

図7.13 砥粒の種類の異なる砥石の比較

このように砥石の自生作用に直接関係する砥粒切れ刃の破砕抵抗の場合は，砥粒本来の破砕性（あるいは靭性）や硬度のほかに，砥粒切れ刃の形状も関係するので非常に複雑である．たとえば，同じ砥粒あるいは砥石であっても，砥粒切れ刃がいったん摩滅して鈍化すると，破砕を起こすには大きな力が必要になる．特に精密研削では，砥粒切れ刃が摩滅・鈍化しても砥粒切れ刃に大きな研削抵抗が作用しにくいため，できるだけ砥粒切れ刃の摩滅を防ぐような対策を講ずべきであろう．もちろん，前章6.3節で述べたように，超砥粒砥石のツルーイングの際に摩滅した砥粒切れ刃を作ることなどは論外である．

7.2.3 超砥粒砥石における自生作用

自生作用は2種類に大別される．一つは砥粒切れ刃の微小破砕によるもので，通常，研削抵抗は研削時間と共に単調に増加する．もう一つは砥粒の脱落によるもので，研削抵抗はほぼ一定値が保たれるか，研削初期にはむしろ減少することが多い．

一般的にいえば，超砥粒，特にダイヤモンド砥粒は靭性が高いため，微小破砕を起こしにくく，摩滅・摩耗が支配的である．したがって，自生作用を維持するには砥粒の脱落に頼らざるを得ない．そのため，ビトリファイドボンド砥石では結合剤率を低くしたり，メタルやレジンボンドでは適当なフィラー（充填材）を混入して，脱落を促進するなどの工夫がなされている．超精密研削用のごく微粒ダイヤモンド砥石になると特にその傾向が強く，微小破砕による自生作用はほとんど期待できない．そこで有気孔レジンボンドなど，種々の工夫がなされている．

図7.14（a）は，窒化けい素セラミックス（試片長さ60 mm）を$\mathit{\Delta}=10\,\mu m$，$v=1\,m/min$という比較的軽度の研削条件で研削したときの研削抵抗の変化を，4種類のダイヤモンド砥石について比較したものである[6]．砥石は，破砕性の異なる2種の砥粒，すなわちブロッキな砥粒（G5）とフライアブルな砥粒（G2，G2N；G2NはNi被覆）と2種の結合剤，すなわちメタル（ME）とレジン（フェノール，BE2）をそれぞれ組み合わせたものである．明らかにメタルボンド，特に破砕性の低いブロッキな砥粒との組合せの場合に研削抵抗の増加率が最も高く，反対に

第7章 砥石の摩耗と自生作用

(a) 研削抵抗

(b) 砥石半径摩耗量

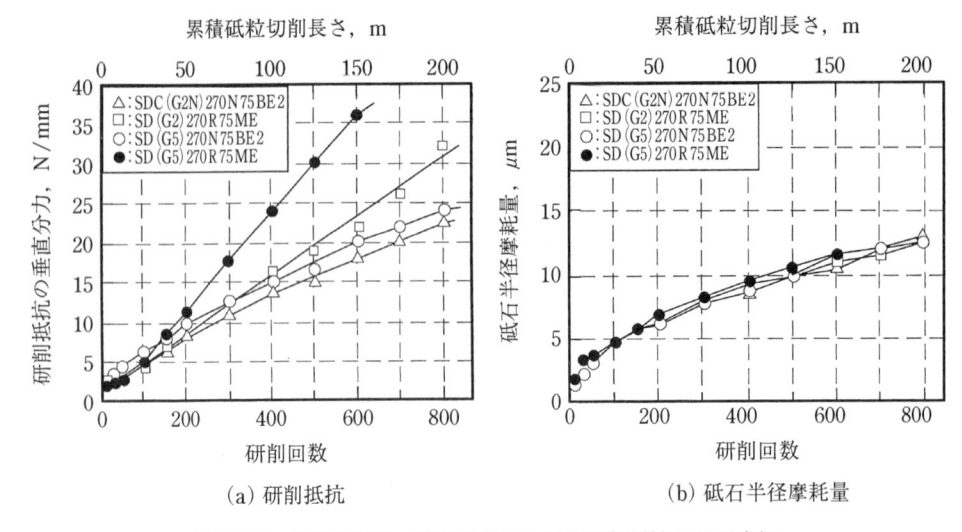

図7.14 比較的軽度の研削条件における研削抵抗と砥石摩耗

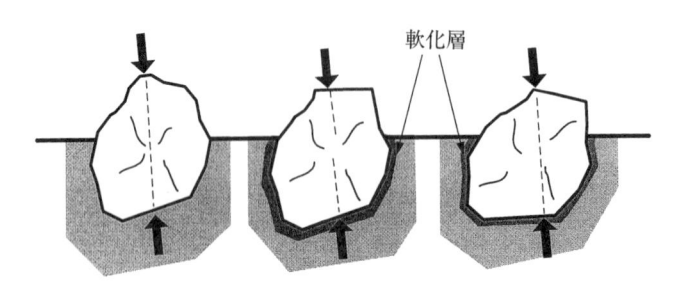

図7.15 砥粒の回転運動のメカニズム

フライアブルな砥粒とレジンボンドの組合せで最も低くなった．しかし，そのときの砥石半径摩耗量は，図(b)に示したようにほとんど差がなかった．SEMによる観察では，いずれの場合にも大きな破砕は少なく摩滅・摩耗が支配的であった．その一方で，研削抵抗の増加率に大きな差が生じるのは，レジンボンドの場合には砥粒に縦破砕が起き，これが抜け落ちることによって砥粒切れ刃の総体的な鈍化が緩和されているようである．これは，ブロッキな砥粒よりもフライアブルな砥粒の方がより顕著であった．

さらにレジンボンド砥石では，砥粒を保持する力が劣るために，研削中の砥粒に回転や転動などの動きが見られた．たとえば，次節の図7.11(a)の左上の三角形状の砥粒は，図(b)の状況から，転動した形跡がある．特にセラミックスの研削では，接線分力に比べ法線分力が非常に大きくなるため，結合剤の軟化による保持力の低下がすぐに脱落につながらず，このような現象に至るのであろう．この結果，摩滅した先端に代わって新しい先端が研削に関与するようになり，自生作用と同じ効果が得られるものと考えられる．図7.15は，このような砥粒の回転運動のメカニズムを模式的に示したものである．すなわち，砥粒先端が摩耗して研削熱の発生が過大になると，砥粒周りのレジンボンドが軟化して結合剤の砥粒保持力と研削力の均衡がくずれ，図のように偶力が発生して砥粒が回転する．ただし，砥粒先端は摩耗した分だけ後退しているので（図7.15参照），研削抵抗の増加が顕著でないにもかかわらず，メタルボンド砥石の場合とほぼ同程度の半径摩耗量を示す．

より過酷な条件（$\Delta = 20\,\mu m$, $v = 10\,m/min$）で研削した場合には，研削抵抗と砥石半径摩耗量は図7.16のようになった．ブロッキな砥粒にレジンボンドを使用した場合には，摩耗した砥粒は脱落や埋没（7.3節参照）により砥粒突出し量が極端に減少するため，研削抵抗が非常に大きくなった．またフライアブルな砥粒とメタルボンドの組合せでは，結合剤のかしめ力が大

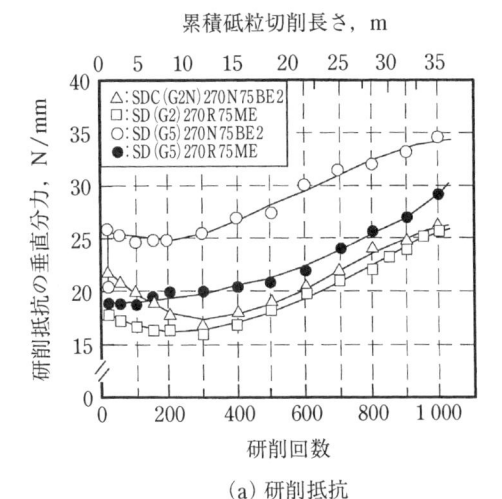

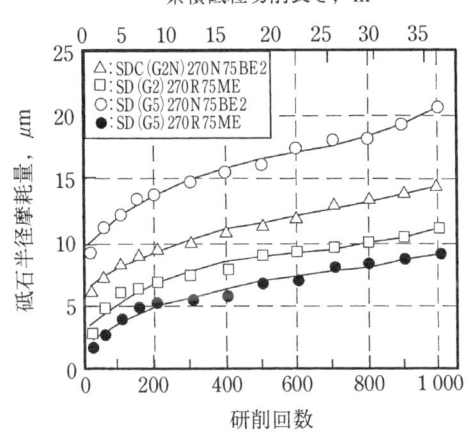

図 7.16 より過酷な研削条件における研削抵抗と砥石半径摩耗

(a) 研削抵抗

(b) 砥石半径摩耗量

きいためレジンボンドのときのような縦破砕は起こらず，結合剤から突き出した部分だけが圧壊し，残った部分の摩耗が進行する．メタルボンドにブロッキな砥粒を使用した場合には，大きな破砕はほとんど起きず摩滅・摩耗だけが進行する．したがって，砥石半径摩耗量は小さいが，研削抵抗の増加率も大きい．

7.3 レジンボンドダイヤモンド砥石における砥粒の埋没現象[7]

前節の目こぼれ，目つぶれ，目づまりの

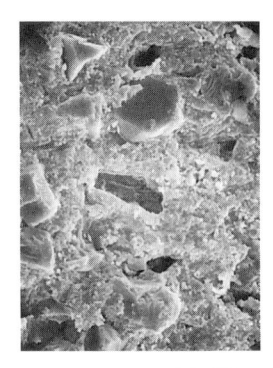

(a) ドレッシング直後

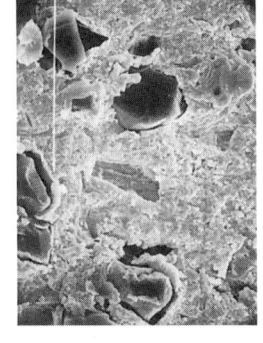

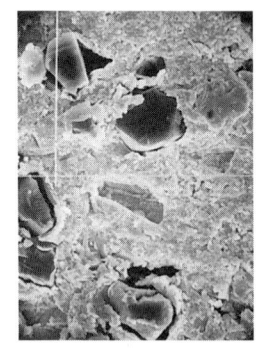

(b) 一部の砥粒が埋没

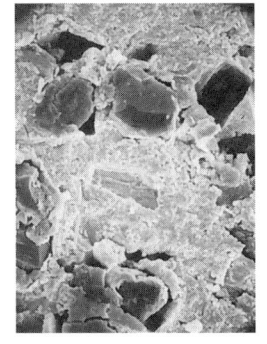

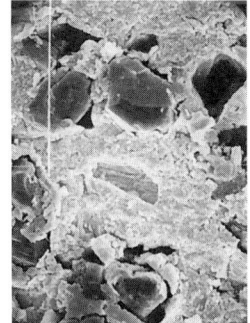

(c) 埋没が増大，一部の結合剤が被削材と接触

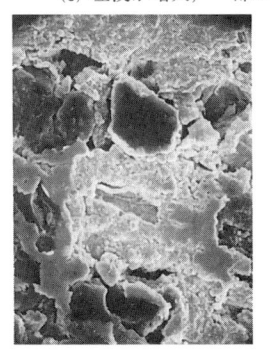

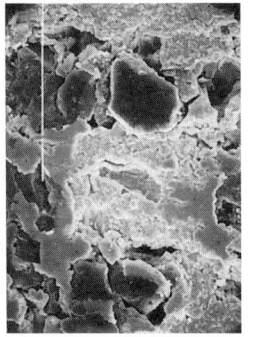

(d) 結合剤の脱落

図 7.17 ごく微粒ダイヤモンド砥石における砥粒の埋没現象

(a) 正常研削　(b) 軟化，埋没　(c) 工作物・結合剤の接触

図7.18 砥粒埋没現象のメカニズム

いわゆる「砥石摩耗の3態」とは全く異なるが，同じように砥石が研削不能になる現象として，レジンボンドダイヤモンド砥石における砥粒の埋没現象がある．

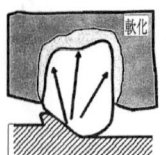

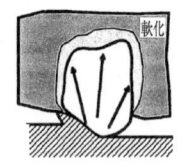

図7.17(a)は，ドレッシング直後のレジンボンドダイヤモンド砥石（SD1500）の電子顕微鏡立体写真である．砥粒がレジンボンドから突き出し，よくドレッシングされている様子がわかる．中央部の穴は，砥粒が抜け落ちた跡であろう．図(b)は，HIP処理した窒化けい素を円筒研削した後の同一場所の写真である．最外周にある砥粒のいくつか（中央上部，左下，中央下部の砥粒）が，強い力で結合剤内に押し込まれ埋没している．また左上部の砥粒は，転動して全く別の砥粒のような様相を呈している．これは，前述のいわゆる砥粒の回転現象である（7.2.3項参照）．

さらに研削を継続すると，他の砥粒にも埋没が及び埋没量も増大して，結合剤が工作物に接触するようになった〔図7.17(c)参照〕．前述の左上部の砥粒は脱落し，そのすぐ下の砥粒も転動している．図(d)は，さらに研削を継続したもので，砥粒の埋没がさらに進み，工作物と結合剤の接触痕がさらに拡大している．このように，結合剤と工作物が高速で摩擦し合うと摩擦熱が発生し，その摩擦熱によって結合剤が軟化し，この直後に画面の左部から左下部にかけて大規模な脱落が起きた．

このような砥粒の埋没は，次のようなメカニズムによって引き起こされると考えられる．ダイヤモンドは非常に熱伝導がよい（表2.1参照）．研削点に発生した熱を周囲の研削液に放熱できるので，これは砥粒として優れた性質である．しかし，ミクロンオーダのダイヤモンド砥粒では，研削点の周囲に研削液が十分に供給されないので，研削点に発生した熱は周囲に放熱されずに，図7.18に示すように直接後背部の結合剤に伝達される．その結果，結合剤が軟化し砥粒が埋没する．

このように，レジンボンドのごく微粒のダイヤモンド砥石では，砥粒が摩滅摩耗していないにもかかわらず埋没によって突出し量が減少し，極端な場合にはドレッシング以前の状態になり，加工不能になる現象が起きる．このような砥粒の埋没を防ぐには，個々の砥粒に大きな研削力が作用しないよう十分注意しなければならない．

7.4 骨材砥粒の摩耗[8]

通常砥石では，砥粒率を組織番号で表している．しかし超砥粒砥石では，集中度で表すのが普通である（2.4.1項参照）．集中度100は砥粒率で約25％に相当する．マトリックス型（無気孔型）の砥石は，簡単に言えば結合剤と砥粒とを撹拌して成形したものであるから，基本的に成形可能な砥粒率の範囲は大きい．しかし，気孔を持った砥石では砥粒を核にしてこれを結合剤で連結する形で砥石が成形されるので，一般にはある一定の砥粒率以上でないと砥石を成形することができない（2.4.3項参照）．そのため集中度100前後のビトリファイドボンド砥石では，骨材砥粒と称して通常砥粒などを添加しているのが普通である．

図7.19(a)は，集中度75のダイヤモンド砥石（SD270/325，ビトリファイドボンド）のツ

7.4 骨材砥粒の摩耗　　（139）

ルーイング直後の作業面のSEM写真である．この砥石ではほぼ同率の骨材砥粒（C砥粒）が添加されている．このメーカーでは，ダイヤモンド砥石に対しては通常GC砥粒を骨材砥粒として使用していたが，本研究では光学顕微鏡でダイヤモンド砥粒と識別しやすいように[注5]，故意にC砥粒を使用した．図で，Dはダイヤモンド砥粒を，またCはC砥粒を表す．特に，中央の逃げ面の大きなC砥粒は，先に述べた（6.2.2項参照）C系砥粒の特徴をよく表している．

次に研削過程で，これら骨材砥粒がどのような挙動を示すかを追跡観察した．図(b)は，試片長さ52 mmのチタン酸カルシウムセラミックスを切込み10 µm，テーブル速度1 m/minで1500回研削した後の状態である．中央のC砥粒の摩耗が急速に進行し，大きな逃げ面摩耗が形成さている．これは，特にこの砥粒だけが突出しているためではなく，D砥粒は被削材をほとんど研削により除去してしまうのに対し，C砥粒は研削能力がないために先端がラビング状態になるためである．このような逃げ面摩耗の生じた砥粒は激しいラビング作用を伴うので，摩擦熱を発生させ加工面に熱影響層を形成するなど悪影響を及ぼすであろう．

さらに，図(c)は，4500回研削後の砥石作業面の状態である．先のC砥粒の摩耗はさらに進行するが，その結果，先端が後退するため，周囲のD砥粒の陰に隠れて逃げ

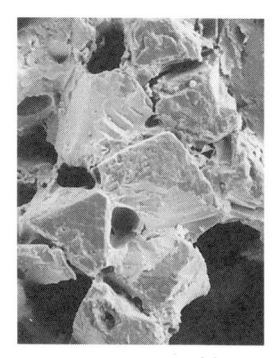

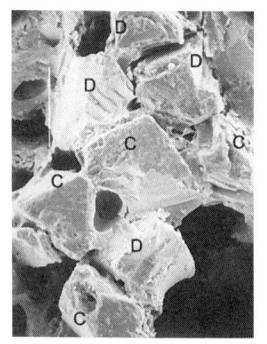

[注5] あらかじめ同じ場所を光学顕微鏡で観察し，ダイヤモンド砥粒かC砥粒かを識別した後，SEMで観察した．その際，GC砥粒は薄い緑色のためダイヤモンド砥粒と識別しにくいが，C砥粒は黒色のため容易に識別できる．

[注6] ダイヤモンド（あるいはCBN砥粒）と骨材砥粒との砥石焼成時の熱膨張係数の適合問題もあるので単純ではないようである．

(a) ツルーイング直後

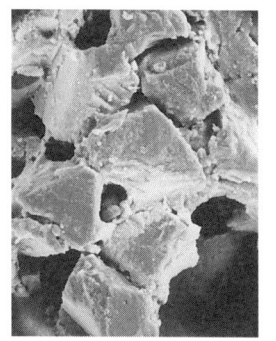

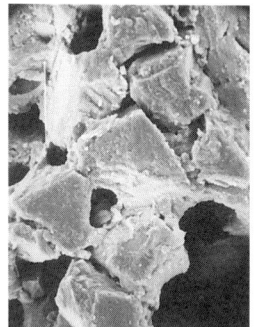

(b) 1500回研削後

(c) 4500回研削後

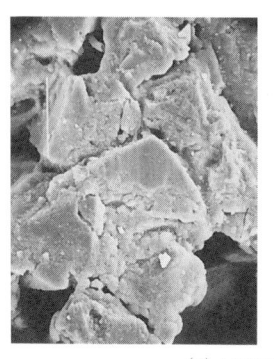

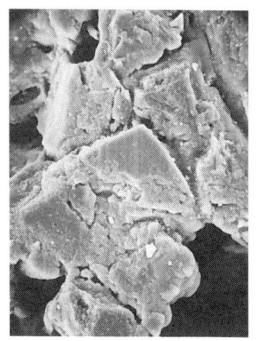

(d) 16500回研削後

図7.19　骨材砥粒の摩耗

面摩耗の成長速度はやや停滞する．砥粒の周囲に発生しているき裂は結合剤に生じたものではなく，目づまりした切り屑に生じたものである．目づまりは，SEM で観察する前に超音波洗浄をしたが除去できなかった．さらに，図 (d) は 16 500 回まで研削した後の状態である．中央の C 砥粒の逃げ面摩耗はそれ以上進行せず，D 砥粒の先端が摩耗し始めている．

このように，骨材砥粒は超砥粒に先行して大きな逃げ面摩耗を形成し，加工面に悪影響を及ぼすおそれがある．特に C 系砥粒のように，自己ドレッシング能力に欠け，大きな逃げ面摩耗を形成しやすい砥粒は，骨材砥粒として好ましくないと考えられる．したがって，研削に影響を及ぼさない自己ドレッシング性の高い骨材砥粒を開発する必要があろう[注6]．

問題 7.1　砥石寿命の代表的な 3 形態を挙げて説明し，研削条件，砥石結合度との間の関係を述べよ．また寿命向上の対策についても述べよ．

問題 7.2　砥石の耐摩耗性を表す指標として研削比がよく知られている．しかし，特に精密研削では研削比だけで砥石の研削性能を評価するのは危険である．その理由を説明せよ．

問題 7.3　アルミニウム製円板の外周に砥粒を 1 個だけ固定して，あたかも砥石表面の砥粒切れ刃のように研削を行う実験を単粒研削試験と呼んでいる．単粒研削試験は研削のメカニズムを調べる上で非常に有効な実験であると考えられているが，その意義と問題点について考えてみよう．

問題 7.4　自生作用は砥石に特有の非常に重要な特性であるといわれている．しかし，GC 砥石を精密研削に使用した場合には，自生作用が起こりにくい．その理由を説明せよ．

問題 7.5　ビトリファイドボンドの超砥粒砥石では，なぜ骨材砥粒を添加しなければならないのか．

問題 7.6　レジンボンドダイヤモンド砥石における砥粒の埋没を防ぐには，どのようなことに注意すればよいか．

問題 7.7　ビトリファイドボンドの CBN 砥石で軟鋼を研削すると，なぜ異常摩耗が起きるのか．通常砥石の場合は，どうして問題にならないのか．また異常摩耗対策として，どのようなことが考えられるか．

参考文献

1) 趙学暁, 庄司克雄, 厨川常元：精密工学会誌, **62**, 8 (1996) 1117.
2) 小林正次：機械と技術, **24**, 13 (1976) 65.
3) 松井正己, 庄司克雄, 田牧純一：精密機械, **42**, 5 (1976) 376.
4) K. Takazawa : Proc. Int. Grinding Conf., Pittuburgh, (1972) 75.
5) 松井正己, 庄司克雄：精密機械, **43**, 2 (1997) 181.
6) 庄司克雄, 唐建設, 周立波, 河端則次：日本機械学会論文集 (C), **61**, 586 (1995) 2580.
7) 周立波, 厨川常元, 庄司克雄：砥粒加工学会誌, **36**, 4 (1992) 53.
8) 庄司克雄, 朴承鎬, 松井正己：精密工学会誌, **54**, 10 (1988) 1981.

第8章 新しい研削技術

8.1 クリープフィード研削

8.1.1 クリープフィード研削

クリープフィード研削（creep feed grinding）は，起源ははっきりしないが，1960年代の後半から1970年代の初期にかけて，特にヨーロッパを中心に始まった研削法である[1]．したがって特に新しい研削法とは言えないが，ハイレシプロ研削と並んで非常に特徴的な研削法であるため，特に本章で取り上げることにした．

クリープフィード研削は，深溝研削や総形研削を高切込みにして1パスで行うもので，本来，高能率研削を目的に開発された研削法である．横軸平面研削の場合，通常の精密研削では砥石半径切込み量 $\varDelta$ は $5\sim25\,\mu\mathrm{m}$，テーブル速度 v は $5\sim15\,\mathrm{m/min}$ 程度であるが，クリープフィード研削では $\varDelta=1\sim10\,\mathrm{mm}$，$v=10\sim1\,000\,\mathrm{mm/min}$ 程度になり，$\varDelta$ についてはそれ以上の場合もある．工作物送り速度を非常に低速にするところから，creep（ほふく，這う）feed grinding の名称が付けられた．

軟質の金属よりも比較的高硬度の難削材に好結果を示すため，特に航空機産業の分野で，たとえばタービンブレードのラビリンスシールやクリスマスツリーなどの研削に採用され，クリープフィード研削の専用研削盤も開発された．そのほか，ドリルのフルート研削，各種キー溝研削，また磁気ヘッドの生産が盛んな時期には，フェライト，チタン酸バリウム，ジルコン酸チタン酸鉛などセラミックスの精密加工にも威力を発揮した．1.3.4項で述べた研削切断〔図1.19(c)参照〕もクリープフィード研削の1種である．

8.1.2 クリープフィード研削の研削機構

クリープフィード研削では，式(4.3)，式(4.4)からわかるように砥粒切込み深さ g_m は小さく，そして砥粒切削長さ l_c は極めて大きくなる．**表8.1**は，砥石半径切込み量 $\varDelta$ とテーブル速度 v を変数にして，砥粒切込み深さ g_m や砥粒切削長さ l_c，研削抵抗の法線分力 F_n がどのように変わるかをそれぞれ式(4.3)，式(4.4)，式(5.5)を使って計算し比較したものである．表で [ζ] は，砥石半径切込み量 $\varDelta=10\,\mu\mathrm{m}$，テーブル速度 $v=5\,\mathrm{m/min}$ の通常研削を基準（$\zeta=1$）として，クリープフィード研削の場合の比を示したものである．

クリープフィード研削の最も左の欄は，通常研削と加工能率 Q'_w が等しい場合で，基準となる通常研削に対して g_m は 0.045 倍，l_c は逆に 22.4 倍になることを示している．これは 4.1.2 項の図 4.2 から分かるように，目つぶれを起こしやすい条件である．

表8.1 クリープフィード研削と通常研削の諸変数の比較

		通常研削	クリープフィード研削		
砥石半径切込み量	$\varDelta$	$10\,\mu\mathrm{m}$	$5\,\mathrm{mm}$	$5\,\mathrm{mm}$	$5\,\mathrm{mm}$
テーブル速度	v	$5\,\mathrm{m/min}$	$10\,\mathrm{mm/min}$	$20\,\mathrm{mm/min}$	$50\,\mathrm{mm/min}$
加工能率 Q'_w	$v\varDelta$	$5\,000\times0.01\,[1]$	$10\times5\,[1]$	$20\times5\,[2]$	$50\times5\,[5]$
砥粒切込み深さ g_m	$v\sqrt{\varDelta}$	$5\,000\sqrt{0.01}\,[1]$	$10\sqrt{5}\,[0.045]$	$20\sqrt{5}\,[0.09]$	$50\sqrt{5}\,[0.22]$
砥粒切削長さ l_c	$\sqrt{\varDelta}$	$\sqrt{0.01}\,[1]$	$\sqrt{5}\,[22.4]$	$\sqrt{5}\,[22.4]$	$\sqrt{5}\,[22.4]$
研削抵抗 F_n	$v\varDelta$	$5\,000\times0.01\,[1]$	$10\times5\,[1]$	$20\times5\,[2]$	$50\times5\,[5]$

これに対して，第2の欄，第3の欄は，それぞれ Q'_w を2倍，5倍にしたときの結果である．フライス切削でもいえることであるが，切れ刃のエッジのシャープさに対して切取り厚さ（研削では砥粒切込み深さ）を極端に小さくすると，逃げ面摩耗の進度が大きくなる．すなわち目つぶれを起こしやすくなる．クリープフィード研削では，砥石半径切込み量 Δ は固定で変えられない場合が多い．本来，クリープフィード研削は高能率研削を目的にしたものであるから，Δ を大きくした分，テーブル速度 v を低速にしたのでは加工能率 Q'_w は変わらないから意味がない．したがって，通常は Q'_w が大きくなるようにテーブル速度 v が決められる．これは，目つぶれ条件から離れるという点でも有効な手段である．しかし，g_m を大きくするために v を大きくすると，それに比例して研削抵抗が増大するので，剛性の大きなクリープフィード研削専用機が不可欠となる．

8.1.3 クリープフィード研削における注意点

クリープフィード研削では，通常研削に比べて研削抵抗が大きくなるので剛性の大きな専用の研削盤が不可欠であることは前項で述べた．その際，当然ながら研削抵抗の水平分力も大きくなるので，テーブル送り機構の剛性も非常に重要である．特に，テーブル速度は低速になるので，専用機の設計に当たってはスティックスリップなど，水平方向の振動が発生しないような配慮が必要である．

4.1.2項で述べたように，目つぶれ条件から逃れるためには，l_c が小さく，g_m が大きくなる方向に研削条件を変えてやればよい．しかし，一般に Δ は固定されているので，変えられるのは v，V，D などその他の条件に限られる．したがって，V は通常の研削の1800 m/min よりも低く設定した方がよい．ただし，式(5.4)，式(5.5)からわかるように，研削抵抗は V に反比例するので，V を不必要に低速化することはできない．また，砥石直径 D を小径化することも有効であろう．また，砥粒切れ刃の切削開始時の上すべりを小さくするという意味で，アップカットよりもダウンカットの方がよい．特に，クリープフィード研削は基本的に1パス研削であるから，ダウンカットだけを選択することが可能である．

このようにクリープフィード研削では，研削条件の可変幅が小さく，研削条件だけで最適化するのは困難である．したがって，最適な砥石の選択が重要になる．目つぶれを回避するには，連続切れ刃間隔 a を大きく（すなわち組織が粗で），結合度の低い砥石を選択すればよい．図8.1は，クロムモリブデン鋼（SCM3）のクリープフィード研削において，砥石半径摩耗量 W_r に対するテーブル速度 v の影響を砥石結合度について比較したものである[2]．この結果から，次のことが言える．

(1) W_r を最小にする最適テーブル速度 v_m が存在する．
(2) v_m は結合度が高くなるほど大きくなる．
(3) v_m における W_r は，結合度が高くなるほど小さい．

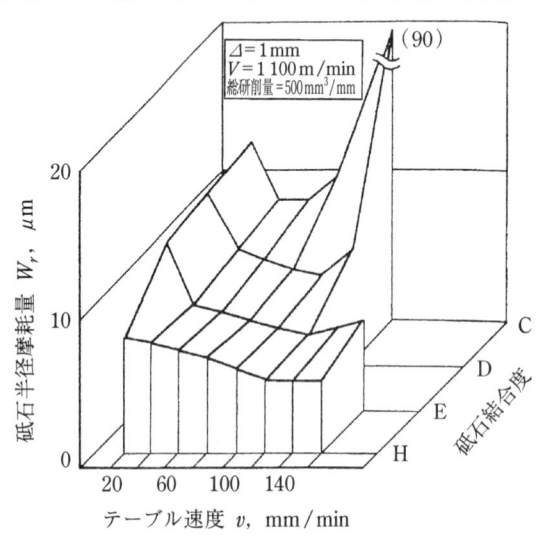

図8.1 最適テーブル速度

(4) 結合度が低いほど v_m の領域が狭く，W_r の最少点が明確になる．

v が小さくなると W_r が増加するのは，目つぶれの進行により砥粒に大きな切削力が作用するようになり，砥粒が脱落するためである．逆に v が大きくなると W_r が増加するのは g_m の増加により砥粒が脱落するためで，特に非常に結合度の低いCやDの砥石で顕著である．

そこで実験に供した結合度の中で最も結合度の低いCと最も結合度の高いH（いずれもWA60のビトリファイドボンド砥石）について，テーブル速度 v をいろいろに変えて連続研削を行い，研削抵抗の垂直成分 F_n の変化を調べた．図8.2（a）は結合度C，（b）は結合度Hに関する結果である．これらの結果から，結合度Cの砥石に比べ結合度Hの砥石の方が全体的に研削抵抗が高いこと，結合度Hの砥石では v の増加に伴って初期研削抵抗の増加が激しいことが分かる．さらに，結合度Cの砥石では，ほとんど研削焼けが認められなかったのに対し，結合度Hの砥石では，研削抵抗が約65N以上になると研削焼けが発生した．またテーブル速度が低い場合には，研削初期の研削抵抗は小さいが研削に伴って増加が激しいこともわかった．これは，目つぶれによる砥粒切れ刃の摩滅が，v が小さいほど顕著になることを示している．累積研削量の増加に伴う研削抵抗の増加率は v が大きくなるに従って減少し，結合度Cの砥石では v が120 m/minになると逆に初期研削抵抗よりも減少した．これは，v の増加に伴って g_m が増加し，目つぶれ条件が解消されて，逆に目こぼれ状態に入ったことを示している．この場合，砥石摩耗量と研削抵抗の増加率を考えれば，v は60～80 mm/minが最適と考えられる[注1]．

このようにクリープフィード研削では，最適条件の幅が非常に狭い[注2]．したがって，クリープフィード研削の条件設定に当たっては，最低限以上のような予備実験が必要であろう．

さてクリープフィード研削は砥粒切削長さ l_c が大きくなるのが特徴で

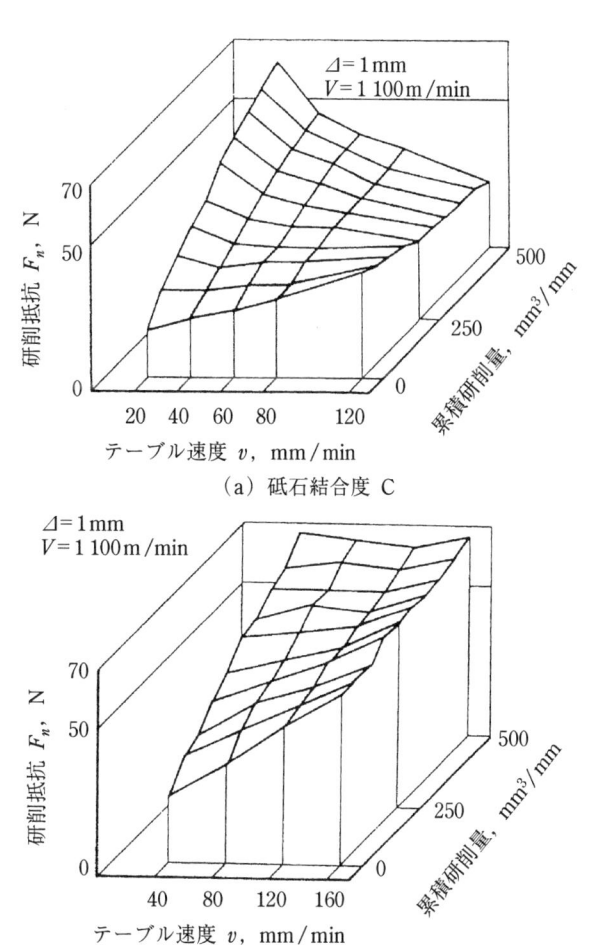

図8.2 累積研削量の増加に伴う研削抵抗 F_n の変化

(a) 砥石結合度 C

(b) 砥石結合度 H

[注1] 結合度Cの砥石は，強度不足のため周速1 800 m/minでは使用できない．従来から，クロムモリブデン鋼のような軟質材料はクリープフィード研削には適さないと言われてきたが，このように極軟砥石に最適値があることがその主な理由と思われる．

[注2] クリープフィード研削に対する評価が分かれる原因も，この辺にあるのであろう．

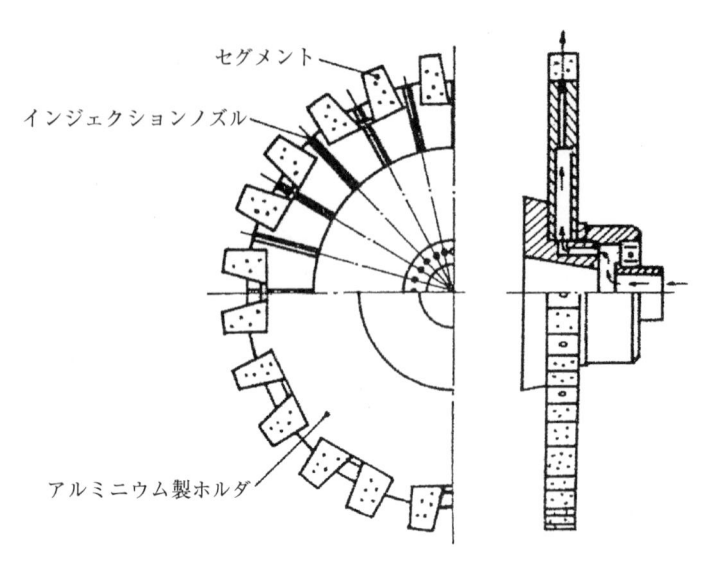

図8.3 通液セグメント砥石

あるが，これは切り屑長さが大きくなることを意味する．したがって，切り屑排除のために大きなチップポケットが要求される．そのためには，砥粒率の低い，すなわち組織が粗の砥石が適している．なお，組織が粗の有気孔型砥石は，通常，気孔サイズが大きい．有気孔型砥石の結合度はビット法（2.3.3項参照）で評価されるので，気孔サイズが大きい砥石は見かけの結合度よりも結合剤橋の強度が高くなる[注3]．このような砥石は，砥粒の脱落や破砕が起きにくいので，かえって切れ刃の目つぶれが起きやすいので注意が必要である．したがって，クリープフィード研削では単に組織が粗であるというだけでなく，気孔サイズが小さく，しかも気孔の分布が均一な砥石が適している．

また，クリープフィード研削は，砥粒切削長さ l_c が大きいと研削点への研削液の供給が行われにくい．その結果，砥粒切れ刃の摩耗や切り屑の目づまりが促進され，研削焼けが発生しやすくなる．その一つの改善策として，図8.3に示す通液セグメント砥石が考案された[3),4)]．図では，回転軸に沿った導水口から研削液を供給しているが，フランジの側面に沿って開口部を設け，そこから供給することも可能である．また超砥粒砥石では，金属コアが普通であるから，セグメントにしなくともセレーション（溝）を設けることによって同じ効果が期待できよう．

8.2 超高速研削

8.2.1 超高速化への夢

切削加工における超高速化の夢をかき立てた最初のきっかけは，いわゆる「ソロモンの死の谷」説[5)]であろう．1931年，ドイツ人 C. Salomon は，切削速度と共に刃先温度が上昇しやがて切削不能になるが，切削温度には極値が存在し，超高速域では逆に切削温度が低下するため切削が可能になるという説を発表した．これに刺激されて，アメリカ，ソ連，ドイツなど世界各国で高速切削の実験が行われたが，結局「ソロモンの死の谷」は見果てぬ夢に終わった．

しかし，1950年代に入って超高速切削の実験に火がついた．その大きな支えになったのは，塑性波の伝播理論に基づいた Von Karman の臨界衝撃速度説[6)]であった．すなわち，衝撃速

[注3)] 本来，有気孔型砥石の結合度は結合剤橋の強度である．ビット法で測定すると，組織が粗の砥石はビットで破壊される結合剤橋もしくは砥粒の数が少ないから，結合剤橋の強度に対応する本来の結合度よりも結合度が低く評価される．したがって，呼称の結合度よりも結合剤橋の強度は高くなる．

度がある値以上になるとほとんど塑性変形を経ずに脆性破壊するという主張である．したがって臨界速度以上の速度で切削を行えば，通常の速度で難削材とされるものも易削材となり得る可能性がある．

このような夢の臨界速度が存在するという予測に基づいて，超高速域での切削実験が行われた．その代表的な例は Lockheed 社で行われたもので，鉄砲を用いた切削実験[7]であろう．我が国でも田中ら[8]によって，同様の実験が行われた．田中らの実験では，63/35α 黄銅，アルミニウム，快削黄銅などを被削材として，10 000～45 000 m/min の速度で切削が行われた．これは Clark[9] の示した臨界切削速度の約5倍に相当するが，切削機構は Von Karman らの塑性波伝播速度理論に基づいたものではなく，むしろ通常の切削速度域に見られるせん断であったと結論している．

一方，研削加工では常用速度が 1 800 m/min であるから，高速切削という点では，切削よりもむしろ有利な立場にある．1960 年代の初めから中期に掛けて，高速切削の研究に影響される形で高速研削の研究が行われた[10),11]．わが国では，佐々木ら[12]が工作物速度を砥石周速と同程度，あるいはそれ以上に大きくすることによって，相対研削速度を高速化することを試みている．しかし，結局砥石の回転破壊強度の壁が大きく立ちはだかり，塑性波伝播速度に近い領域で研削を行うことは不可能であった．そして，高速研削の興味はむしろ加工能率の向上と砥粒切込み深さの減少による仕上げ面粗さの改善という，より実用的な方向に向いて行った．

1960 年の後半には，実用機が続々と公表された．特に Sheffield 社は外径 760 mm の砥石を使って 90 m/s の周速で高速溝研削を実現している．わが国でも，三井精機，豊田工機などが相次いで 60 m/s の高速円筒研削盤を製造した．「**アブレシブマシニング（abrasive machining）**」の研削用語が一世を風靡した時代である．しかし，研削加工の実用周速は，ほとんど 60 m/s で頭打ちとなった．その最大の原因は，高速スピンドルの振動や寿命など技術的問題と砥石の回転破壊強度にあった．

8.2.2 超高速研削の幕開け

砥石周速 150 m/s を超える超高速化の波は突如としてやってきた．CBN 砥石の出現によって金属コアの砥石が可能になり，90 m/s を超える高速化の障害はクリアされていたはずであるが，我が国では研削を精密加工と位置づける意識が強かったために研究者の目はセラミックス研削と CBN による精密研削に向いていたようである．

ドイツのブレーメン大学生産工学科の G. Werner 教授らのグループは，50 kW，最高回転数 9 000 rpm の砥石軸を備えた平面研削盤に外径 400 mm の電着 CBN 砥石（60/70 US メッシュ）を使用し，深溝研削を行った[13]．特に，砥石の側面の電着部をセグメント状にし，研削点に研削液が供給されやすくなるよう工夫を凝らしている．図 8.4 は，砥石周速度と研削抵抗との関係を調べた結果である．

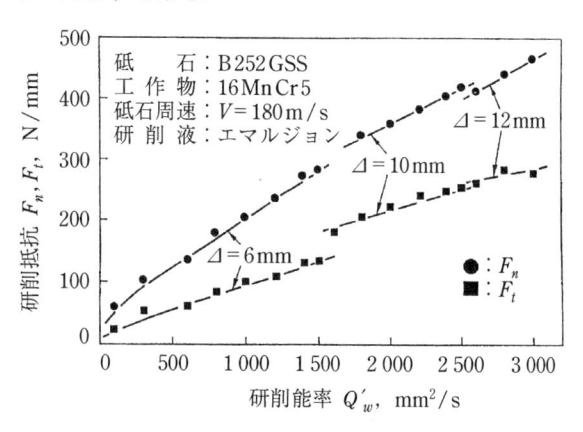

図 8.4 砥石周速と研削抵抗との関係

さらに König らは，周速 500 m/s での実験に向けて，中心穴のない砥石を提唱し，破壊強度と共振振動数に配慮した砥石の設計指針を示した[14]．また周速 200 m/s を超える領域では，砥石と空気および研削液との摩擦による動力損失が極めて大きくなることを指摘した[15]．

これらの研究成果に啓発されて，わが国でも超高速研削に対する関心が高まり，豊田工機[16]，三菱重工[17] の 2 社から超精密研削盤が発表された．これらはいずれも円筒研削盤であるが，その後超高速平面研削盤も開発された[18),19)]．これらは，いずれも超高速研削の実用化を目的に開発されたもので，周速 200 m/s を基準にしている．

8.2.3 超高速研削盤の開発

著者らは，周速 400 m/s での研削実験を目的として超高速平面研削盤の開発を行った．まず，その紹介とその経験を通して得た設計上の注意点について述べる．

それまでのドイツにおける実験では，径の大きな砥石を用いて高周速を得ていた．しかし，平面研削の場合，工作物（テーブル）速度の高速化には限界があるので，高能率研削を行うためにはどうしても高切込み研削にならざるを得ない．その際，砥石径が大きいと砥石・工作物接触長さが大きくなるので，研削結果に悪影響をもたらすおそれがある．そこで砥石径は 250 mm とした．その条件で周速 400 m/s を得ようとすると，30 000 rpm の砥石軸が必要になる．

König らが当初 500 m/s を目標にしながらそれを達し得なかったのは，砥石スピンドルの共振が原因であった[20]．すなわち，研削盤の主軸では軸端に質量の大きい工具が装着されるため，共振周波数が低下する．そこで図 8.5 のようなモデルを仮定し，軸径 d と共振周波数（固有振動数）f_r の関係を計算した．図 8.6 に，その結果を示す[21]．この結果より，周速 30 000 rpm（500 Hz）を得るには 65 mm 以上の軸径が必要であることがわかる．しかし，軸径を大きくすると dn 値が大きくなる．特に，後述する動力損失上の問題から，オイルジェット潤滑法など効果的な潤滑法が採用できないため，潤滑が大きな問題となる．そこでセラミックス球の玉軸受を採用し，オイル＆エア潤滑法を工夫して，dn 値 195×10^4 を達成した．

次の問題は，砥石と空気との摩擦による動力損失である．通常，われわれの経験する速度では，空気の摩擦抵抗は無視して考えてよい．しかし音速に近い速度域では，空気の摩擦抵抗は無視できない．図 8.7 は，試作した砥石

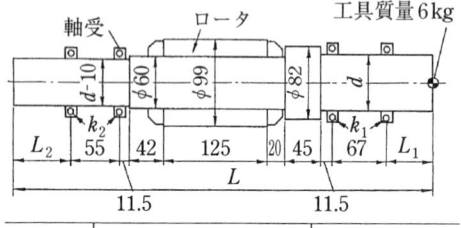

直径	長さ, mm			剛性, N/μm	
d, mm	L_1	L_2	L	k_1	k_2
35	40	55	472	135	120
45	46	60	483	160	135
55	50	64	491	180	160
65	55	68	500	200	180
75	60	74	511	250	200

ヤング率；210 GPa，ポアソン比；0.3，密度；7 860 kg/m³

図 8.5 砥石スピンドルの計算モデル

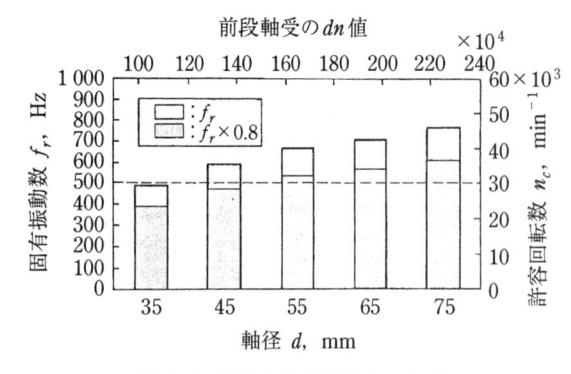

図 8.6 軸径と固有振動数の関係

スピンドルに各種径のアルミニウム製ストレート円板〔t は円板の厚さ（mm）を示す〕を取り付けて動力損失を求めた結果である．このように，250 mm，30 000 rpm では軸単体の動力損失を含め約 7 kW の動力損失があった．しかも実際の研削では，研削液の使用が不可欠である．図 8.8 は，研削液の供給量をパラメータにして，研削液による動力損失と周速との関係を求めた結果である[22]．研削液は円板の外周に接線方向からだけ与えた．特に円板（すなわち砥石）側面に作用させると動力損失が大きくなるので注意しなければならない．すなわち 250 mm径の砥石を用いて，400 m/s の周速で研削をしようとすると，10 数 kW の動力損失を見込まなければならない．このような観点から，砥石軸モータの定格出力は 22/18.5 kW（15 分/連続）とした．

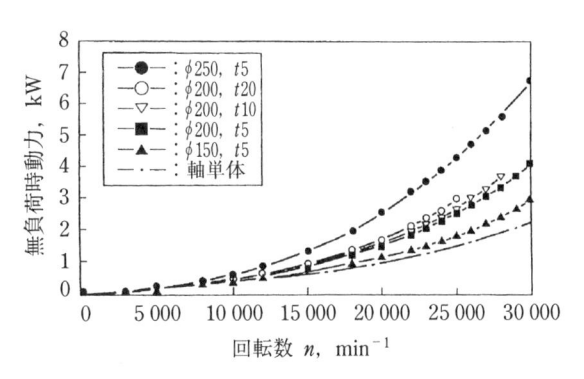

図 8.7 風損と軸単体の動力損失

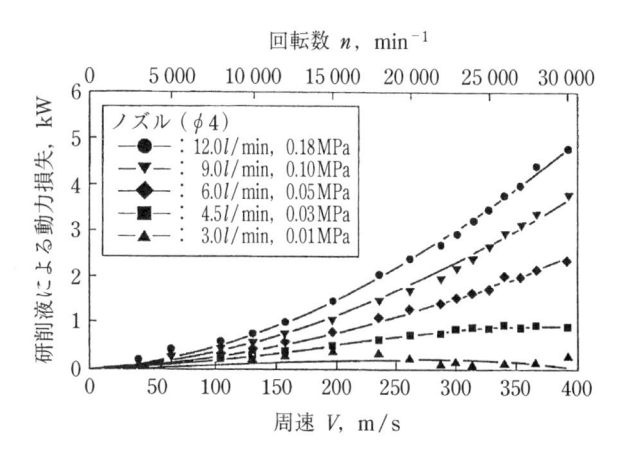

図 8.8 研削液による動力損失

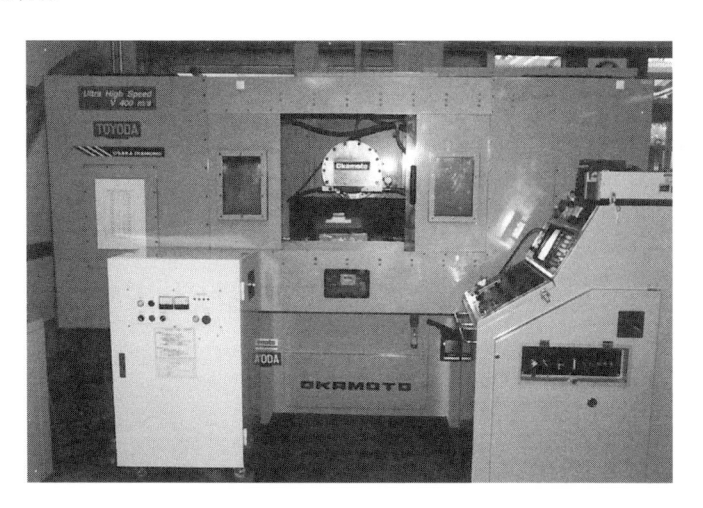

通常の横軸平面研削盤では砥石軸の回転周波数は 50 ないし 60 Hz であるから，スピンドル，砥石ヘッド，コラム，サドル，テーブルからなる研削系の固有振動数が回転周波数以下になることはほとんどない．したがって，始動時に砥石の回転周波数が共振点をよぎることはない．しかし，500 Hz では研削系の固有振動数がそれ以下になるおそれが十分にある．そこでコラムをリム構造にし，

図 8.9 試作した超高速平面研削盤

砥石スピンドルの取り付けもフランジタイプにして，研削系の剛性アップに留意した．図 8.9 に，試作した超高速平面研削盤を示した．

8.2.4 超高速化による Cp 値への影響

5.1 節での議論は，Cp 値（5.1.2 項参照）が砥石周速に無関係に一定であることを前提にしている．しかし，最初に述べたように切削時のひずみ速度が臨界速度に近づけば被削材の変

形抵抗に影響が及ぶはずであるから，当然 Cp 値もその影響を受けるはずである．そこで，次に砥石周速によって Cp 値が変わるか否かを議論しよう．

砥石周速 V を変数にして，Cp 値への影響を調べる手段として，まず連続研削によって α の値を大幅に変えることができれば，2 分力比 F_t/F_n の変化から Cp 値を求めることができる（5.1.2 項）．しかし，それぞれの研削条件（すなわち実験点）ごとにこの作業を行う必要があり，特に耐摩耗性の高い CBN 砥石では多くの時間や労力，費用を要することになる．ここでは Cp 値そのものでなく，V に伴う Cp 値の相対的な変化を知ることが目的である．したがって，式（5.5）から，v/V の比を一定にして他の研削条件を固定したとき α の値が変わらなければ，（Cp 値の変化）＝（F_n の変化）と考えることができるので，容易に目的を適えることが出来よう．

ところで，前述の研削モデル（5.1.1 項，図 5.2）では，簡単のために砥粒切れ刃を円すい形で近似した．しかし実際の砥粒切れ刃の先端は多かれ少なかれ丸みを帯びおり，シャープな円すい形であることは希である．したがって砥粒切込み深さが大きく変わる研削条件のもとでは，半頂角 α を砥粒切込み深さ g_m の関数として扱う必要がある．さらに Cp 値は材料の掘り起こしに必要な比研削エネルギーであるが，比研削エネルギーにはいわゆる寸法効果があると言われている（5.2 節）．

そこで $g_m = $ 一定のもとで V を変えれば，これらの問題は考えなくてよい．しかし，砥粒切込み深さ g_m は，式（4.3）から明らかなように（4.1.1 項），連続切れ刃間隔 a（すなわち砥粒切れ刃密度）の関数でもある．a や砥粒切れ刃の半頂角 α は，砥石の仕様やツルーイング条件だけでなく，研削時間の経過に伴う砥粒切れ刃の破砕や摩滅によっても変化する．そこで v/V の比を一定にして連続研削を行い，研削回数に伴う F_n の変化の様子を調べることにした．

図 8.10 は，$\Delta = 5$ mm，$v/V = 3.3 \times 10^{-4}$ とし，砥石周速 V をパラメータにしてそれぞれ 100 回研削したときの法線研削抵抗 F_n の変化を調べた結果である[23]．被削材には鋳鉄（FC200，1 W × 60 L）を使用した．各砥石周速ごとに研削開始前にツルーイングを行ったが，その際できるだけ砥石の初期状態が同じになるように注意した．また，研削パスごとの実質切込み量をできるだけ設定切込み量 Δ と同じにするため，各研削パス間にスパークアウトを挟まなかった．図から明らかなように，研削回数に伴う F_n の変化はほぼ直線的で大きなばらつきがなかった．そこで，以下の実験では原則として 15 回の研削を行い，その結果から研削回数 0 回時の値を外挿法によって求め，それを代表値とすることにした．なお，図において F_n の値は V によって大きく異なり，Cp 値が変化することが予想される．

このような方法で，速度比 $v/V = 3.3 \times 10^{-4}$ として，Δ を 0.75〜10 mm の範囲で変え，砥石周速 V と研削抵抗 F_n との関係を求めた．図 8.11 にその結果を示す．実験点を結んだ折れ線上（$\Delta = $ 一定）では，速度比 v/V，パラメータ Δ 共に固定されており，ツルーイング後の初期状態が

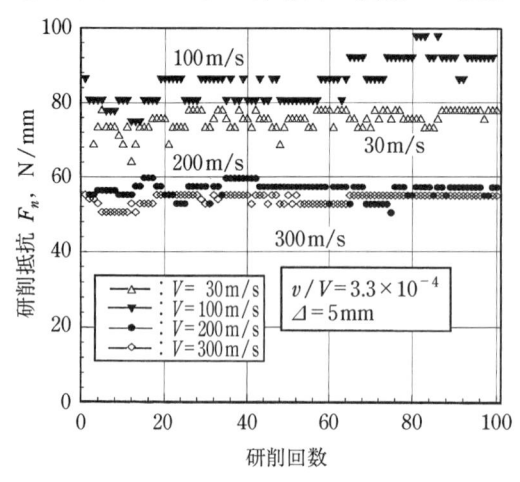

図 8.10　法線研削抵抗の変化

同じと仮定すれば，前述したようにaとαは一定であると考えられる．したがってF_nの変化は，Vに伴うCp値の変化と等価であるとみなすことができる．なお横軸には，Vに併せてテーブル速度vの目盛りも付記した．これからわかるように，砥石半径切込み量$\Delta = 10$ mmでは，最大テーブル速度$v = 6$ m/minまで研削実験を行った．これは，$Q'_w = 1000$ mm^2/sに相当し，T. Tawakoli[11]らやW. König[12]らの実験にほぼ匹敵する研削能率である．しかも，T. TawakoliらやW.Königらの実験は電着砥石を用いて行われたものであるが，本実験はビトリファイドボンド砥石による研削である．なお目視では研削焼けの発生もなかった．

図8.11の実験では，実験点ごとにツルーイングを行い，砥石の初期状態ができるだけ同じになるように配慮した．しかし，砥石作業面における砥粒切れ刃の状態を機上で精確に測定する方法が確立されていないので，ツルーイング後の砥石の初期状態が完全に同じであるという保証はない．そこで，図8.10と同じ条件で連続研削を行い，適宜ステップ状に砥石周速Vを変え，図8.10の結果のように

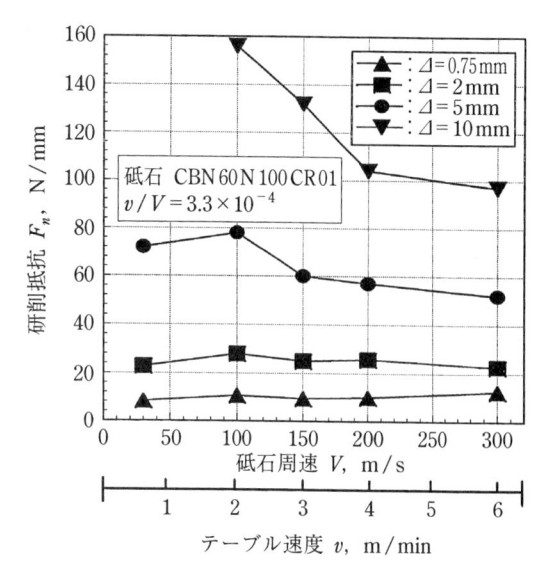

図8.11 砥石周速V，テーブル速度vと法線研削抵抗F_nとの関係

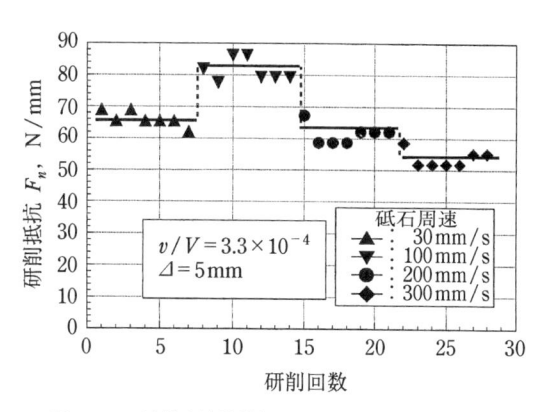

図8.12 法線研削抵抗に及ぼす砥石周速の影響

研削抵抗が変わるのかどうかを調べた．図8.12にその結果を示す．図8.12によれば，周速を変化させると各条件において法線研削抵抗がステップ状に変化していることがわかる．これは，図8.11の結果と同じ傾向を示しており，明らかにCp値の変化と考えることができる．

図8.11の結果によれば，Δが小さい場合にはF_nはVの増加と共にわずかながら増加する傾向を示した．すなわち，Cp値はVの増加に伴って増大した．しかし，Δが大きくなるに従ってこの傾向は逆転し，$\Delta = 5$ mm以上では，逆にVが大きくなるに従ってCp値が減少する傾向を示した．

Cp値は，盛上がり係数Cと被削材の降伏圧pの積である．一般に炭素鋼の降伏応力は，ひずみ速度が大きくなるほど高くなり，温度が高くなるほど低くなることが知られている[13]．一方，通常の切削における工作物のひずみ速度は10^2 s^{-1}から10^5 s^{-1}のオーダである[14]が，切削速度がさらに大きく変形領域が小さい研削加工では10^6 s^{-1}から10^9 s^{-1}のオーダになると考えられている[15]．このようなひずみ速度域では降伏応力はひずみ速度と共に増加すると考えられる．図8.11の結果では，Δが小さい場合には砥石周速の増加に従ってわずかであるがCp値

が増大している.これは,ひずみ速度の増加に伴う降伏圧 p の増加に類似した特性である.

一方,降伏圧は温度の影響も受ける.研削点の温度上昇に伴う材料の軟化によって降伏応力が低下し,Cp 値が減少すると考えられる.一般に Q'_w が大きく,周速が速いほど研削点の温度は高くなる.図8.11で,V が100 m/sを越える超高速下で研削抵抗が低下する傾向が,$\varDelta$ が大きくなるほど顕著になるのは,温度上昇による研削での材料の軟化が原因と考えられる.

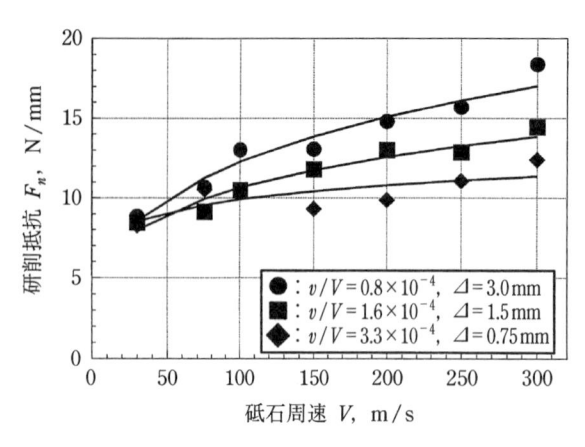

図8.13 法線研削抵抗 F_n に及ぼす砥石周速 V の影響(比較的軽研削の場合)

考えられる.なお以上の考察では,簡単のために降伏圧 p についてだけ考えたが,厳密には盛り上がり係数 C への影響についても考慮しなければならない.

このように考えれば,より軽研削条件では周速の増加に伴う Cp 値の増加がより顕著に現れると考えられる.そこで,速度比 v/V および $\varDelta$ をより小さく設定して,V に伴う研削抵抗 F_n の変化を調べた.図8.13にその結果を示す.図の結果によれば,v/V の比が大きく $\varDelta$ が小さくなるほど周速に伴う Cp 値の増加率は緩やかになった.この実験では,v/V の値にかかわらず Q'_w が一定になるよう $\varDelta$ を設定している.したがって,式(5.4)から推測できるように,本来,研削温度はほとんど同じになるはずである[注4].しかし式(4.3)から明らかなように,このような条件では v/V の値が大きくなるほど $(v/V)\sqrt{\varDelta}$ が大きくなるから,g_m が大きくなる.したがって,砥粒研削点温度は v/V の値が大きくなるほど高くなり,それが降伏圧 p の減少の原因となったと考えられる.

8.2.5 超高速化による砥石摩耗への影響

超高速研削によって飛躍的に研削能率を向上させることができる.しかし,いくら高能率研削を実現できたとしても砥石寿命が減少してしまうようではそのメリットは半減してしまう.そこで100回まで連続研削を行い,砥石半径摩耗量に対する砥石周速の影響を調べた.その結果を図8.14に示す.この条件では,図8.11に示したように砥石周速を30 m/sから300 m/sに高速化しても,研削抵抗に大きな減少は見られなかった.しかし,砥石半径摩耗量は砥石周速 V の高速化に伴い大きく減少した.

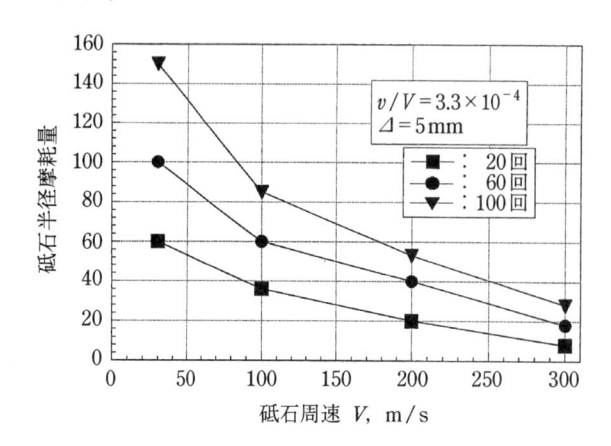

図8.14 砥石半径摩耗量と砥石周速 V との関係

[注4] 研削に消費される正味動力は $F_t V$ で与えられ(5.3.1項参照),その大部分が研削熱に変換される.

8.2.6 軟鋼研削における異常摩耗への影響[24]

前述したように(7.1.3項参照)，ビトリファイドボンドCBN砥石で軟鋼を研削した場合，非常に大きな砥石摩耗が発生する．これは，チップポケットに堆積した切り屑が工作物新生面に再凝着することによって，雪崩れ的に砥粒の脱落を引き起こすことが原因と考えられる．そこで，このような軟鋼研削における切り屑の付着が，砥石周速の超高速化に伴ってどのような影響を受けるのかを調べた．

図 8.15 は，砥石周速 V を 30～300 m/s 範囲で変えたときの研削抵抗の (a) 法線分力 F_n と (b) 接線分力 F_t の変化である．F_n と F_t は，いずれも動力計で測定した垂直および水平分力から計算によって求めたものである．なお，砥石摩耗の影響を除くため，ツルーイングは各実験点ごとに行った．

法線分力 F_n は，$V = 30$ m/s では低いが，周速の増加と共に急増し，60～100 m/s で最大値をとった．この傾向は，Δ が大きく v/V が小さいほど，すなわち g_m が小さく l_c が大きいほど顕著であった．特に $\Delta = 3$ mm，$v/V = 0.8 \times 10^{-4}$ の場合，$V = 100$ m/s で F_n が 200 N を超えたため，1 回目の研削の途中で実験を中止した．これに対して F_t は，F_n ほど大きな増加は示さなかった．しかもこの周速域では，1 パス内での研削抵抗の変動が激しかった．

このような F_n の増大や F_t/F_n の減少，および F_n の変動は，目づまりの特徴である．そこで，上述した方法で目づまり面積率を求めた．その結果を 図 8.16 に示す．砥石の目づまりは，砥石周速の増加と共に急増するが，$V = 100$ m/s を越えると減少し，300 m/s ではほとんど見られなくなった．なお，$v/V = 0.8 \times 10^{-4}$ で $V = 100$ m/s のときの値が記入されてないのは，目づまり面積率が 1 % を大きく超え，1 回目の研削の途中で実験を中断したためである．

次に連続研削実験を行って，研削回数に伴う研削抵抗の変化と砥石半径摩耗量を測定した．図 8.17 は，同一条件で 20 回連続研削をしたときの砥石半径摩耗量である．$V = 100$ m/s の近辺では，目づまりのために連続して研削を続けることができなかった．

$V = 30$ m/s では砥石半径切込み量 Δ が小さい場合は，特に大きな異常摩耗は認められなかったが，$\Delta = 3$ mm では明確な異常摩耗が生じた．これに対して砥石周速 $V = 300$ m/s では，いずれの場合にも砥石半径減耗量は 30 μm 程度であった．

$V = 30$ m/s，$\Delta = 3$ mm では，研削抵抗も低く顕著な目づまりが認められないにもかかわらず，大きな異常摩耗が発生した．このように砥石表面に目づまりがほとんど認められない

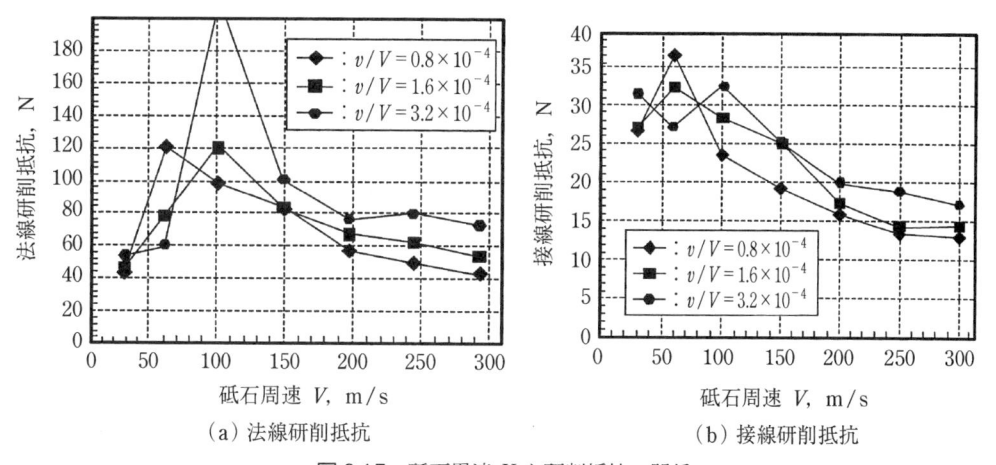

(a) 法線研削抵抗

(b) 接線研削抵抗

図 8.15 砥石周速 V と研削抵抗の関係

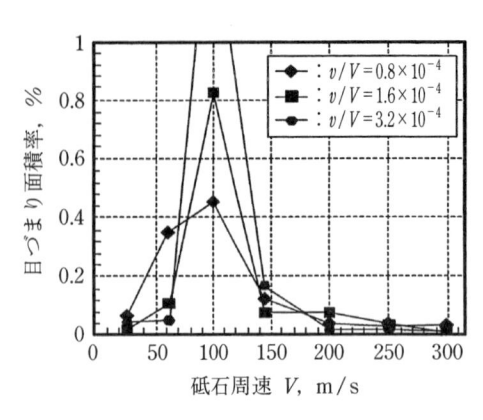

図8.16 砥石周速 V と目づまり面積率の関係

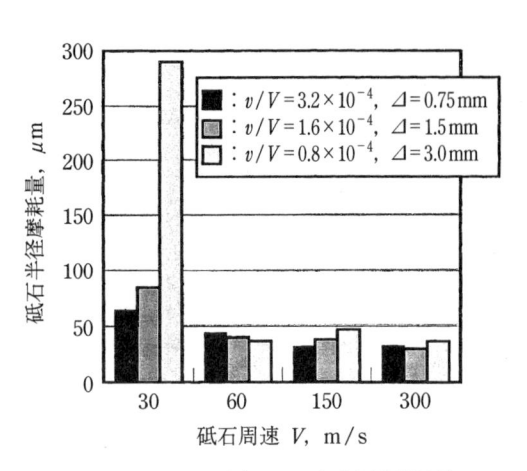

図8.17 砥石周速 V と砥石半径摩耗量

のは，雪崩的に脱落する砥粒と共に消失するためである．したがって，砥石の切れ味も非常によく，研削抵抗は小さかった．

砥石周速 V が高くなると，研削点温度の上昇に伴って気孔への切り屑の付着が活発になり，目づまり状態になる．砥石表面の目づまりと工作物新生面は激しく摩擦し合うが，摩擦速度が高いために摩擦界面は摩擦熱により溶融状態になる．したがって，再溶着しても再溶着部は溶融状態にあるので，低周速時のように後続砥粒の雪崩的な脱落には至らない．このとき工作物面に鱗状の溶着痕が見られた．また，研削抵抗の法線成分 F_n が非常に高くなるにもかかわらず，異常摩耗が起きないのはこのためである．

一方 $V=300$ m/s 付近の超高速域で正常な研削が行われるのは，遠心力が大きいために切り屑が飛散し，気孔への付着が起きにくくなるためと考えられる．なおこのとき，研削抵抗の接線分力は 30 m/s のときの約1/2になった．これは，超高周速下では砥粒切れ刃と工作物との間の摩擦係数が低下するためであると考えられる．

8.3 超精密鏡面研削

8.3.1 超精密鏡面研削

通常，半導体やセラミックス，光学結晶など硬脆材料で，鏡面すなわち表面粗さの極めて小さい平滑な面を得ようとする場合には，ラッピングやポリッシングなど遊離砥粒法が適用される．しかしこれらの加工法は，球面や平面のような幾何学的にシンプルな面には有効である[注5]が，円筒面や非球面のような複雑な面では，鏡面は得られるが高精度の形状は期待できない．したがって，このような複雑な面の加工では，1.2.2項で述べた工具の運動軌跡の正確な転写によって，加工精度を確保しなければならない．

工具の運動軌跡を転写することにより形状を確保する加工では，工具や工作物の支持剛性や工具自体の剛性が重要で，これらをできるだけ大きく，加工抵抗をできるだけ小さくするよ

[注5] これらは，いわば「摺り合わせ加工」とも呼ばれるべきもので，任意の2面の摺り合わせは球面に，また3面の摺り合わせは平面になることを利用している．摺り合わせ加工では，工具の摩耗は不可欠で，それによって形状精度の向上が達成されるという特性がある．これは，遊離砥粒法にとって非常に有利な特性である．これに対して，以下に述べるような工具の運動軌跡の転写によって形状を創成する加工では，工具の摩耗は加工精度の劣化につながるので極力避けなければならない．

うにしなければならない．その点，単結晶ダイヤモンドバイトを用いた超精密切削は，理にかなった加工法であろう．しかし，単結晶ダイヤモンドバイトには，アルミニウムやニッケルなどの軟質材料にしか適用できないという欠点がある．

一方，平滑な面を作るという点では，逆に，工具や工具・工作物支持系の剛性は小さい方がよい（1.2.2項参照）．単結晶ダイヤモンドバイによる超精密切削のように工具運動軌跡の転写性が非常によい加工法では，工具の運動軌跡を与える工作機械に振動など微小な変動や誤差があると，それも加工面に転写される．したがって，粗さのオーダで工具の運動軌跡を保証する加工機械が必要になる．しかし，ポリッシングでは工作物や工具（ポリッシャ）が多少振動しても，それが加工面に転写されることはない．このように，一般には形状精度と仕上げ面粗さは互いに背反的な関係にあり，これを同時に得ることは難しい．しかし，近年，非球面加工に代表されるように，この両者が同時に要求される加工が多くなっている．

研削加工も，工具運動軌跡の転写性がよいという点では，切削と双璧である．しかも研削は，超硬合金やセラミックスなど高硬度の材料も加工可能であり，工具剛性をある程度自在に変えられるという，単結晶ダイヤモンドバイトにはない長所を備えている．幸いなことに我々が工業的に要求される加工では，形状精度はまだ表面粗さのオーダには達していない．したがって，要求される形状精度を確保しながら工具剛性，すなわち砥粒支持系のわずかな弾性変形によって粗さの平滑化を図ることが可能であろう．その点，研削は砥石結合度によって微妙に工具剛性を変えることが出来る．そこで，非常に高精度の形状と表面粗さの極めて小さな鏡面を同時に達成するような研削を，**超精密鏡面研削**（ultra-precision and mirror grinding）と呼ぶことにする．

8.3.2 レジンボンドごく微粒[注6]ダイヤモンド砥石による超精密鏡面研削

それでは，研削で極めて平滑な鏡面を得るには，どのような点に注意すればよいだろうか．3.1.4項の議論から，研削仕上げ面の最大高さは，

$$R_{\max} = 1.57 W_0^{0.4} \left(\frac{v}{V}\right)^{0.4} \left(\frac{1}{D}\right)^{0.2} \cot^{0.4} \alpha \tag{8.1}$$

で与えられる．したがって，仕上げ面粗さを小さくするには，まずv/Vをできるだけ小さくすればよい．しかし厳密にいえば，v/Vが小さいところでは式(8.1)は成り立たず，$R_{\max}$は小野のいう極限粗さ[25]に漸近する（3.2.5項参照）．また，研削能率は，

$$Q_w = v \Delta b \tag{8.2}$$

で与えられるから（5.1節参照），単純にテーブル速度vを小さくすると，研削能率が減少することになるので注意しなければならない．仕上げ面粗さは砥石半径切込み量Δには無関係であるから，クリープフィード研削のようにvを小さくした分，Δを大きくすれば，加工能率Q_wを損なわずに済むが，超精密研削では加工しろは，通常 極めて小さいから現実的ではない．

次に砥粒切れ刃の半頂角αを大きくすることが考えられる．目つぶれした砥石を用いて研削すると，鏡面に近い仕上げ面が得られることは，われわれが日常経験していることである．J. S. Taylorら[26]は，単結晶シリコンをダイヤモンドバイトで切削する際，すくい角が負の方向で大きくなるほど脆性・延性遷移点が大きくなるという実験結果を報告した．すなわち，砥

[注6] JISにはごく微粒の規定はない．しかし，#1500以上の微粒砥石は，製造法も使用法も通常の微粒砥石に比べて特に高い技術的が要求されるので，本書では特に「ごく微粒」と呼ぶことにした．

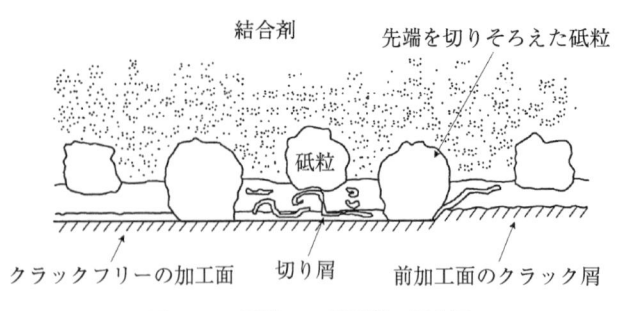

図8.18 延性モード研削の概念図

粒切れ刃が鈍化し，負のすくい角が大きくなると，切り屑の生成モードが，脆性から延性に移行し仕上げ面粗さの改善が期待できるというのである．これに基づいて，ダイヤモンド砥粒の先端を極めて高精度に切りそろえた砥石で，微小な切込みを与えて研削すれば，硬脆材料であってもき裂や破砕が発生せずに延性的に切り屑が生成されるという考え方が提案された．図8.18は，これを模式的に表したもので，延性モード研削と呼ばれている．

このような砥石では大きな研削抵抗が発生する．したがって，個々の砥粒切れ刃の切込み深さを脆性・延性遷移点以下に抑えるためには，極めて高剛性の研削盤が必要である[27]．この考え方に基づいて高剛性の研削盤が試作され，鏡面研削実験が行われている[28]．

しかし著者らの最近の研究[29]によれば，切れ刃のすくい角には最適値があり，単結晶シリコンの切削では，負方向で$-40°$を超えると逆に脆性・延性遷移点が減少した．この結果によれば，ダイヤモンド砥粒の先端を平坦にするのは，鏡面研削という点でむしろ得策ではなく，通常の砥粒の状態の方がよいということになる．また，砥粒切れ刃の先端を切りそろえるというのは，故意に逃げ面摩耗を作るということであるから，砥粒の切削性能の観点からも理にかなっているとはいえないであろう（6.3.1項参照）．

もう一度式(8.1)に戻って，aを大きくする代わりに，W_0を小さくしても仕上げ面粗さを小さくすることができる．W_0は砥粒切れ刃密度の逆数であるから，砥粒切れ刃密度を大きくすればよい．砥粒切れ刃密度を大きくするということは砥粒の集中度を高くすることであるが，集中度には砥石製作上の制約がある．そこでより効果的なのは砥粒の粒径を小さくすることである．これは，研削は砥粒切れ刃による切削作用の集積であり，砥粒切れ刃をシャープな状態に維持しながら微小切削を行うことによって鏡面を得ようという考え方である．

さて超精密鏡面研削では，砥石の剛性をやや犠牲にして仕上げ面粗さの改善を図った方が得策であることについては前述した．その観点から，レジンボンドは砥粒の支持剛性が低く，しかも気孔やフィラーの添加により砥石のマクロな剛性を変えることができるので，超精密鏡面研削に適しているといえよう．さらに**砥粒の把持力**（grip force）が小さいので，ドレッシング（あるいはツルーイング）後の砥粒切れ刃の高さの不揃いが小さい，砥粒の回転運動による自生作用が期待できるなどの利点がある．一方，ごく微粒のレジンボンドダイヤモンド砥石では，砥粒の埋没の問題がある（7.3節参照）．

8.3.3 砥粒の埋没現象に対する対策

ミクロンオーダのダイヤモンド砥粒では，研削点近くに研削液が十分に供給されないため研削熱が後背部に伝達され，その熱で結合剤が軟化し砥粒が埋没する（7.3節参照）．図8.19は，加熱による結合剤の軟化の状況を比較した結果である[30]．すなわち，微小硬度計上で各種のダイヤモンド砥石から切り出した試片を加熱し，圧子で砥粒先端に一定荷重を負荷して先端の沈み量を測定したものである．図から明らかなように，メタルボンド（MT）では，実験で与えた程度の温度上昇ではほとんど軟化による砥粒の沈下は認められなかった．しかし，レ

ジンボンド砥石では，高温になるほど砥粒の沈下が激しくなり，特にポリイミド系レジン(B87)に比べて，フェノール系レジン(B7)で沈下量が大きいという結果が示された．なお図で，BRCは，フェノール系レジンに銅粉をフィラーとして添加したものである．このようにフェノール系樹脂よりはポリイミド系樹脂の方が耐熱性が高く，埋没量は小さい．フェノール系樹脂に比べてポリイミド系樹脂は弾性係数が小さく，その点でも超精密鏡面研削用の砥石の結合剤として適しているように思われる．

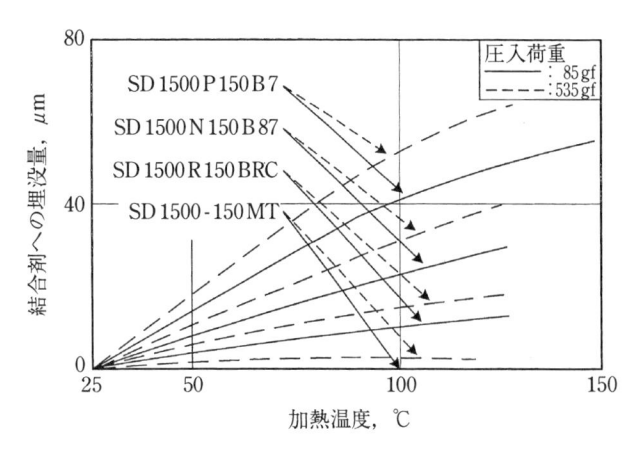

図8.19 加熱による結合剤の軟化

砥粒埋没の直接の原因は，研削熱であるから，埋没を防ぐには研削熱の発生をできるだけ小さくすればよい．砥粒研削点に発生する研削熱は砥粒の研削力に比例する．そこで，研削条件，特に工作物(テーブル)速度 v と砥石半径切込み量 $\varDelta$ を変数にして研削抵抗の法線分力の変化を調べた．図8.20にその結果を示す[31]．砥石半径切込み量 $\varDelta$ や工作物速度 v をパラメータにした場合には，砥石1回転当たりの砥粒切削長さ l_c が異なるので，研削回数や累積研削距離〔(工作物の長さ)×(研削回数)〕よりも累積砥粒切削長さ l_g を基準にした方がより合理

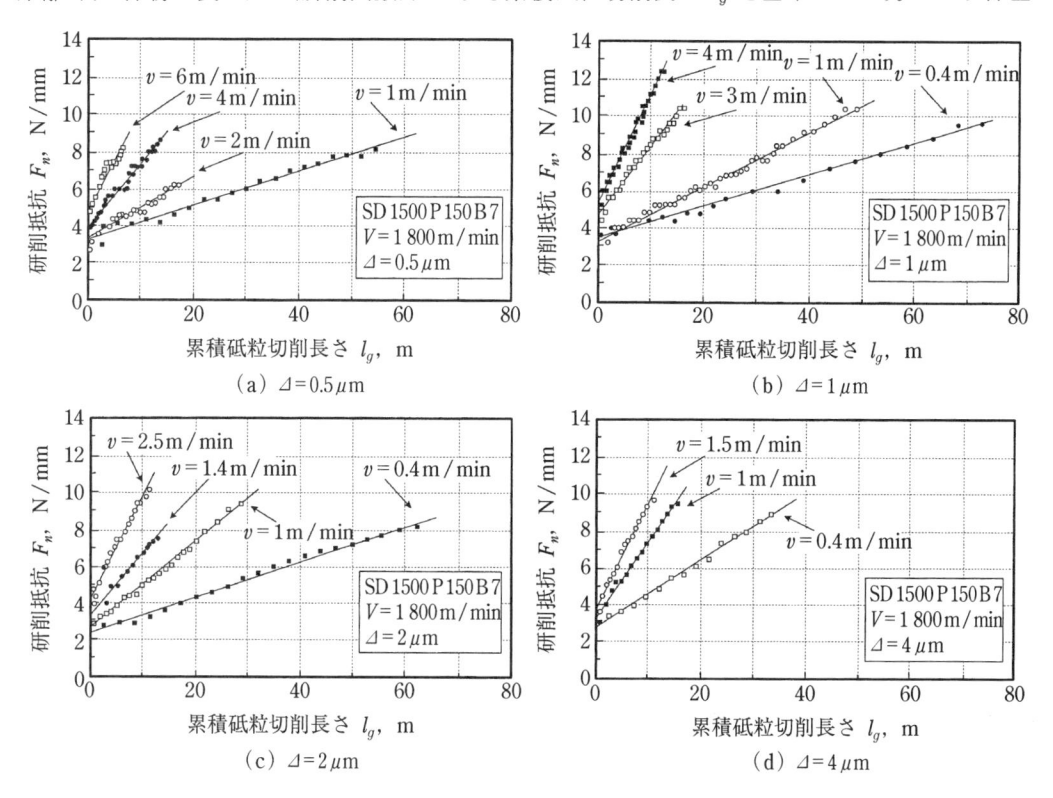

図8.20 累積砥粒切削長さ l_g に対する研削抵抗 F_n の変化

的である．そこで，図では横軸に累積砥粒切削長さ l_g を採った．ここで累積砥粒切削長さ l_g は，研削回数を n，工作物の長さを L，砥石直径を D，砥石周速を V とすれば，

$$l_g = \sum l_c = \frac{n l}{\pi} \frac{V}{v} \sqrt{\frac{\mathit{\Delta}}{D}} \tag{8.3}$$

である．式 (8.3) からわかるように，研削回数 n を一定にしても，工作物速度 v や砥石半径切込み量 $\mathit{\Delta}$ が変えれば，累積砥粒切削長さ l_g が変わる．したがって，研削回数によって累積砥粒切削長さ l_g を代表させることはできない．

図 8.20 は，レジンボンド B7（フェノール系）の砥石について，累積砥粒切削長さ l_g に伴う研削抵抗の法線分力の増加の様子を $\mathit{\Delta}$ と v をパラメータにして比較したものである．たとえば，図 8.20 (a) は，砥石半径切込み量 $\mathit{\Delta} = 0.5 \mu m$ にして，工作物速度 v を変えたときの l_g に伴う研削抵抗の変化を調べた結果である．4.1.1 項で述べたように，最大砥粒切込み深さ g_m は，

$$g_m = 2a \frac{v}{V} \sqrt{\frac{\mathit{\Delta}}{D}} \tag{8.4}$$

で与えられる．したがって，図 8.20 の結果は研削抵抗に及ぼす砥粒切込み深さ g_m の影響を示したものと考えることができる．なお，この結果でツルーイング直後の研削抵抗値は，ほぼ等しくなっている．これらの砥石は，いずれの場合も GC3000JmV をツルアにしてカップツルアでツルーイングしたものであるが，ほぼ一定の砥石表面状態が得られたことを示している．

図 8.20 の結果から明らかなように，いずれの場合も累積砥粒切削長さ l_g に対して研削抵抗はほぼ直線的に増加する．そこで，その傾き，すなわち累積砥粒切削長さ l_g に対する研削抵抗の増加率 $\mathit{\Gamma}$ でその条件下での砥石の研削特性を評価することにすれば，図 8.20 のそれぞれの結果から $\mathit{\Gamma}$ に対する最大砥粒切込み深さ g_m の影響を読み取ることができる．

図 8.21 は，図 8.20 の結果をもとにして累積砥粒切削長さ l_g に対する研削抵抗の増加率 $\mathit{\Gamma}$ を，砥粒切削長さ（砥石・工作物接触長さ）l_c をパラメータにして砥粒切込み深さ g_m について，プロットしたものである．なお砥粒切込み深さ g_m および砥石接触長さ l_c は，それぞれ式 (8.4)，式 (4.4) を用いて求めたが，連続切れ刃間隔 a は全ての砥石について近似的に一定と仮定し，砥粒切込み深さ g_m については $v\sqrt{\mathit{\Delta}}$ の値で代用した．

いま，砥粒の破砕や脱落による自生作用がないものと考え，研削抵抗の増加が砥粒切れ刃の摩滅によるものと仮定すれば，砥粒切込み深さ g_m と累積砥粒切削長さ l_g との関数になる．そして $\mathit{\Gamma}$ は単位砥粒研削長さ当たりの研削抵抗の増加率であるから，累積砥粒切削長さ l_g の影響は消去され，砥粒切込み深さ g_m だけの一義的な関係になるはずである．ところが図から明らかなように，$l_c \leq 0.477\,mm$ の条件では研削抵抗の増加率 $\mathit{\Gamma}$ は l_c に関係なく g_m だけに依存するが，l_c がそれ以上になると g_m と $\mathit{\Gamma}$ との関係を表す曲

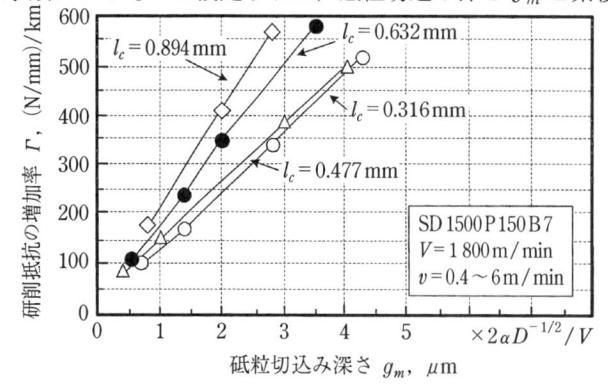

図 8.21 砥粒切込み深さ g_m と研削抵抗の増加率 $\mathit{\Gamma}$ との関係

線は l_c に依存し, l_c が大きくなるほど傾きが増大した.

これは, 研削抵抗の増加が砥粒の摩滅によるものではなく, 先に述べた埋没によるものであることを示唆している. すなわち砥粒の埋没は, 前述したように研削熱による結合剤の軟化によって起きるが, 砥粒の後背部に伝わる熱量の大きさは熱源の大きさだけでな

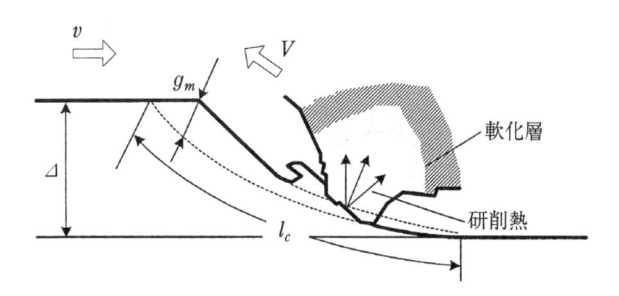

図8.22 砥粒切込み深さ g_m, 砥粒切削長さ l_c と結合剤の軟化との関係

く, 加熱時間にも支配される. いい換えれば, 図8.22に示すように砥粒切込み深さ g_m だけでなく砥粒切削長さ l_c の大きさにも左右される. すなわち, 図8.21で砥粒の摩滅が原因であれば, g_m と $\varGamma$ との関係は一義的な関係になるはずである. l_c が大きくなると g_m と $\varGamma$ との関係が $\varGamma$ が増加する方向にずれるのは, 研削抵抗の増加が砥粒の埋没に起因すると考えた方がより妥当であることを示している.

BRCについて, 図8.20に対応する結果を図8.23に, さらに図8.23から求めた g_m と $\varGamma$ との関係を図8.24に示す. 図8.21の結果に比べて, g_m に対する $\varGamma$ の値は全体的に小さくなっている. これは, 銅粉を添加したことによって砥粒の埋没が起きにくくなったためと理解できる. しかし, 図8.21の結果と同様, l_c が約0.5 mm以上になると, g_m と $\varGamma$ との関係を表す曲線 (以下, g_m-$\varGamma$ 曲線と呼ぶ) は l_c の影響を受け, l_c の増加と共に傾きを増すことになる.

さらに, MTに関する結果を図8.25に示す. g_m-$\varGamma$ 曲線はBRCの場合よりもさらに低くなった. これは, 粗粒に関する結果 (7.2.3項参照) と逆の結果になったが, 粗粒の場合には主に

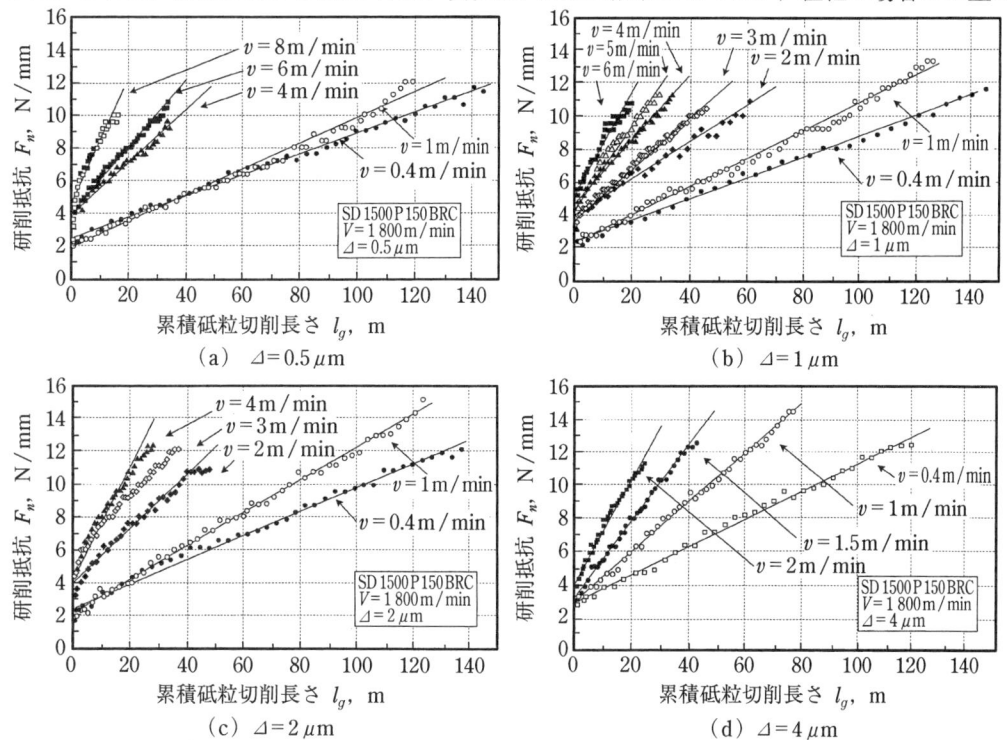

図8.23 累積砥粒切削長さ l_g に対する研削抵抗 F_n の変化

砥粒切れ刃先端の摩滅によって研削抵抗の増加が進行するのに対してレジンボンドごく微粒砥石では砥粒の埋没が原因であったためであろう．

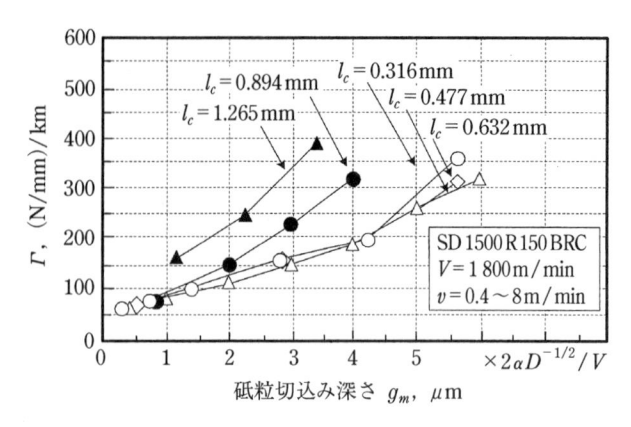

図 8.24　砥粒切込み深さ g_m と研削抵抗の増加率 Γ との関係

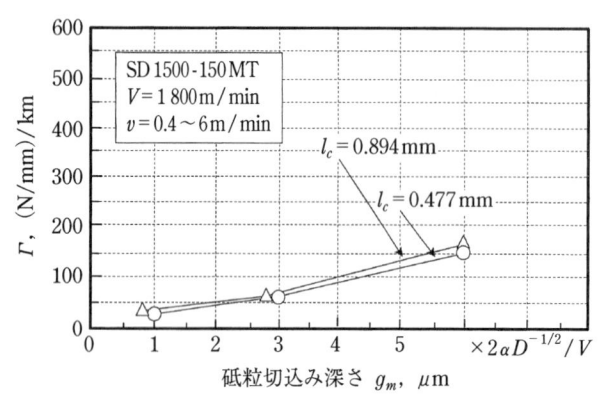

図 8.25　砥粒切込み深さ g_m と研削抵抗の増加率 Γ との関係

8.3.4 ごく微粒砥石による超精密鏡面研削

このように，砥粒の埋没が起きやすいレジンボンドのごく微粒ダイヤモンド砥石では，砥粒切込み深さを小さくするだけでなく，砥粒切削長さも小さくしなければならない．すなわち工作物速度だけでなく，砥石半径切込み量も小さくしなければならない．特に，通常の平面研削作業では，砥石が工作物から離れている〔エアカット (air cut)〕ときに切込みが与えられるが，円筒プランジ研削では砥石と工作物とが接触しているときに切込みが与えられる．この場合，工作物1回転当たりの砥石半径切込み量は小さくても，切込みを与えた瞬間に切削中の砥粒には大きな切込みが負荷されることになる．したがって，単に工作物1回転当たりの砥石半径切込み量だけでなく，切込み送り〔インフィード (infeed)〕のステップを小さくする必要がある．

そこで，油静圧軸受の砥石軸を備えた円筒研削盤の砥石ヘッドをさらに油静圧案内に改造し，微少切込みを可能にした超精密円筒研削盤を試作した[32]．砥石切込み送りは積層型圧電アクチュエータを用いて与えられ，その分解能は理論上 1.15 nm であった．試作に当たっては，油圧ポンプは大きな振動発生源になるので砥石ヘッド上から機外に移動し，油圧配管も鋼製のものから耐圧ゴム製に交換，砥石駆動用の伝動ベルトもVベルトから平ベルトに替えるなど，砥石ヘッドの振動低減に配慮した．

図 8.26 は，この研削盤を使用し，ダイヤモンド砥石 SD3000L125B[注7] で高速度鋼 (SKH51) を研削したときの研削抵抗の変化である[33]．前掲の図 8.20，図 8.23 と全く同じ趣旨の実験であるが，平面研削の場合と異なり，研削初期に研削抵抗が0から急増している．これはひとつには，図 8.20 に比べて横軸のスケールの倍率が大きく，0点近傍の研削抵抗の変化

[注7] 通常，高速度鋼の研削には，ダイヤモンド砥石よりもCBN砥石の方が適しているとされている．しかし，粒度が #1500 よりも細かくなると，むしろダイヤモンド砥石の方が研削抵抗の増加率が低く，適している[33]．これは，特に微粒になると研削液による冷却効果が減少し，砥粒の熱伝導率が重要になるためであろう．

が誇張されているのと，円筒研削では通常，研削幅が大きいので，いわゆる"かつぎ現象"が顕著になるという二つの原因が考えられる[注8]．かつぎ現象とは，与えられた砥石半径切込み量〔設定切込み量（setting depth of cut）〕Δ だけ研削されず，切り残された切込み量が次の設定切込み量に加算されることである．工作物の回転に合わせて一定の切込みを与えれば，切り残し量は次々に累積され，実際の設定切込み量は増加するので，実質の砥石半径切込み量は増加し，それに伴って研削抵抗が増加する．そしてやがて，工作物 1 回転当たりの切込み量と砥石半径切込み量 Δ は一致する．図 8.26 で，実験結果を直線で示した部分は，両者が一致したと考えられる部分を示したものである．

円筒研削では，砥粒切込み深さ g_m は，

$$g_m = 2a\frac{v}{V}\sqrt{\Delta\left(\frac{1}{d}+\frac{1}{D}\right)} \quad (8.5)$$

で与えられ，砥粒切削長さ l_c は，

$$l_c = \sqrt{\Delta\left(\frac{dD}{d+D}\right)} \quad (8.6)$$

で与えられる（4.1.1 項参照）．一般に，工作物径 d は小さく，砥石直径 D は大きいので，横型平面研削に比べて g_m は大きく，l_c は小さくなる．したがって，もちろん前述した平面研削の場合と同様，砥粒埋没に対する対策は大きな課題ではあるが，g_m が大きすぎるために，砥粒突出し量と同等になり，結合剤が工作物あるいは切り屑と摩擦し合うことの方がより大きな問題になるように思われる．

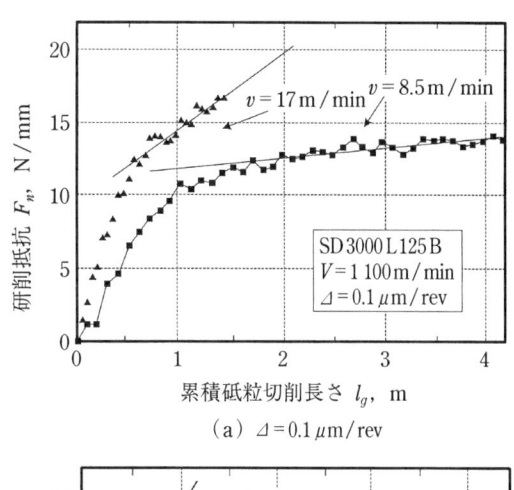

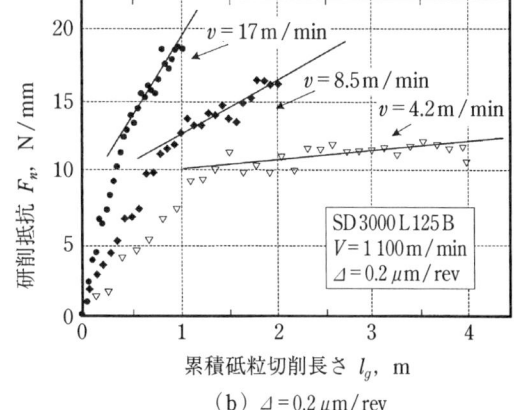

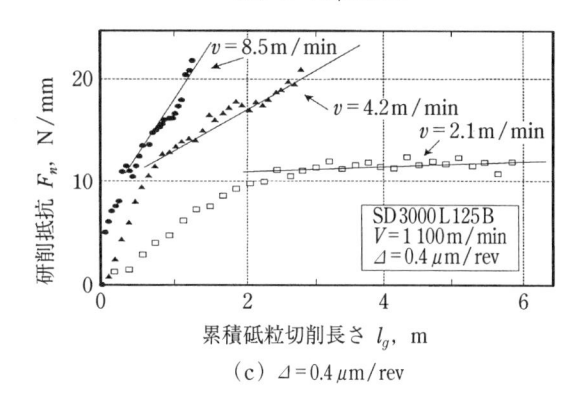

図 8.26 累積砥粒切削長さ l_g に対する研削抵抗 F_n の変化

8.3.5　ごく微粒砥石における砥石半径切込み量の考え方

ごく微粒砥石では，砥石半径切込み量を小さくすべきであるということは，別の観点からも言

[注8] 本機は，切込み送り案内に油静圧軸受を採用しており，通常のすべり案内に比べて摩擦が非常に小さい．そのことも，かつぎ量の増大に影響していると考えられる．なお前述の平面研削実験に使用した研削盤の切込み送り（この場合は down-feed）も油静圧案内（ナガセインテグレックス製 U-52）であるが，この場合は砥石ヘッドの重量が研削抵抗と逆向きに作用しているので剛性が大きい．

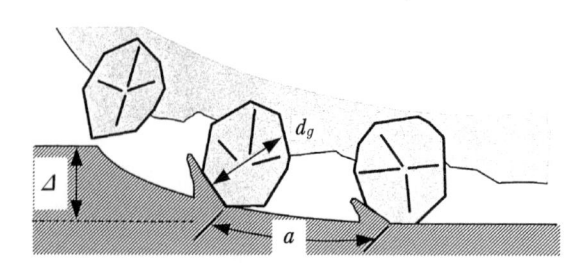

図8.27 研削における砥粒の切削モデル

える．ごく微粒砥石では，砥粒突出し量が極めて小さく，したがってチップポケットが非常に小さいので，砥粒切込み深さ g_m を小さくしないと結合剤と工作物が摩擦し合うことになる．

砥粒による切削モデルを，図8.27に示すように考える．ここで，d_g は砥粒の平均径であり，a は連続切れ刃間隔である．一例として，$d_g = 100\ \mu m$ の場合と $d_g = 10\ \mu m$ の場合について考えよう．$d_g = 100\ \mu m$ は，粒度に直すと約 #120 に相当し，$d_g = 10\ \mu m$ は約 #1500 に相当する．いまごく簡単に，砥粒の径 d_g が 100 μm から 10 μm になっても，砥粒の配列や切削状態は相似的に変化するものと仮定する．したがって，砥粒突出し量や連続切れ刃間隔も 1/10 になるが，研削条件に属するもの，すなわち砥石直径 D，砥石半径切込み量 Δ，砥石周速 V，工作物速度 v は変わらないと考える．

このとき，砥粒切込み深さ g_m は式（8.5）で与えられるので（ただし平面研削を考えているので，$d = \infty$），砥石粒度が #120 から #1500 になると，1/10 になる．しかし，l_c すなわち未変形切り屑長さは，式（8.6）からわかるように研削条件だけで決まるので変化がない．一方，切り屑ポケットの断面積は相似的に 1/100 に，体積は 1/1000 に減少する．したがって，切り屑と切り屑ポケットとの相互関係を考えれば，断面積で考えても体積で考えても l_c は 1/10 にならなければならない．通常の研削では，切り屑長さはチップポケットの大きさに比べて，非常に大きい[注9]．したがって，切り屑の排出を容易にするには，切り屑長さがさらに大きくならないように配慮すべきであろう．このような観点から砥粒切削長さを 1/10 にしようとすると，Δ を 1/100 にしなければならない．これは，#120 の砥石を用いた研削で砥石半径切込み量の最適値を 5〜10 μm とすると，#1500 の砥石では 0.05〜0.1 μm ということになる．ただし，このとき，式（8.5）から g_m も 1/100 になる．g_m が極端に小さくなると，すくい角が負の方向で増大するので，砥粒切れ刃の切削能力が低下し，ラビング状態になる危険性がある．そこで超精密鏡面研削では，Δ だけを操作するよりも，砥石直径 D を小さくすることも有効な手段であろう．ただし，その場合式（8.1）から明らかなように，$D^{-0.2}$ に比例して仕上げ面粗さが悪くなるので注意しなければならない．

このように研削では，多くの研削条件のファクタが複雑に影響し合うので，それらを複合的に操作して最適条件を決めなければならない．

8.3.6 超精密鏡面研削における注意点

以上のことをまとめると，超精密鏡面研削にはレジンボンドのごく微粒ダイヤモンド砥石が適している．その際重要なことは，ツルーイング（ドレッシング）の方法と砥粒の埋没をいかに防ぐかである．そのためには，次のようなことに注意しなければならない．

(1) 砥石

(a) 砥粒の分散度が高いこと：#1500 以上のごく微粒砥石では，砥粒が凝集しやすい．砥

[注9] 切り屑ポケットに比べ切り屑長さが非常に大きいので，切り屑ポケットに堆積する場合には，蛇腹のように折りたたまれた形（図7.5の写真参照）になる．

粒に均一な研削力が作用するようにするには，砥粒の分布ができるだけ均一であることが望ましい．

(b) 高集中度（120 程度以上）であること：ごく微粒ダイヤモンド砥石，レジンボンドの場合には，砥粒に大きな研削力が作用すると埋没や脱落の問題が起こりやすい．また，メタルボンドやビトリファイドボンドに比べて砥粒突出し量も小さい．したがって，砥粒切込み深さを小さく保つ必要がある．そのためには，砥粒率すなわち集中度が高いことが望ましい．

(c) ドレッシング性が高いこと：レジンボンドのごく微粒ダイヤモンド砥石では，砥粒密度を低下させないように，同時に砥粒に大きな法線力をかけて砥粒を埋没させないようにドレッシングすることが大事である．そのためには，適当なフィラーを充填するなどして，砥石のドレッシング性を高くすることが望ましい．

(d) ごく微粒砥石では，砥粒突出し量が小さいため，結合剤と工作物が接触しやすい：工作物と摩擦し合っても結合剤が溶融脱落しないように固体潤滑剤などのフィラーを充填することも有効な手段であろう．

(2) ツルーイングとドレッシング

(a) (1)項の(c)で述べたように，砥粒の径が極めて小さいので，不要な脱落により砥粒密度を低下させないようなドレッシング法を採用しなければならない[34),35)]．カップツルアの場合には，ダイヤモンド砥石の粒度よりもさらに小さな粒度で，結合度の出来るだけ低いツルアを使用した方がよい．

(b) 非常に高精度のツルーイングが不可欠である．超精密鏡面研削では砥石半径切込み量が非常に小さいので，ツルーイング精度が悪く，たとえば中高の断面を持った砥石では，砥石幅の中央部しか研削に関与しないことになる．これは不経済であるというだけでなく，作用砥粒数が小さいと有効砥粒切れ刃に大きな研削力が作用することになるから，砥粒の埋没が起こりやすい．これは，砥石幅方向だけでなく，円周方向についても言える．すなわち砥石円周にびびり状のうねりがあった場合，山部の砥粒だけが研削に関与することになり，それらの砥粒の切込み深さが増大する．これらの砥粒では埋没が起こりやすい．

(3) 研削盤

(a) 砥石軸の振動や振れができるだけ小さな研削盤が不可欠である．振れが大きいと，(2)項の(b)と全く同じ意味で，一部の砥粒だけしか研削に関与しなくなる．砥石は，できるだけ使用回転数で高精度の回転バランスをとることが重要である．

(b) 前節で述べたように，砥石半径切込み量を小さくしなければならないので，$0.1\mu m$ 単位あるいはそれ以下の微少切り込みが可能な研削盤が不可欠である．特に，研削中に切込み操作が行われる円筒研削盤では，切込み送りのステップも小さくしなければならない．

(4) 研削液

(a) 表面張力が小さく，冷却性・洗浄性の高い研削液が望ましい．砥粒突出し量の小さくレジンボンドごく微粒ダイヤモンド砥石では，研削液が研削点にまで到達し研削熱を吸収するには表面張力の小さい研削液が不可欠である．また，目づまりもしやすいので，洗浄効果の高い研削液が望ましい．

(b) 工作物と砥石とのくさび効果によって動圧が発生し，これがごく微粒砥石による研削の場合に大きな研削抵抗が発生する原因であるともいわれている[36)]．したがって，研削点に研削液を有効に供給すると同時に，動圧の発生を極力抑える何らかの工夫が必要であろう．

8.4 非球面研削

8.4.1 非球面レンズの重要性

これまでの光学レンズは平面と球面から構成されている．このようないわゆる球面レンズは比較的簡単な加工機械で，非常に高精度の形状が創成できる．しかし，球面レンズには通過した光が共心光線束にはならないという致命的な欠点がある．これを球面収差という．高精度の光学系では，多数の凹レンズと凸レンズを組合せることによって，この収差を補正している．しかし，この方法は，①光学系が大きくなり小型・軽量化の妨げになる，②レンズ枚数が多くなり光の透過率が悪くなる，③開口比（口径/焦点距離）が小さくなる，など多くの問題が指摘されている．本来，レンズの形状を球面でなくある別の曲面にすれば，球面収差のないレンズが可能である（図8.28参照）．これを非球面レンズという．すなわち非球面レンズを使えば，光学系は小型・軽量化できるだけでなく，低廉化・高画角化が可能になる．そして，それ以上に非球面レンズの実現によって新たな製品の開発が可能になるであろう．

このように，非球面レンズやミラーには大きな可能性と期待感がありながら，非球面レンズの工業化が実現したのはごく最近である．この理由は，球面レンズに比べて非球面にレンズの加工が非常に困難であることにある．すなわち，球面は二つの面の，また平面は三つの面の摺り合わせで創成できる．加工では，摺り合わせ面のいずれか一方が工作物になり，他方が工具になる．通常は，加工による工具の摩耗は，加工面精度の劣化につながるため嫌われる．しかし，球面や平面の創成プロセスでは，工具摩耗はむしろ加工面の精度向上に寄与することになる．これは，遊離砥粒加工に極めて有利な特性であり，球面や平面の鏡面加工が容易な所以である．

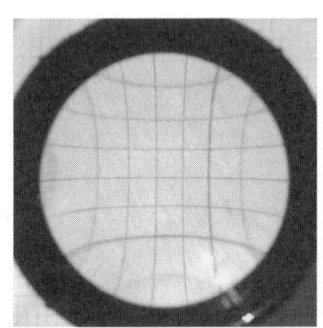

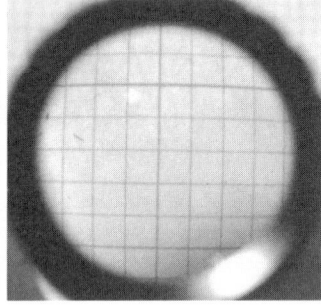

（a）球面レンズ　　　（b）非球面レンズ

図8.28　球面レンズと非球面レンズ（球面収差）

8.4.2 従来の非球面研削法

これに対して非球面加工は，工具の運動軌跡の精密な転写によって形状創成を行わなければならない．前述したように単結晶ダイヤモンドバイトによる超精密切削は，形状転写性の点からも，また非常に平滑な仕上げ面を得るという点からも優れた加工法である．しかし，単結晶ダイヤモンドバイトには致命的な欠陥があり，軟質の被削材しか切削することができない．したがって，現在はプラスチック成型用の金型[注10]にしか適用できない．

非球面ガラスレンズの製造法は，ガラスプレス（ガラスモールド）か，直接ガラスを加工するかに限られる．ガラスプレスには，通常，超硬金型が使用されるので，いずれの場合にも研削が重要な加工技術となる．現在行われている代表的な非球面研削法を図8.29に模式的に示す．微小凹面の加工を可能にするために，砥石軸と工作物軸が交差した斜軸構成になって

[注10] スタバックス台にニッケルを無電解めっきしたものを単結晶ダイヤモンドバイトを用いた超精密切削により加工している．

いる場合もある[37]．工作物軸，テーブルの水平方向をそれぞれ z 軸，x 軸とするとき，「算盤玉」と通称される V 型断面砥石のエッジ上の点 P_A を xz 同時 2 軸制御により非球面曲線 OA に沿って移動させ，研削を行う[38]．斜軸構成の場合は，そのための補正が必要であるが，研削点は砥石の回転円上を移動するので理論上砥石の形状誤差が非球面の精度に影響を及ぼすことはない．しかし，一方，砥石エッジだけで研削するので，砥石が摩耗や目つぶれを起こしやすい，工作物中心における削り残し（いわゆる"へそ"）が発生しやすいなどの欠点がある[39]．また研削点において工作物の回転方向と砥石の周速ベクトルが直交するのがこの方式の特徴で，図 8.30 のように工作物半径方向に鋭い研削条痕が形成される．すなわちクロス研削方式である．

そこで円弧断面の砥石（トーリック砥石）を使用し，砥石軸を垂直方向に対して傾ければ，研削点が砥石断面の一カ所に集中するのを避けることができる[40)~42)]．図 8.31 は，この斜軸研削法を模式的に示すもので，研削点の軌跡は BO となって研削点 P_B が砥石断面上を移動するので，砥石の有効幅が増大する．また，V 型砥石に比べて研削点における砥石・工作物間の相対曲率が小さくなるため，仕上面粗さがよくなることも明らかになった．この研削法も基本的にはクロス研削である．

8.4.3 パラレル研削法[43]

従来の非球面研削法では，前述したように研削点において工作物の回転方向と砥石の周速ベクトルが直交する．これを平面研削におき換えれば，図 8.32 のようになる．これは，**クロス研削**（cross grinding）と呼ばれ，仕上げ面粗さが悪いため，通常，横軸平面研削では工作物は砥石の周速ベクトルに平行に送られる．いま，クロス研削に対してこれを**パラレル研削**（parallel grinding）と呼ぶことにする．そこで非球面研削をパラレル研削におき換えれば図 8.33 のようになる．この場合，V 型砥石を使うとねじ面が形成されるので，トーリックまたは球面砥石を使用する．図 8.33 は垂直上方すなわち y 軸方向から見た図で，球面砥石を使用し，さらに工作物との干渉を避けるために砥石軸を x 軸方向に対して交差角 θ だけ傾けている．いま，これを非球面のパラレル研削法と名づけることにする．

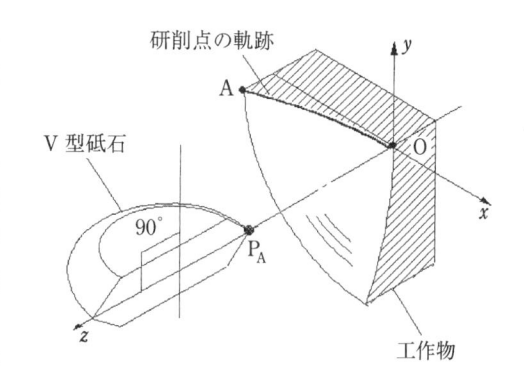

図 8.29 従来の非球面研削法

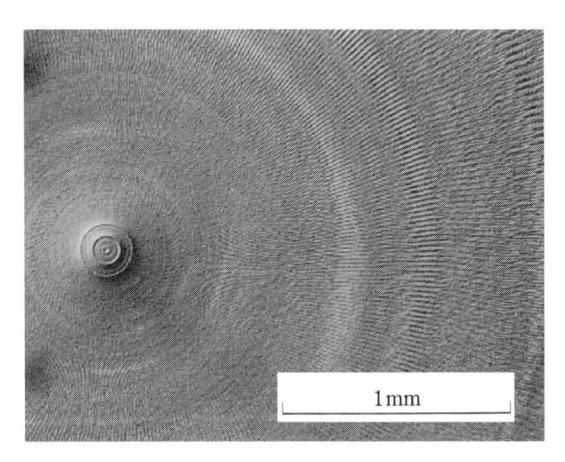

図 8.30 V 型砥石（SD 2000 B）で研削した非球面のノマルスキ写真

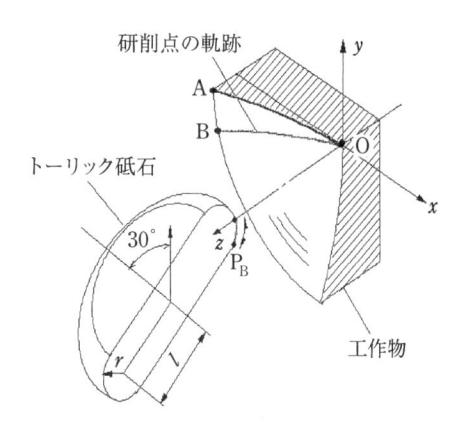

図 8.31 トーリック砥石を用いた斜軸研削法

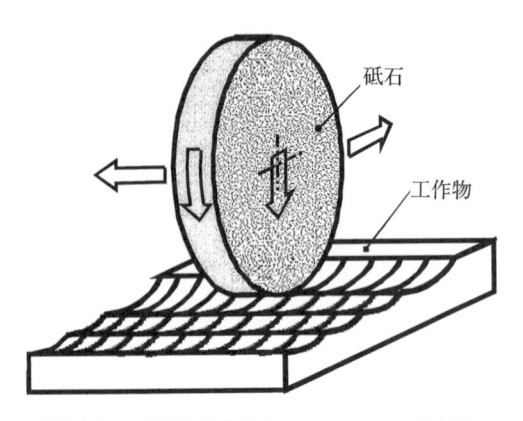

図8.32 横軸平面研削におけるクロス研削法

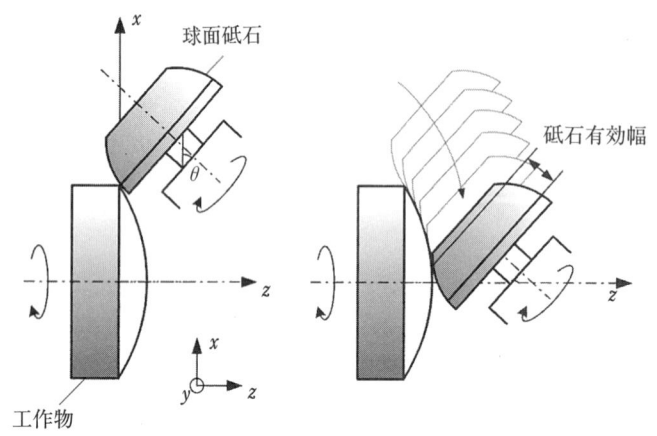

図8.33 非球面研削におけるパラレル研削法

図8.34は従来法とパラレル研削法の加工機を比較したものである．従来法では，通常小径のV型砥石が使用されるので，市販の非球面加工機では砥石軸に空気静圧軸受が使用される場合が多い．しかし，パラレル研削法では球面砥石を使用し，重量が大きいので油静圧軸受のようなより，高剛性で回転精度の高い砥石軸が不可欠である．また超精密鏡面研削であり，前節で述べた注意点（8.3.6項参照）に配慮しなければならない．

パラレル研削法には，従来法に比べて，以下のような特徴がある．

(1) 同時研削砥粒数が大きいので，仕上げ面粗さが良好である

図8.35は，クロス研削法とパラレル研削法の仕上げ面粗さの違いを比較したもので，いずれも同じ球面砥石SD1500Bを用いた．図に示すように半径方向でも円周方向でもパラレル研削の方の粗さはクロス研削の約1/2であった．この実験では，比較のために，いずれも球面砥石を用いているが，従来法ではV型砥石を用いるので粗さの差はさらに大きくなるであろう．

(2) 砥石の有効幅を非常に大きくすることができる

図8.36は，加工面の傾斜角の最大値 θ_{max} と砥石作業面の曲率半径 r を変数にして研削点

(a) 従来法 　　　　　　　　　(b) パラレル研削法

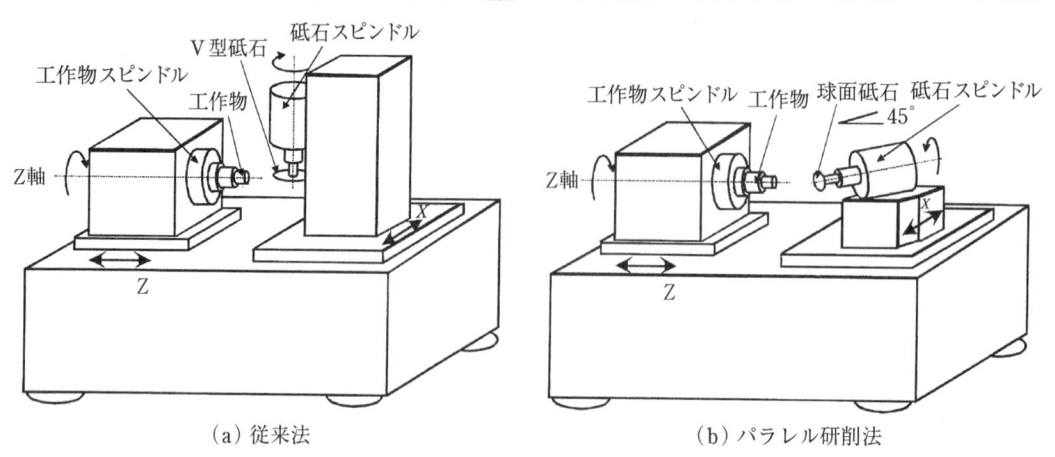

図8.34 従来法とパラレル研削法の加工機の比較

8.4 非球面研削

(a) クロス研削法　　　(b) パラレル研削法

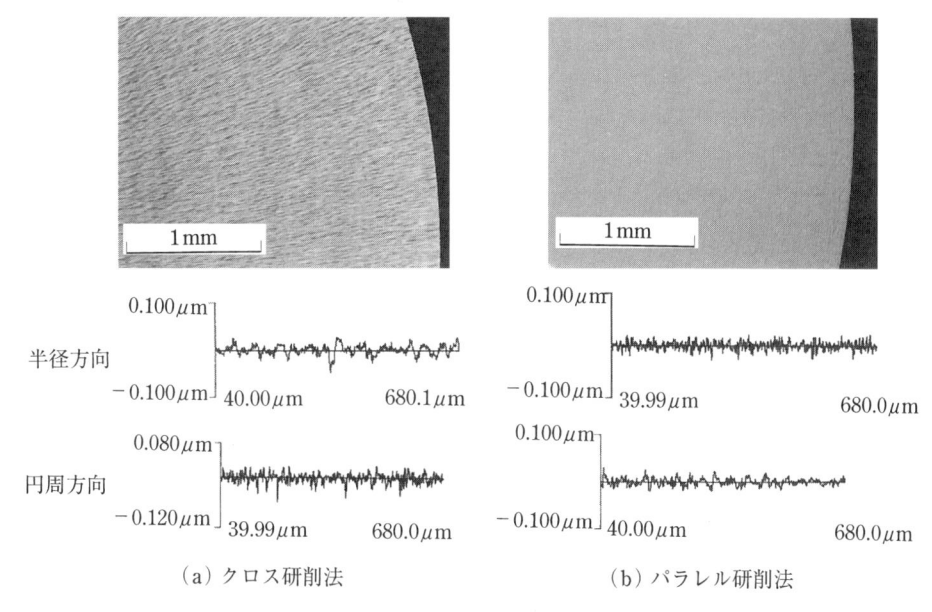

図 8.35　従来法（クロス研削法）とパラレル研削法の仕上げ面粗さの比較

の移動量（すなわち砥石有効幅）との関係を，前述の斜軸研削法とパラレル研削法について比較したものである．パラレル研削法では，斜軸研削法に比べても，飛躍的に砥石有効幅が増大する．したがって，砥石の摩耗は格段に減少することが期待できる．

(3) xz 断面上で，砥石と工作物の研削点が 1 対 1 対応する

前述の図 8.33 に示したように，パラレル研削法では，あたかもプランジ研削のように，研削される工作物の位置とこれを研削する砥石の位置がつねに 1 対 1 に対応する．

(4) 砥石の形状誤差が非球面に誤差として転写される

パラレル研削法では，砥石断面の円弧で非球面曲線を包絡する形で研削が行われるので，砥石断面に形状誤差があると，それが非球面の誤差として転写される．そのため高精度の加工を行うには，加工後，工作物の形状誤差を機上計測し，それに基づいて補正研削を行うようなプロセスを採らなければならない．なお，(2)項，(3)項は，補正研削する際に非常に有利

(a) 斜軸研削法（交差角 $\beta : 45°$）

(b) パラレル研削法

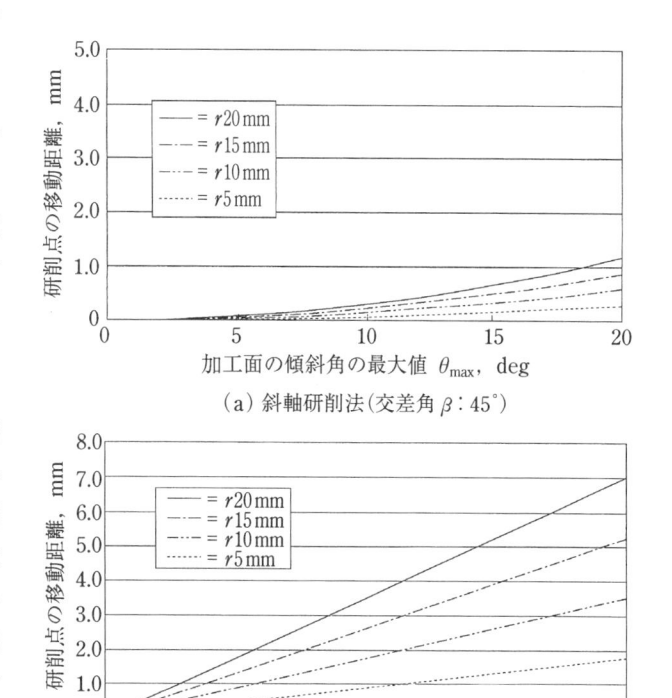

図 8.36　砥石有効幅の比較

8.4.4 パラレル研削による非球面ガラスレンズの加工例

市販の非球面加工機 AHN60（豊田工機製）をパラレル研削方式に改造した加工機を用いて，非球面ガラスレンズを研削した．図 8.37 は，研削中の主要部の写真（図 8.33 と同様，y 軸方向から撮影）である．砥石には，曲率半径 38 mm の球面砥石（SD3000B：有気孔レジンボンド砥石）を使用し，CG 法（curve generating 法）を用いてツルーイングを行った．レンズ口径は 50 mm である．砥石回転数は 5 000 rpm，工作物回転数は 200 rpm，x 方向の砥石送り速度は，3 mm/min とした．

スタイラス法による機上計測装置で形状誤差を測定し，その結果に基づいた補正研削サイクルを 2 回繰り返した．補正研削後の非球面レンズの仕上げ面粗さと形状誤差の記録を図 8.38 に示す．仕上げ面粗さは，半径方向（研削方向に垂直）で 30 nm R_y，円周方向で 26 nm R_y，形状精度は PV 値で 0.1 μm であった[44]．また，ノマルスキー顕微鏡による観察では，レンズ中心部にいわゆる"へそ"は認められなかった．

図 8.37 パラレル研削による非球面レンズの研削

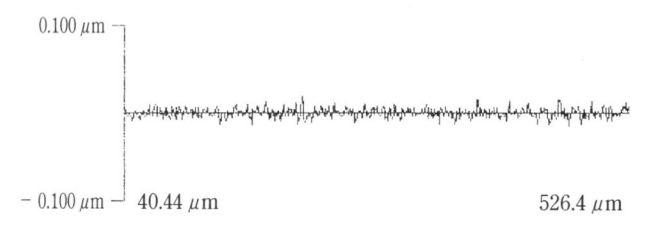

(a) 半径方向（30 nm R_y）

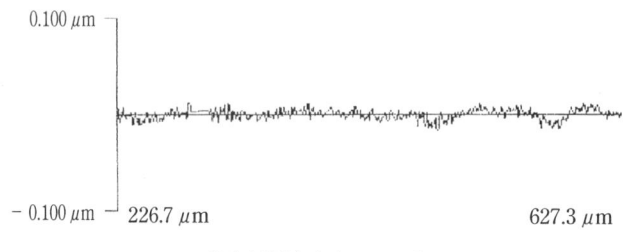

(b) 円周方向（26 nm R_y）

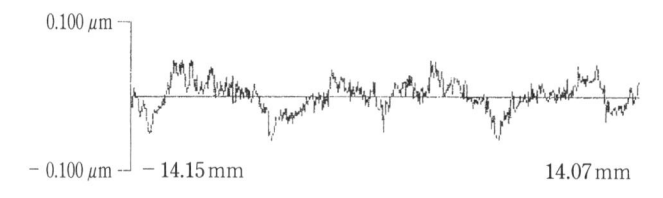

(c) 形状精度（PV 値 = 0.1 μm）

図 8.38 仕上げ面粗さと形状精度

8.4.5 マイクロ非球面金型のパラレル研削

以上は，比較的口径の大きなレンズであるが，口径 1 mm 以下のいわゆるマイクロ非球面の研削も同様な方法で研削することができる．以下に，その実施例を述べる．

図 8.39 は，研削に使用した小径軸付き砥石の形状と，参考のために外径 1 mm の砥石の場合の寸法諸元を示す．結合剤はレジンで，適宜，銀または銅粉をフィラーとして充填した．実験には，市販の

非球面加工機(東芝機械製 ULG-100A)をパラレル研削方式に改造したものを使用した．本機の砥石軸，工作物軸はいずれもエアスピンドルで，それぞれ最高回転数は 50 000 rpm，3 000 rpm であった．

砥石は，図 8.40 に示すように CG 法を用いてまずダイヤモンドドレッサでツルーイングした後，ダイヤモンドドレッサをステンレスパイプに換えラッピング法でドレッシングを行った[45]．実際には，ドレッシング時に z 方向に切込みを与えたので，ラッピングと同時に研削も行われる．切込み速度を大きくすると砥石の除去量は大きくなるが，砥粒の脱落も増加し，砥石作業面の砥粒密度が減少するので，切込み速度は砥石の仕様やドレス性に合わせて適宜選択するが必要ある．

SD 600 B で粗研削，SD 1500 B で中仕上げを行った後，SD 3000 B で仕上げ研削を行った．補正研削を 3 回繰り返した．その結果，仕上げ面粗さは，半径方向で約 60 nm，形状精度は PV 値で 0.10 μm であった．有気孔(体積比 30 %)砥石でも試みた．仕上げ面粗さはわずかによくなったが，加工形状精度は逆に悪くなった[46]．

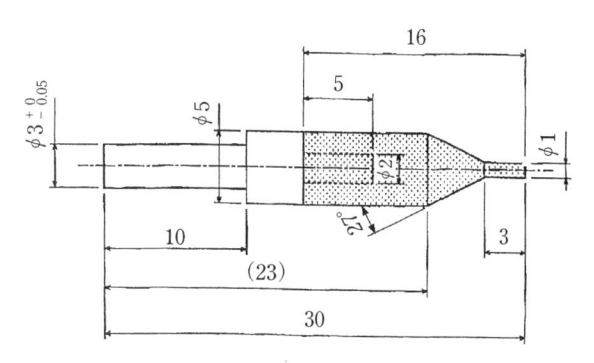

図 8.39 マイクロ非球面研削用小径軸付き砥石

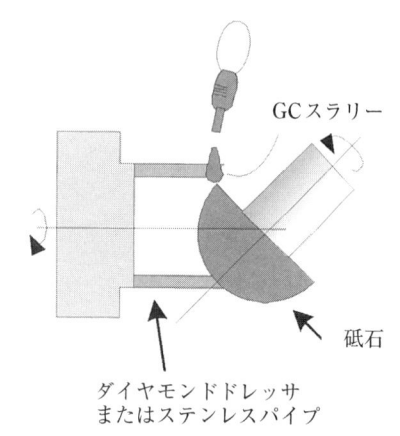

図 8.40 小径軸付き砥石のツルーイング

8.4.6 自由曲面のパラレル研削

以上は，軸対称の非球面であるが，非軸対称非球面あるいは自由曲面についても，同様の考え方に基づいて研削可能である[注11]．

従来，レーザプリンタの光学系に使われる $f\theta$ レンズや斜入射 X 線ミラーなど非軸対称非球面の研削では，ストレート砥石(またはカップ型砥石)のエッジを利用して副断面を包絡する[47]か，円弧断面(トーリック砥石)の先端だけを用い C 軸(z 軸周わり)もしくは B 軸(y 軸周わり)回転を与えて副断面を走査する方法[48]が採られてきた．これらの研削法ではいずれも，理論的には形状加工精度が加工機械の精度だけに依存し，砥石の形状精度に左右されないという利点がある．しかし，砥石断面上の研削点が 1 点に固定されているために，大型の非球面や加工しにくい材料の場合には，砥石の目つぶれなどにより，正常な研削ができないという欠点がある．

そこで，ダイヤモンド砥石に高精度の円弧断面を与え，図 8.41 に示すように，その円弧で副断面を包絡することによって非軸対称非球面を創成研削することを提案した[49]．その場合，砥石断面の形状誤差が，非球面の形状に転写されるので，砥石を高精度の円弧断面に成形す

[注11] ここでは，主断面，副断面のいずれもが円弧で，かつ曲率半径が異なる曲面，いわゆるトーリック(トーラス)面から，副断面が非円弧の曲面および両者が非円弧の曲面を指す．主断面，副断面が非円弧の曲面は，通常，自由曲面と呼ばれる．

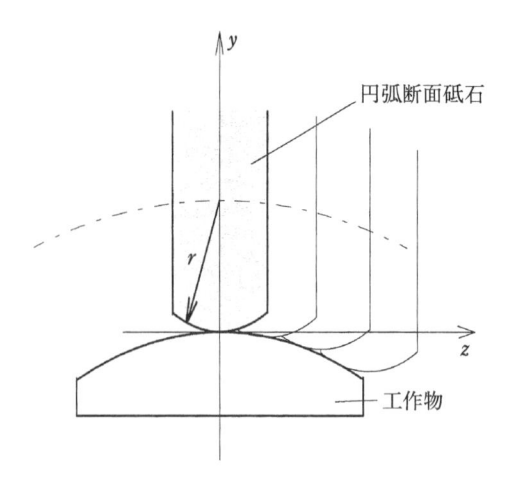

図 8.41　自由曲面のパラレル研削

る必要がある．しかし，この方法では，あたかもプランジ研削のように工作物副断面上の任意の点と砥石断面上の点が1対1に対応するため，従来法に比べて砥石の摩耗や研削性能の劣化が極めて少ない．したがって，加工形状の誤差情報をもとに補正研削を行うことが可能であり，砥石断面の形状誤差に起因する加工形状誤差を十分な精度で除去することができる．また従来法のようなC軸もしくはB軸制御が不要であるから，加工機械の構造がそれだけ簡単になるという利点もある．

一例として，$f\theta$ ガラスレンズの研削加工を行った．SD600B，SD1500Bの砥石で粗研削，中仕上げ研削を行った後，SD3000Bの砥石で仕上げ研削を行った．実験には，同時3軸NCを備えた超精密研削盤（ナガセインテグレックス製，SGU52-SXSN4）を使用した．本機は，3軸 (x, y, z) の案内に油静圧案内を採用し，砥石軸には油静圧軸受を使用している．なお x 軸（縦送り）の最小分解能は 0.1 μm，yz 軸の最小分解能は 0.01 μm である．円弧断面のツルーイングには，著者らの開発したアークツルーイング法[50]を用いた．アークツルーイング法はカップツルア法を応用したもので，高精度の円弧創成が可能であり[51]，ドレッシングも同時に行われる．図 8.42 は，研削盤上でのアークツルーイングの様子を示したものである．写真のアークツルーイング装置は，特に本機のために試作したものである．図 8.43 に，仕上げ研削後の $f\theta$ レンズを示した[52]．主断面方向の形状精度は，PV値が 0.19 μm，仕上面粗さ R_y が 62 nm であった．

図 8.42　同時3軸制御超精密研削盤（ナガセインテグレックス製 SGU52-SXSN4）上でのアークツルーイング

図 8.43 研削した $f\theta$ レンズ ($L = 176$ mm, $W = 20$ mm)

8.5 平面ホーニング

8.5.1 平面ホーニング

4.1.4 項あるいは，5.1.1 項の議論から，未変形切屑断面積 S_c は

$$S_c = \frac{\text{単位時間当たりの体積研削量}}{l_c \cdot (\text{単位時間当たりの研削に直接関与する有効切れ刃数})}$$

で与えられる．ごく単純に，仕上げ面粗さあるいは砥粒に作用する研削力は S_c に比例すると考えれば，これらを小さくするには，l_c か単位時間当たりの研削に直接関与する有効切れ刃数あるいはその両者を大きくすればよい．

クリープフィード研削は l_c の大きい例の代表である．単位時間当たりの研削に直接関与する有効切れ刃数を大きくするには，砥石の周速を大きくする，砥粒の粒度を小さくする（8.3.2項）などの方法が考えられる．また，l_c と単位時間当たりの研削に直接関与する有効切れ刃数の両者を大きくするには，ラッピングやポリッシングのように，砥石と工作物の接触面積を大きくすればよい．これを面接触型加工と呼ぶことにする[53]．

面接触型で研削を行うには，図 8.44 に示すように，平面ラッピングのラップを砥石におき換えればよい．この研削方式を平面ホーニングと呼ぶことにする[注12]．平面ホーニングは，ごく微粒のダイヤモンド砥石を使用することによって，加工変質層や残留応力など加工影響層を非常に小さくすることが

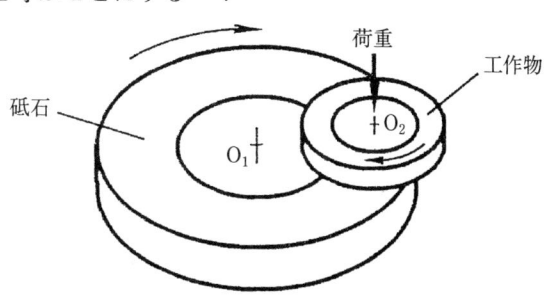

図 8.44 平面ホーニングの概念

[注12] 縦型平面研削と異なり，研削条痕が交差するので，あえて研削でなくホーニングと呼ぶことにした．ペレット状の平面砥石を用いた従来の，いわゆる**砥石ラッピング**は，低結合度の砥石で，砥石圧を大きく，砥石周速を小さくすることによって砥粒の脱落を促進し，それによってラッピングを行うもので，ここでいう平面ホーニングとは異なる．

できる．しかも，すでに平面ラッピングで実証されているように，簡単な機械で非常に高精度の平面が得られることも大きな特長である．

しかし，研削では工作物と砥石との相対速度が非常に小さい超仕上げやホーニングを別にすれば，このような面接触型の形態を極力避けるのが普通である．その理由を上げると次のようになる．

(1) 研削液が研削点に供給されにくいため，目づまりを起こしやすい．
(2) 砥粒切削断面積が小さく，砥粒切削長さが長くなるため，切れ刃が目つぶれを起こしやすい．
(3) ハイドロプレーン現象により，加工圧力が小さい場合には砥石が工作物から浮上し加工が行われない．
(4) 下面に砥石があるため，セラミックスなどの研削では切り屑のドレッシング効果により砥石の摩耗が激しい．

したがって，通常は，たとえば縦型平面研削盤のように下側に工作物を置き，カップ砥石を使用して研削を行う．しかも，シリコンウェハの**裏面研削**（back grinding）に見られるように，砥石幅をできるだけ小さくして，同時研削砥粒数が極端に大きくなるのを防いでいる．また，砥石軸に適当なチルト（傾き）を与えることによって，l_c が極端に大きくならないようにしている[注13]．したがって，平面ホーニングは，研削としては非常に厳しい条件を科せられているという点で高度の研削法といえよう．

8.5.2 平面ホーニングの加工例

そこで著者らは，平面ホーニングのこれらの問題点を解決するために，渦巻き状の溝付きダイヤモンド砥石を使用した．さらに砥粒の破砕や脱落の原因になる砥石の微小振動を極力防ぐため，砥石軸および工作物軸に油静圧軸受を用いた．研削液は遠心力により半径方向に放射状に流れるので，砥石に渦巻き状の溝を設けることによって，砥石と工作物の接触面に研削液が供給されやすくしたものである．図8.45に，著者らが開発した平面ホーニング盤（ナガセインテグレックス製 MPG-350）の主要部を示す．砥石直径は375 mmで，砥石軸の回転は $50 \sim 1000 \text{ min}^{-1}$ まで無段変速可能である．工作物はエア吸引により上部の工作物軸にチャッキングされる．

図8.46は，ジルコニアを加工したときの加工時間に伴う仕上げ面の断面曲線の変化[54]の例を，また図8.47は粗さと累積加工量の変化[55]を示す．加工開始直後は，前加工面（横軸平面研削面，$1.6 \mu m R_y$）の粗さの山頂部に局部的な加工圧が作用するため，急速に平滑化され3秒間で仕上面粗さは $0.67 \mu m R_y$ に減少した．その後，1 min で前加工面の研削条痕やスクラッチはほとんど除去され，$70 nm R_y$ の粗さが得られた．こ

図8.45 開発した平面ホーニング盤の主要部

[注13] 砥石幅は粒度によっても異なるが，#1500以下では，通常は 2.5〜3.0 mm である．またチルトを与えているため，砥石の前縁だけで研削が行われる．

8.5 平面ホーニング (171)

(a) 前加工面 (1.6 μmR_y)

(b) 加工時間 3s (0.67 μmR_y)

(c) 加工時間 6s (0.25 μmR_y)

(d) 加工時間 15s (0.15 μmR_y)

(e) 加工時間 1min (70 nmR_y)

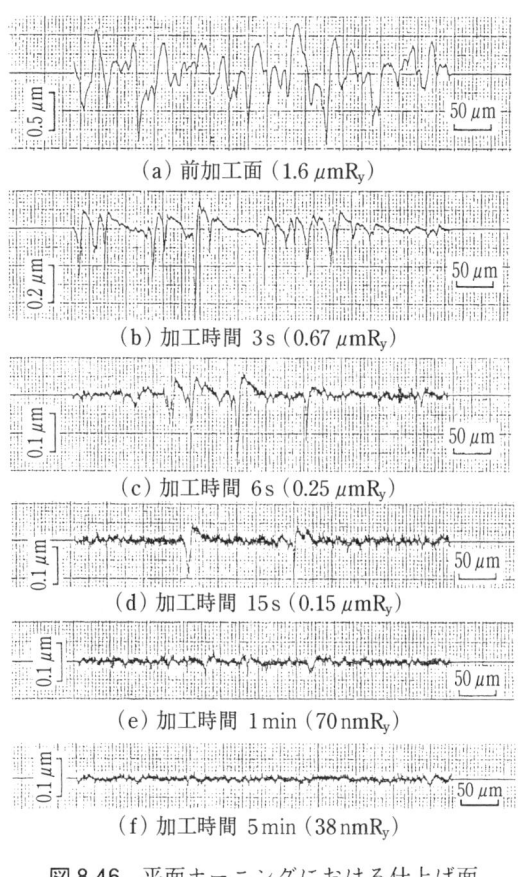

(f) 加工時間 5min (38 nmR_y)

図 8.46 平面ホーニングにおける仕上げ面粗さの変化

(a) SD 8000 V

(b) SD 1500 B

図 8.48 ジルコニア表面の AFM 写真

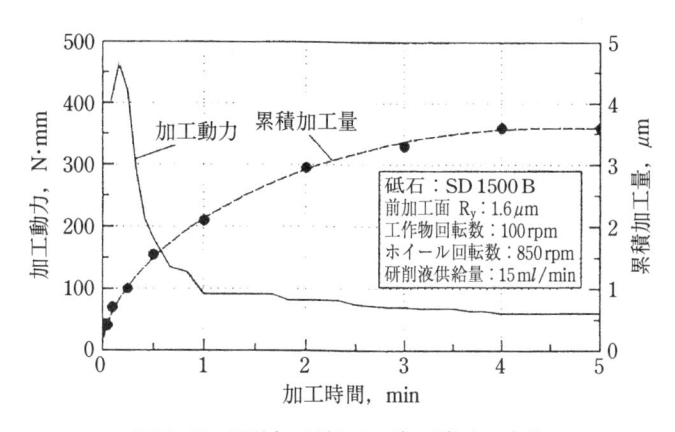

図 8.47 累積加工量および加工動力の変化

のように平面ホーニングは通常の研削に近い条件で加工が行われるので，短時間で鏡面が得られるのが特徴である．

図 8.48 は，ジルコニア表面の AFM 写真で，図 (a) は SD 8000 のビトリファイドボンド砥石，図 (b) は SD 1500 のレジンボンド砥石による仕上面の一例である．図 (a) から，極めて微細な砥粒切れ刃による切削によって表面が創成されている様子が明らかであろう．またビトリファイドボンドよりもレジンボンドの方が粒度が大きいにもかかわらず，加工痕の深さ

が小さく，数も小さい．粒度が小さくなると砥石の製造や使用技術が難しくなる点などを考慮すれば，この例からも，鏡面研削にはレジンボンドがより適しているといえよう．

なお，ダイヤモンド砥石の修正は，図8.44の工作物をGC砥石におき換えるだけでよい[56]．また，ダイヤモンド砥石の溝を同心円にすると，それが加工面に転写され同一ピッチの同心円の模様が映し出されるので，避けなけばならない[57]．さらに，渦巻きの傾斜が小さく同心円に近くなると，工作物上の1点が砥石のランド部をよぎる軌跡の長さが長くなる．これは，砥石が目づまりを起こしやすく，スクラッチ発生の原因となる．一方，渦巻きの傾斜が大きくなって放射状に近くなると，研削液が遠心力により半径方向に飛ばされ，砥石のランド部をよぎらなくなるので，逆に目づまりを引き起こす．このように砥石の溝形状は，非常に重要である．

平面ホーニングは，いまだに未知の要素が多い．しかし，縦型平面研削やウェハの裏面研削盤などに比べて同時研削砥粒数が極めて大きいので，加工影響層を小さくすることが出来る．したがって，たとえばシリコンウェハや水晶ウェハの薄片化加工などに適しているであろう．このように平面ホーニングは，今後解決すべき問題は多いが，従来のラッピングやポリッシングに替わる新しい研削法として期待されよう．

問題8.1 軟鋼など比較的硬度の低い材料よりも高硬度の材料の方がクリープフィード研削に向いていると言われるのはなぜか．

問題8.2 砥石周速を高速化すれば，それに比例して加工能率 $Q'_w(=v\varDelta)$ を高能率化できることを，5.1節をもとに説明せよ．

問題8.3 回転円直径250 mm，周速400 m/sで回転する質量1 gの物体にどれだけの遠心力が作用するか計算せよ．

問題8.4 超高速研削用の砥石では，なぜ中心穴が無い方がよいのか説明せよ．

問題8.5 従来の非球面研削では，なぜクロス研削方式を採り，算盤玉と呼ばれるV型砥石が使われるのか考えよ．

問題8.6 非球面のパラレル研削法の欠点とその対策について述べよ．

問題8.7 平面ホーニングで，工作物上の1点が砥石のランド部をよぎる軌跡の長さが長くなると，砥石が目づまりを起こしやすいのはなぜか．

参考文献

1) C. Andrew, T. D. Howes and T. R. A. Pearce : "Creep Feed Grinding," Holt, Rinehart and Winston, 1985.
2) 松井正己, 庄司克雄, 厨川常元：精密機械, **51**, 9 (1985) 1738.
3) 松井正己, 庄司克雄, 厨川常元：精密機械, **49**, 6 (1983) 772.
4) 松井正己, 庄司克雄, 厨川常元：精密機械, **52**, 11 (1986) 1863.
5) 切削加工技術便覧, 日刊工業, 1962, p.542. に詳しい解説がある.
6) T. V. Karman and P. Duwez : J. Applied Physics, **21**, 10 (1950) 987.
7) G. H. DeGroat and A. Ashburn : American Machinist, **104**, 4 (1950) 987.
8) 田中義信, 津和秀夫, 角園睦美：精密機械, **30**, 8 (1964) 637.
9) D. S. Clark : Trans ASM 42 (1950) 45.
10) A. B. Kondrat'yev : Grinding & Finishing, **8**, 2 (1962) 32.
11) H. Opitz and K. Guhring : High Speed Grinding, Annals of the CIRP Vol. 16 (1968) 61.
12) 佐々木外喜雄, 岡村健二郎, 北村繁信, 西村 光：日本機械学会講演会前刷集, 92 (1963) 101.
13) W. Werner and T. Tawakoli : Industrial Diamond Review, **50**, 4 (1990) 177.
14) W. König, F. Ferlemann : Industrial Diamond Review, **51**, 543 (1991) 72.
15) W. König, F. Ferlemann : Industrial Diamond Review, **51**, 546 (1991) 237.
16) 向井良平, 海野邦彦, 今井智康, 吉見隆行：1989年度精密工学会秋季講演会論文集, (1998) 607.

17) 江川康夫, 興野文人, 井上孝二：1991年精密工学会秋季講演論文集, (1991) 771.
18) 上田啓雄, 柿添辰雄, 宮原克敏, 太田　稔, 由井明紀：砥粒加工学誌, **39**, 5 (1994) 254.
19) 由井明紀：超高速平面研削盤の開発, 砥粒加工学会誌, **39**, 4 (1995) 206.
20) W. König, F. Ferlemann : Industrial Diamond Review, **51**, 543 (1991) 72.
21) 稲田　豊, 庄司克雄, 厨川常元, 海野邦彦：精密工学会誌, **62**, 4 (1996) 569.
22) 庄司克雄, 厨川常元, 稲田　豊, 海野邦彦, 由井明紀, 大下秀男, 成田　潔：精密工学会誌, **63**, 4 (1997) 560.
23) 庄司克雄, 山崎信之, 渡辺良平, 厨川常元：精密工学会誌, **66**, 7 (2000) 1145.
24) 庄司克雄, 渡辺良平, 厨川常元：砥粒加工学会誌, **42**, 10 (1998) 30.
25) 小野浩二：研削仕上, 槇書店, 1962, p. 82.
26) C. K. Syn and J. S. Taylor : ASPE / IPES Conf. (1989).
27) 宮下政和：精密工学会誌, **56**, 5 (1990) 782
28) 阿部耕三, 安永暢男, 宮下政和, 吉岡潤一, 大東聖昌：精密工学会誌, **59**, 12 (1993) 1985.
29) 閻紀旺, 庄司克雄, 厨川常元：精密工学会誌, **66**, 7 (2000) 1130.
30) 周立波, 厨川常元, 庄司克雄：砥粒加工学会誌, **36**, 4 (1992) 53.
31) J. Tang, K. Syoji, D. Dornfelt : Proc. ASPE 10th Annual Meeting (1995) 239.
32) 周立波, 庄司克雄, 厨川常元, 海野邦彦, 大下秀男：精密工学会誌, **61**, 10 (1995) 1438.
33) 和島　直, 庄司克雄, 厨川常元, 森由喜男, 鈴木浩文：砥粒加工学会誌, **43**, 7 (1999) 327.
34) 厨川常元, 佐伯　優, 西原和成, 菊池祐一, 庄司克雄, 立花　亨, 牧野夏木：砥粒加工学会誌, **46**, 5 (2002) 240.
35) 厨川常元, 庄司克雄, 立花　亨：砥粒加工学会誌, **47**, 4 (2003) 212.
36) 植松哲太郎, 張波, 蒔崎　剛, 鈴木　清：砥粒加工学会誌, **41**, 11 (1997) 438.
37) 村上敏夫：機械設計, **44**, 4 (2000) 53.
38) H. Suzuki, S. Kodera, S. Maekawa, N. Morita, E. Sakurai, K. Tanaka, H. Takada, T. Kuriyagawa, and K. Syoji : J. Japan Soc. Prec. Engg., 64 (1998) 619.
39) S. Moriyasu, T. Nakagawa and H. Ohmori : ICPE, 11 (1997) 189.
40) T. Kuriyagawa, K. Syoji and L. Zhou : NIST Special Publication　**847**, 6 (1993) 325.
41) T. Kuriyagawa, M. S. Sepasy and K. Syoji : Journal of Materials Processing Technology, 62 (1996) 387.
42) M. S. Sepasy, T. Kuriyagawa, K. Syoji and T. Tachibana : International Journal of Japan Society Precision Engineering, **31**, 4 (1997) 263.
43) 佐伯　優, 厨川常元, 庄司克雄：精密工学会誌, **68**, 8 (2002) 1067.
44) M. Saeki, J. Lee, T. Kuriyagawa and K. Syoji : The 16th　ASPE Annual Meeting, Crystal City, USA, (2001) 433.
45) 坪高　弘, 厨川常元, 庄司克雄, 李周相, 相沢英徳：2001年度精密工学会春季講演論文集, (2001) 137.
46) 相沢英徳, 飯坂順一, 庄司克雄, 厨川常元：日本機械学会第4回生産加工・工作機械部門講演論文集, (200) 27.
47) 鈴木　弘, 新野康生, 遠山退三, 平野　稔, 難波義治：精密工学会誌, **61**, 9 (1995) 1285.
48) 鈴木　弘, 新野康生, 村上慎二, 難波義治：精密工学会誌, **60**, 9 (1994) 1309.
49) 厨川常元, 立花　亨, 庄司克雄, 森由喜男：日本機械学会論文集, **63**, 611 (1997) 344.
50) 庄司克雄, 厨川常元, 周立波, 鈴木英俊, 粟飯原秀雄：精密工学会誌, **59**, 3 (1993) 485.
51) 周立波, 立花　亨, 庄司克雄, 厨川常元, 羽賀　務, 海野邦彦, 大下秀男：日本機械学会論文集 (C), 63-612 (1997) 2905.
52) 平成12年度地域コンソーシアム「パラレル研削方式による高精度非球面光学素子の創成技術の研究開発」成果報告書, 2001, 新エネルギー・産業総合開発機構
53) 庄司克雄：機械技術　**44**, 11 (臨時増刊号) (1996).
54) 王序進, 庄司克雄, 中村　等, 田中憲司：1994年度精密工学会春季大会講演論文集 (1994) C33.
55) 王序進, 庄司克雄, 厨川常元：1994年度砥粒加工学会講演論文集 (1994).
56) 井山俊郎, 庄司克雄, 萩原　光：砥粒加工学会誌, **34**, 1 (1990).
57) J. Kling : CIRP, **35**, 1 (1986) 219.

索　引

あ行

アークツルーイング法　168
圧電素子（piezoelectric element or piezoelectric transducer）　98
アブレシブマシニング（abrasive machining）　145
アボットの負荷曲線（Abbott's bearing curve）　52
アンギュラ研削（angle grinding）　76
一様ランダム分布　55
一般砥石（conventional wheel）　14
インプリドレッサ（impregnated dresser）　102
裏面研削（back grinding）　170
上向き研削（up-cut grinding）　8
円周研削（peripheral grinding）　7
延性モード研削　154
円筒外面研削（external grinding）　9
円筒研削（cylindrical grinding）　9
円筒内面研削（internal grinding）　10
オキシクロライドボンド（oxychloride bond）　28
送り運動（feed motion）　7
送り（feed）　75

か行

かさ比重（bulk density or bulk specific gravity）　20
形直し（truing）　4, 26, 101
かつぎ現象　159
カップツルア（cup truer）　114
カップ砥石（cup wheel）　7
気孔（pore）　14
気孔率　37
極限粗さ　70
切込み運動（infeed motion）　7
クラッシング（crushing）　103
クリープフィード（creep-feed）　10
クリープフィード研削（creep feed grinding）　74, 87, 141
クロス送り（クロスフィード）（cross feed）　8
クロス送り研削（cross-feed grinding）　74
クロス研削（cross grinding）　163
クロム変成アルミナ砥粒（chrome-modified alumina grain）　16
結合剤（bond material）　14, 25
結合剤の破壊（bond fracture）　128
結合剤率　37
結合度（wheel grade or grade）　30
研削加工（grinding）　1
研削剛性（grinding stiffness）　5
研削仕上げ面粗さ（ground surface roughness）　46
研削切断（cut-off grinding）　10
研削抵抗の2分力比（grinding force ratio）　89
研削抵抗比（grinding force ratio）　89
研削能率（grinding stock removal rate）　88
研削盤（grinder or grinding machine）　8
研削幅（grinding width）　87
研削比（grinding ratio）　26, 129
研磨布紙（coated abrasive）　1
工具（tool）　7
工作機械（machine tool）　7
工作物（work or workpiece）　1
工作物速度（work speed）　46, 87
後続切れ刃　48
硬度（hardness）　21
合力（resultant force）　87
黒色炭化けい素砥粒（black silicon carbide grain）　17
ごく微粒ダイヤモンド砥石　153
心無し研削（centerless grinding）　9
コニカルカッタ法（conical-cutter method）　34
コランダム（corundum）　16
コンセントレーション（concentration）　36

さ行

最大高さ〔peak-to-peak (or peak-to-valley) roughness〕　47
最大砥粒切込み深さ（maximum grain depth of cut）　72
皿型砥石（dish wheel）　7
酸化アルミニウム（aluminum oxide）　15
酸化けい素〔SiO_2 (silicon oxide)〕　17
酸化セリウム〔SeO_2 (cerium oxide or ceria)〕　17
酸化チタン（titanium oxide）　16
三元組成図　37
酸化ジルコニウム（zirconium oxide）　17
自己再生作用（self-dressing or self-sharpening）　3
自己発刃作用（self-dressing or self-sharpening）　3

索　引　（175）

支持刃（work support blade）　9
自乗平均平方根粗さ（root mean square roughness）　58
自生作用（self-dressing or self-sharpening）　3
集中度（concentration）　36
主運動（primary motion）　7
寿命（tool life）　128
焼結アルミナ砥粒（sintered alumina grain）　16
正面研削（face grinding）　7, 77
靭性（toughness）　22
人造ダイヤモンド（synthetic diamond）　17
垂直分力（vertical force）　87
水平分力（horizontal force）　87
すくい角（rake angle）　3
スナッグ研削（snagging）　26
スピードストローク研削　100
スポンジボンド（sponge bond）　29
寸法効果（size effect）　93
正常研削（normal grinding）　128
セグメント砥石（segmental wheel）　7
切削力（cutting force）　89
接線分力（tangential force）　87
切断ロス（kerf loss）　12
セラックボンド（shellac bond）　29
旋削（turning）　4
センタレス研削（centerless grinding）　9
総形研削（form grinding）　9
相対曲率（curvature difference）　73
相当研削厚さ（equivalent grinding thickness）　78
組織（structure）　35
ソニック法（sonic method）　34

た行

研削抵抗（grinding force）　87
ダイシング（dicing）　12
ダイヤモンド切削（diamond lathing）　5
ダイヤモンド（diamond）　17
ダイヤモンドドレッサ（diamond dresser）　101
多結晶砥粒（polycrystalline grain）　16
多石ダイヤモンドドレッサ（multi-point diamond dresser）　102
縦送り（table feed or traverse）　7
縦軸平面研削（vertical surface grinding）　8
縦軸平面研削（vertical-spindle surface grinding）　77
単位時間当たりの加工量（stock removal rate）　78
炭化けい素（silicon carbide）　17
炭化ほう素（boron carbide）　17
単結晶砥粒（mono-crystal grain）　16
単石ダイヤモンドドレッサ（single point dresser）　101
単粒研削（single grain grinding）　95
治具研削（jig grinding）　10
中心線平均粗さ（center line average roughness）　58
超高速研削（ultra-high speed grinding）　3, 144
超仕上（super finishing）　1
調整車（regulating wheel）　9
超精密鏡面研削（ultra-precision and mirror grinding）　152
超砥粒（super abrasive）　15
超砥粒砥石（super abrasive wheel）　14
チルト（tilt）　8
通常砥石（conventional wheel）　14
ツルーイング（truing）　26, 101
テーブル（work table）　7
砥石・工作物接触長さ（contact length）　72
砥石硬さ（wheel hardness）　30
砥石切込み量（wheel depth of cut, infeed or down feed）　8
砥石車（grinding wheel）　1
砥石周速度（wheel peripheral speed）　46
砥石寿命（wheel life）　4, 128
砥石の成形（truing）　4
砥石半径切込み量（wheel depth of cut or infeed）　8, 87
砥石摩耗（wheel wear）　128
砥石ラッピング　169
等価砥石直径（equivalent wheel diameter）　73
等高切削曲線　54
同時研削切れ刃数　88
砥粒切削長さ（grain cutting length）　72, 84
トーリック砥石　163
砥粒（abrasive grain）　1
砥粒加工（abrasive machining）　1
砥粒切れ刃（grain cutting edge or abrasive cutting edge）　2, 46
砥粒切れ刃密度（grain cutting edge density）　47
砥粒射影　50
砥粒突出し量　161
砥粒の脱落（grain releasing or grain dislodgement）　128
砥粒の破砕（grain fracture）　128
砥粒率（grain volume percentage）　36

ドレッサ（dresser） 27
ドレッシング（dressing） 26, 101, 128
ドレッシング（ドレス）間寿命（dressing interval） 128

な行

内周刃ブレード（inner diamond blade） 12
逃げ面摩耗（flank wear） 101
ヌープ硬度（Knoop hardness） 21

は行

バイブロテスタ法（Vibrotester method） 34
背分力（thrust force） 89
ハイレシプロ研削 100
破砕性（friability） 22
破砕性指数（friability index） 22
パラレル研削（parallel grinding） 163
非球面研削（aspheric grinding） 162
微結晶砥粒（micro-crystalline grain） 16
比研削エネルギー（specific grinding energy） 88
比研削抵抗（specific grinding force） 88
ビット法 31
被ドレス性（dressability） 101
ビトリファイドボンド（vitrified bond） 27
プランジ研削（plunge grinding） 8, 9
フライスモデル（milling cutter model） 72
ブレード（センタレス研削盤の）（work support blade） 9
ブロックドレッサ（block dresser） 102
平型砥石（straight wheel） 7
平均砥粒間隔（average grain distance） 47
平形砥石（straight wheel） 76
平面研削（surface grinding） 7
平面ホーニング 169
ホイール（wheel） 14
法線分力（normal force） 87
ホーニング（honing） 1
ポリッシング（polishing） 1
ボンドテール（bond tail） 118
ボンド当量（bond equivalent） 37
ボンドドレッサ（bond dresser） 102

ま行

マトリックスタイプ 15
摩滅摩耗（attritious wear） 128
摩耗平坦部（wear flat） 128
マルチカット（multi-cut） 12
未変形切り屑厚さ（undeformed chip thickness） 85
未変形切り屑断面積（undeformed chip section） 77
目こぼれ（shedding） 73, 129
メタルボンド（metal bond） 29
目立て（dressing） 4, 26, 101, 128
目つぶれ（glazing） 73, 128
目づまり（loading） 73, 129
目直し（dressing） 4, 26, 101
面接触型加工 169
盛上がり係数 88

や行

横送り（cross feed） 8
横軸平面研削（horizontal surface grinding） 8

ら行

ラッピング（lapping） 1
ラバーボンド（rubber bond） 29
ランダム係数（砥粒切れ刃分布の） 56
立方晶窒化ほう素（cubic boron nitride） 18
粒度（grain size or grit size） 19
粒度番号（grit number） 19
緑色炭化けい素砥粒（green silicon carbide grain） 17
リング型砥石（cylinder wheel） 7
レジノイドボンド（resinoid bond） 28
レジンボンド（resinoid bond） 28
連続切れ刃間隔（successive cutting-point spacing） 46
ロータリドレッサ（rotary diamond dresser） 102

わ行

椀型砥石（cup wheel） 7

欧文

A砥粒（regular alumina grain） 15
C砥粒（black silicon carbide grain） 17
Cp 値 88
FI値（Friability Index） 22
GC砥粒（green silicon carbide grain） 17
IDブレード（inner diamond blade） 12
PVA砥石 29
WA砥粒（white alumina grain） 15

― 著者略歴 ―

庄司　克雄（しょうじ　かつお）
　1940 年　生まれ（茨城県）
　1964 年　東北大学 工学部 精密工学科 卒業
　1966 年　東北大学大学院 工学研究科（精密工学専攻）修士課程 修了
　　同　　東北大学 工学部 助手
　1974 年　工学博士の学位授与（東北大学）
　1983 年　東北大学 工学部 助教授
　1988 年　東北大学 工学部 教授
　1995 年　大学院重点化に伴う所属替え
　　　　　東北大学 教授 大学院工学研究科
　2004 年　東北大学 名誉教授　　　　　　　　現在に至る

（社）砥粒加工学会 理事，会長，（社）精密工学会 理事，東北支部長，
（社）日本機械学会 理事，東北支部長，精密加工研究会 会長など歴任

JCLS 〈㈱日本著作出版権管理システム委託出版物〉	
2008	2004年 2月20日　第1版発行 2008年 2月15日　第2版発行

研削加工学

著者との申
し合せによ
り検印省略

©著作権所有

定価 3990円
（本体 3800円）
（　税　5％）

著作者	庄　司　克　雄
発行者	株式会社　養　賢　堂 代表者　及　川　　清
印刷者	株式会社　精　興　社 責任者　青　木　宏　至

〒113-0033　東京都文京区本郷5丁目30番15号

発行所　株式会社 養賢堂
　　　　TEL 東京 (03) 3814-0911 振替00120
　　　　FAX 東京 (03) 3812-2615　7-25700
　　　　URL http://www.yokendo.com/

ISBN978-4-8425-0358-5　C3053

PRINTED IN JAPAN　　　　　製本所　株式会社三水舎

本書の無断複写は、著作権法上での例外を除き、禁じられています。
本書は、㈱日本著作出版権管理システム（JCLS）への委託出版物です。
本書を複写される場合は、そのつど㈱日本著作出版権管理システム
（電話03-3817-5670、FAX03-3815-8199)の許諾を得てください。